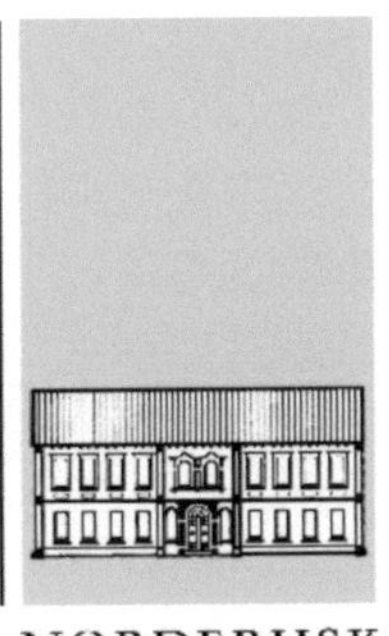

NORDFRIISK
INSTITUUT

Wegweiser zu den Quellen der Landwirtschaftsgeschichte Schleswig-Holsteins

Abschnitt IX: Kreis Pinneberg

Von
Harry Kunz

Herausgegeben vom Nordfriisk Instituut
in Zusammenarbeit mit dem Landesarchiv Schleswig-Holstein

Gedruckt im Rahmen der Förderung des Projekts „Wegweiser zu den Quellen der Landwirtschaftsgeschichte Schleswig-Holsteins“ durch die Stiftung Schleswig-Holsteinische Landschaft.

Umschlagbilder, geschaffen von Hermann Hoops (1919–2004)
vorne: Ostermann'scher Hof von 1738 in Tornesch-Esingen, colorierte Federzeichnung 1984
hinten: Alte Scheune am Riedweg in Tornesch-Esingen, colorierte Federzeichnung 1984
Nach Postkartenvorlagen gedruckt mit freundlicher Genehmigung der Kulturgemeinschaft Tornesch.

Bibliografische Information Der Deutschen Bibliothek

Die Deutsche Bibliothek verzeichnet diese Publikation in der Deutschen Nationalbibliografie;
detaillierte bibliografische Daten sind im Internet über http://dnb.ddb.de abrufbar.

Nr. 146h

Herstellung: Books on Demand, Norderstedt
ISBN 978-3-88007-378-4

Inhaltsverzeichnis

Vorbemerkungen

Die Landwirtschaft hat in Schleswig-Holstein nicht nur eine große ökonomische Bedeutung, sie darf, ja muss in einem agrarisch geprägten Land auch als besonderes Kulturgut betrachtet werden. Allerdings befindet sich dieses Gut in großer Gefahr, spätestens seit dem zügigen Voranschreiten der europäischen Vereinheitlichung und vermehrt im Zuge der aktuellen Globalisierungsbestrebungen. „Die Kenner der ländlichen Arbeits- und Lebensverhältnisse vor den großen Agrarstrukturreformen werden nicht jünger, bei den folgenden Generationen sind bereits erhebliche Wissenslücken über die früheren Zustände festzustellen", betonte vor einigen Jahren Staatssekretär a. D. Brar C. Roeloffs. 1996 gab er am *Nordfriisk Instituut* in Bredstedt den Anstoß für ein Projekt zur Sicherung des landwirtschaftlichen Kulturgutes. Für die finanzielle Förderung konnte die Stiftung Schleswig-Holsteinische Landschaft gewonnen werden. Dankenswerterweise hält sie dem Vorhaben unentwegt die Treue!

Angestrebt wurden zunächst Höfe-Archive, doch erwiesen sich bald die „Wegweiser" als der praktikablere Weg zu den reichlich vorhandenen Quellen im Lande, vorwiegend im Landesarchiv Schleswig-Holstein. Es galt vor allem, die historischen und oft nicht leicht durchschaubaren Jurisdiktionsverhältnisse, die sich zum Leidwesen vieler Interessierter in den Ordnungsprinzipien der Archive widerspiegeln, aufzuschlüsseln und so vor allem der Gruppe der Laienforscherinnen und -forscher einen Erfolg versprechenden Einstieg in ihr Quellenstudium zu ermöglichen.

Als Resultate wurden im Verlag *Nordfriisk Instituut* in Zusammenarbeit mit dem Landesarchiv Schleswig-Holstein zwischen 1998 und 2011 die „Wegweiser zu den Quellen der Landwirtschaftsgeschichte" für die Kreise Nordfriesland (ISBN 3-88007-259-0, 20,35 Euro), Dithmarschen (ISBN 3-88007-276-0, 20,35 Euro), Schleswig-Flensburg (ISBN 3-88007-289-2, 20,35 Euro), Ostholstein (ISBN 3-88007-303-1, 19,90 Euro), Plön (ISBN 3-88007-321-X, 24,00 Euro), Steinburg (ISBN 978-3-88007-340-1, 29,80 Euro), Segeberg (ISBN 978-3-88007-354-8, 27,90 Euro) und Stormarn (ISBN 978-3-88007-363-0, 27,90 Euro) veröffentlicht.

Als neuntes Ergebnis des landesweiten Projektes liegt nun der Wegweiser für den Kreis Pinneberg vor. Aufbau und Gliederung entsprechen den bisher erschienenen Bänden:

Teil I führt in die Thematik ein, deutet Erfolg versprechende Vorgehensweisen bei der Haus- und Höfeforschung an und skizziert die wichtigsten Quellen zur Landwirtschaftsgeschichte.

Das Orts- und Jurisdiktionsverzeichnis in Teil II befasst sich mit jenen Eigenheiten der Archive, die durch die Aufteilung des Landes unter verschiedene Obrigkeiten in vorpreußischer Zeit entstanden sind. Um an die richtigen Aktenfundstellen zu gelangen, muss man die verschiedenen historischen Verwaltungs- und Gerichtszuständigkeiten im Forschungsgebiet kennen.

Teil III beinhaltet das umfangreiche Quellenverzeichnis. Es dient als Bestellkatalog für die der landwirtschaftlichen Geschichtsforschung zur Verfügung stehenden Archivalien.

Teil IV ist ein Literaturangebot. Auf den Abschnitt „Haus- und Familiengeschichte, Ortschroniken" sei besonders hingewiesen. Das Verzeichnis ist umfangreich, eine Garantie auf Vollständigkeit kann jedoch nicht gegeben werden.

Ein ganz besonderer Dank gilt erneut Brar C. Roeloffs sowie der Stiftung Schleswig-Holsteinische Landschaft für die finanzielle Förderung des Projekts. Dem Landesarchiv Schleswig-Holstein und seinen Mitarbeiterinnen und Mitarbeitern sei gedankt für die Bereitstellung der auszuwertenden Findmittel. Frau Dernehl und Frau Modersitzki leisteten ausgezeichnete Betreuung im Lesesaal.

Mit freundlicher Erlaubnis des Autors Dieter Beig konnte diesem Band ein Abriss zur Geschichte des Kreises Pinneberg vorangestellt werden. Wertvolle Anregungen insbesondere für das Literaturverzeichnis kamen erneut von Prof. Dr.-Ing. Klaus Timm.

Besonders gedankt sei dem *Nordfriisk Instituut*, insbesondere Institutsdirektor Prof. Dr. Thomas Steensen und Geschäftsführerin Marlene Kunz für die logistische und verlagstechnische Betreuung des Projekts. Dank gilt darüber hinaus all jenen, die mit Gesprächen, Hinweisen und Ratschlägen die Sicherung des Kulturguts Landwirtschaft auf ihre Weise unterstützten.

Allen interessierten Forscherinnen und Forschern sei so viel Ausdauer und Energie gewünscht, wie sie für die Auswertung der für den Kreis Pinneberg reichlich vorhandenen Quellen benötigen. Bewahren Sie sich Geduld und Beharrlichkeit und lassen Sie nicht den Kopf hängen, wenn das erste Quellenstudium nicht gleich den erhofften Erfolg bringt! Versuch und Irrtum, das liegt in der Natur der Sache, werden auch künftig die Beschäftigung mit historischem Material begleiten. Mit Hilfe des Wegweisers allerdings sollten Sie zumeist die richtige Spur verfolgen – es gilt nur noch fündig zu werden.

Bredstedt im Januar 2013
Harry Kunz

Dieter Beig

Von der Grafschaft Holstein-Pinneberg zum Kreis Pinneberg 1390–2010

Die Entstehung aus der Landesgeschichte

Als die Schauenburger Grafen 1111 von Herzog Lothar von Sachsen (1075–1137; ab 1133 Kaiser Lothar III.) zu Grafen von Holstein und Stormarn berufen wurden, hatten sie hier keinerlei Landbesitz, aber mächtige Gegner: Dänen und Wagrier, den Erzbischof von Hamburg/Bremen mit dem einheimischen Adel und den Dithmarschern, später den Herzog von Sachsen-Lauenburg. Davon zeugen die letzte Fehde gegen Wagrien 1139, zwei Fehden gegen die Barmstede und den Erzbischof, mindestens zwei Adelsrevolten und die Domkapitelsfehde.

Die Gewinnung Wagriens 1143 bot die Gelegenheit zum Landerwerb. Die Söhne Adolfs IV. (vor 1205–1261), Johann I. (um 1229–1263) und Gerhard I. (um 1232–1290), gründeten die Linien Kiel und Itzehoe; während Kiel mit Johann II. (1253–1321) ausstarb – nur Adolf V. (um 1252–1308), ein Sohn Johanns I., residierte in Segeberg – teilte sich Itzehoe in die Linien Rendsburg, Plön (ausgestorben 1390) und Schauenburg, welche nach Erwerb der Burg Pinneberg vor 1366 Grafschaft Holstein-Pinneberg genannt wurde.

Nach mehreren – auch kriegerischen – Erbstreitigkeiten unter den Linien der Schauenburger gab es 1390 nur noch Holstein-Rendsburg und das zur Stammgrafschaft Schaumburg an der Weser gehörige Holstein-Pinneberg. Dieses war im Westteil der Grafschaft Stormarn entstanden, sodass deren Rest im nach Osten um Wagrien erweiterten Holstein aufging und ihr Name bis 1867 von der Landkarte verschwand.

Die Rendsburger wurden nach 30 Jahren Kampf endlich auch Herzöge von Schleswig, starben aber 1459 aus, und der erst 1448 als Christian I. (1426–1481) zum König von Dänemark gewählte Neffe des letzten Rendsburgers wurde von der Ritterschaft zum Herzog von Schleswig und Grafen von Holstein und Stormarn gewählt.

1474 erhob Kaiser Friedrich III. (1415–1493) Holstein unter Einschluss von Stormarn, Wagrien und Dithmarschen (das erst 1559 erobert wurde) zum Herzogtum. Die Pinneberger blieben „außen vor“, wurden abgefunden. Hier gab es keinen ansässigen Adel mehr, daher auch keine ständische Vertretung, zu welcher Vertreter des städtischen Bürgertums hätten hinzutreten können, wenn es denn Städte gegeben hätte. Die Grafschaft Pinneberg wurde bis zum Aussterben des Grafenhauses 1640 wie ein Gutshof verwaltet.

Territoriale Entwicklung der Grafschaft Holstein-Pinneberg

1295: Erbteilung nach Gerhard I. von Itzehoe (um 1232–1290): Adolf VI. (1256–1315) erhält im Wesentlichen die Stammgrafschaft Schauenburg und im Lande Stormarn die Kirchspiele Eppendorf rechts der Alster, Georgswerder und Nienstedten.

1307/1310: Graf Gerhard II. (1254–1312) von Holstein-Plön tritt an Adolf VI. aus dem Erbe Adolfs V. von Segeberg (um 1252–1308) die Herrschaft Wohldorf ab, dazu das Kirchspiel Ochsenwerder und die Insel Billwerder.

1312 Tod Gerhards II., 1314 neuer Erbvertrag: Adolf VI. erhält die Kirchspiele Wedel, Rellingen, Bergstedt rechts der Alster (Tangstedt, Wilstedt, Wulksfelde, Rade, Duvenstedt, Lemsal, Mellingstedt, Poppenbüttel). Die Alster wird zu seiner Ostgrenze erklärt.

1320–22 Erbverträge nach Johann II. von Holstein-Kiel (1253–1321): Adolf VII. von Schauenburg (reg. 1315–1353) erhält die Herrschaft bzw. Vogtei Uetersen bestehend aus den Kirchspielen Uetersen und Barmstedt gegen Hergabe der Herrschaft bzw. Vogtei Wohldorf und des Kirchspiels Bergstedt rechts der Alster sowie der Insel Billwerder an Johann III. (ca. 1297–1359) von Holstein-Plön.

1347 wird mit dem Bau der Nikolaikirche begonnen. Elmshorn ist da bereits als Kirchspiel aus Barmstedt ausgegliedert.

1366: Graf Adolf VIII. von Schauenburg (um 1330–1366) stirbt in Famagusta/Zypern. Er hatte die Burg Pinneberg „nach Kriegsrecht holsteinischen Rittern abgenommen“, vielleicht in der Domkapitelsfehde 1338–55.

1390 Kieler Vergleich: In einem Erbvertrag mit Graf Adolf IX. von Holstein-Plön (1329–1390) erhält Otto I. von Holstein-Pinneberg (nach 1330–1404) den Schauenburgischen Hof in Hamburg, die Insel Billwerder und das Kirchspiel Nienland.

1395: Graf Otto I. und sein Bruder Dompropst Bernhard (nach 1330–1398) lassen den Hamburger Rat in die Rechte der Hoyer an der Elbinsel Billwerder und veräußern das Kirchspiel Ochsenwerder mit Tatenberg, Spadenland und der Insel Moorwerder an den Rat der Stadt Hamburg.

1410: Graf Adolf X. von Holstein-Pinneberg (1370–1426) verpfändet den Nordteil von Finkenwerder (bis 1617 Kirchspiel Nienstedten) an das Domkapitel.

1445: Graf Otto II. von Holstein-Pinneberg (1400–1464) verpfändet den Nordteil von Finkenwerder (bis 1617 Kirchspiel Nienstedten) an den Rat der Stadt Hamburg.

1475: Ritter Lüder von Heest verkauft seine Herrschaft Tremsbüttel, wozu das Kirchspiel Bergstedt rechts der Alster gehört, an den Herzog von Sachsen-Lauenburg, der es an den Herzog von Holstein weiterverkauft. Die Landeshoheit der Schauenburger bleibt theoretisch unberührt, weswegen es in der Frese-Karte von 1588 noch zur Grafschaft Pinneberg gehört, allerdings mit dem Vermerk, dass es die Herzöge von Schleswig-Holstein-Gottorf und die Herren v. Buchwaldt auf Borstel „innehaben". 1693 wird daraus das Kanzleigut Tangstedt.

1589: Das Kirchspiel Quickborn (= Waldvogtei) wird aus dem Kirchspiel Rellingen ausgegliedert.

1599: Das Kirchspiel Elmshorn bildet eine eigene Vogtei im Amt Barmstedt.

Herrschaft Pinneberg und Grafschaft Rantzau

1640: Die Grafen von Holstein-Pinneberg sterben aus. Die Grafschaft wird geteilt zwischen König Christian IV. (1577–1648), der die Ämter Pinneberg und Hatzburg als Herrschaft Pinneberg, (Haus- und Waldvogtei im Amt Pinneberg jetzt zusammengelegt), die Vogtei Ottensen und die Amtsvogtei Uetersen erhält, und Herzog Friedrich III. von Schleswig-Holstein-Gottorf (1597–1659), der das Amt Barmstedt, bestehend aus Hausvogtei Barmstedt und Vogtei Elmshorn erhält. Dieser verkauft seinen Anteil 1649 weiter an Christian Rantzau (1614–1663), der 1650 Reichsgraf wird.

1664: Altona erhält Stadtrechte und wird aus der Vogtei Ottensen ausgegliedert.

1693: Aus dem ehemaligen Kirchspiel Bergstedt rechts der Alster wird das Kanzleigut Tangstedt. Ostgrenze der Herrschaft Pinneberg gegen das Kanzleigut Tangstedt ist die Via Regia, heute Ulzburger Straße in Norderstedt. Die Alster bildet die Grenze des Gutes zu den herzoglich gottorfischen Ämtern Tremsbüttel, Steinhorst, Trittau und Reinbek.

1721: Die Vogtei Ottensen wird mit der Vogtei Hatzburg zusammengelegt, der Sitz von der Hatzburg nach Wedel, später nach Blankenese verlegt.

1726: Nach der Ermordung des Reichsgrafen Christian Detlev Rantzau (1670–1721) annektiert König Friedrich IV. (1671–1730) die Grafschaft Rantzau und lässt sie als Administratur verwalten.

1737: Elmshorn und Barmstedt erhalten Fleckensrechte.

1746: Uetersen erhält Fleckensrechte.

1752: Nach dem Bau der Kirche entsteht das Kirchspiel Hörnerkirchen aus dem Kirchspiel Barmstedt.

1768: Gottorfer Vergleich: Das „Gesamthaus Holstein" [König Christian VII. (1749–1808), Zarin Katharina (1729–1796) und Sohn Paul I. (1754–1801), denen Holstein-Gottorf durch den Tod des Zaren Peter III. alias Herzog Karl Peter Ulrich von Holstein-Gottorf (1728–

1762) zugefallen war] verzichtet auf die Elbinseln, den Schauenburger Hof, den Mühlenhof, den Zollanteil und alle Ansprüche bezüglich Eppendorfs zugunsten Hamburgs.

1803: Der Reichsdeputationshauptschluss bringt das Ende der geistlichen Stände: Bilsen, Spitzerdorf und Poppenbüttel wechseln die Jurisdiktion vom Hamburger Domkapitel zur Herrschaft Pinneberg.

1826: Pinneberg erhält Fleckensrechte.

Der Landkreis Pinneberg in der preußischen Provinz Schleswig-Holstein

1867: Der Landkreis Pinneberg besteht aus den wieder vereinigten Kirchspielsvogteien Elmshorn, Barmstedt, Uetersen, Pinneberg und Blankenese, die später in Ämter umgewandelt werden. Dazu kommen die Marschgüter bis zur Krückau, das Kloster Uetersen ohne seine Teile im Kreis Steinburg und das Kanzleigut Flottbek.

1870: Elmshorn und Uetersen erhalten Stadtrechte.

1875: Pinneberg und Wedel erhalten Stadtrechte.

1878: Vormstegen und Klostersande werden nach Elmshorn eingemeindet.

1892: Spitzerdorf wird nach Schulau eingemeindet.

1892: Wisch und Köhnholz werden der Gemeinde Kurzenmoor zugeschlagen.

1895: Großendorf und der Flecken Barmstedt vereinigen sich zur Stadt Barmstedt.

1905: Pinnebergerdorf wird nach Pinneberg eingemeindet.

1909: Schulau wird nach Wedel eingemeindet.

1927: Stellingen-Langenfelde, Eidelstedt, Lurup, Osdorf, Sülldorf, Rissen, Groß und Klein Flottbek, Nienstedten und Blankenese werden nach Altona, Niendorf und Schnelsen nach Lokstedt eingemeindet. Die Gutsbezirke werden als besondere kommunale Einheiten aufgehoben und den benachbarten Gemeinden zugeschlagen. Thesdorf kommt mit Eggerstedt und Datum zu Pinneberg.

1930: Esingen und Ahrenlohe bilden die Gemeinde Tornesch.

1932: Helgoland kommt zum Landkreis Pinneberg.

1937: Altona und Lokstedt werden an Hamburg abgetreten.

1938: Langelohe und Hainholz werden nach Elmshorn eingemeindet.

1942: Winzeldorf wird nach Bönningstedt eingemeindet.

Der Kreis Pinneberg des Bundeslandes Schleswig-Holstein

1951: Der Restgutsbezirk Rantzau und Teile von Lutzhorn, Heede und Langeln bilden die Gemeinde Heidmoor im Kreis Segeberg.

1970: Garstedt und Friedrichsgabe werden an die neu gegründete Gemeinde Norderstedt im Kreis Segeberg abgetreten.

1972: Schenefeld erhält Stadtrechte.

1974: Quickborn erhält Stadtrechte.

1991: Durch Bürgerentscheid wird Kurzenmoor in Seester umbenannt.

2005: Tornesch erhält Stadtrechte.

(Der Beitrag wurde mit freundlicher Genehmigung des Autors dem *Heimatkundlichen Jahrbuch für den Kreis Pinneberg* 2012 entnommen und leicht verändert.)

Teil I: Methodischer Leitfaden und kleine Quellenkunde

Auch der neunte „Wegweiser zu den Quellen der Landwirtschaftsgeschichte Schleswig-Holsteins“ wendet sich in erster Linie, doch nicht ausschließlich, an die wachsende Schar engagierter Hobbyforscherinnen und -forscher im Lande. Er befasst sich mit dem Kreis Pinneberg und enthält die vor allem im Landesarchiv Schleswig-Holstein reichlich vorhandenen Akten und Unterlagen zu den Themen „Haus- und Höfeforschung“ bzw. „Landwirtschaftliche Geschichtsschreibung“ sowie Tipps und Ratschläge im Umgang mit der Fülle des historischen Materials.

Wir unterstellen dabei, dass das Beschaffen von Unterlagen ab dem 20. Jahrhundert keine großen Schwierigkeiten bereiten wird, da z. B. sämtliche Veränderungen am Grundeigentum in den Grundbüchern festgehalten werden. Deshalb konnte auf die nach 1900 entstandenen Quellen in dem Wegweiser weitgehend verzichtet werden. Für die Zeit davor jedoch sind die Dokumentations- und Überlieferungsverhältnisse wesentlich undurchsichtiger, was die Arbeit an Ortschroniken oder bei der Höfeforschung auf vielfältige Weise erschwert. Mittels einer ausführlichen Dokumentation der für die landwirtschaftliche Geschichtsforschung in Frage kommenden Quellen und dem Angebot weiterer Hilfsmittel will Sie der „Wegweiser“ bei Ihrer Arbeit mit dem Archivmaterial unterstützen.

Bevor Sie mit der Erforschung historischer landwirtschaftlicher Verhältnisse beginnen, sollten Sie sich unbedingt nach bereits geleisteten Vorarbeiten zum Thema umsehen. Das *Literaturverzeichnis* (Teil IV) hält hierzu u. a. eine große Auswahl von Chronikarbeiten zu vielen Ortschaften des Kreisgebietes parat. Ein Studium der für Sie interessanten Werke bringt Sie vielleicht schon auf eine erste heiße Spur zu Ihrem Forschungsobjekt, zumindest jedoch werden Sie interessante Einblicke in die methodische Arbeitsweise Ihrer Vorgänger erhalten. Den aktuellsten Überblick zum Thema verschaffen Sie sich am besten bei einem Besuch im Kreisarchiv in Pinneberg[1], wo man Sie auch auf Neuerscheinungen aufmerksam machen kann.

Bei der Haus- und Höfeforschung scheint es am sinnvollsten, mit der Arbeit von der Gegenwart auszugehen und mit der *Recherche vor Ort* zu beginnen. Das gilt auch für den Fall, dass Sie nicht der Besitzer des Forschungsobjektes sind. Bevor Sie Ämter oder Archive um Akteneinsicht bemühen, fragen Sie auf dem Hof nach alten Dokumenten nach und versuchen Sie, damit die Geschichte des Hauses so weit wie möglich zurückzuverfolgen.[2] Eine gewisse Hartnäckigkeit bei der Suche nach alten Unterlagen könnte sich dabei durchaus lohnen, weshalb man seiner Phantasie beim Aufspüren von Aktenverstecken keine Grenzen setzen sollte. Es ist zu empfehlen, Dachböden, Keller, Schuppen, Abstellräume, Kammern,

[1] Adressen von Ämtern und Institutionen finden Sie ab Seite 192.

[2] Vgl. Ute Neuhaus-Schröder (Hrsg.): Heimatforschung in Schleswig-Holstein. Handbuch für Chronisten, Regionalforscher und Historiker, Husum 2001; Peter Ingwersen (Hrsg.): Methodisches Handbuch für Heimatforschung, Schleswig 1954.

Schränke und Truhen genauestens zu inspizieren, denn das amtliche „Ersatz“material wird sehr wahrscheinlich viel nüchterner ausfallen als private Dokumente. Tagebucheintragungen z. B. könnten einen schlichten Kaufvertrag um allerhand Interessantes über die Umstände seines Zustandekommens bereichern und amtliche oder juristische Fakten zu einem lebendigen Stück Vergangenheit werden lassen.

Wenn alle Möglichkeiten vor Ort ausgeschöpft sind, ziehen Sie eine erste Bilanz und versuchen dann, die sich abzeichnenden Dokumentationslücken mit Hilfe der Archive zu schließen. Stellen sich zur Hofgeschichte für das 20./21. Jahrhundert noch Fragen bezüglich der Besitzerfolge oder zeigen sich Unklarheiten bei der Hofgröße oder bei der Lage der dazugehörigen Ländereien, so lassen sich diese Mängel am ehesten mit einem Blick in die entsprechenden *Grundbuch- und Katasterunterlagen* beseitigen. Die für Ihre Forschungsvorhaben zuständigen Grundbuchämter finden Sie bei den Amtsgerichten Elmshorn und Pinneberg (siehe Teil II. a).

In ein Grundbuch können Sie problemlos Einsicht nehmen, wenn Sie ein „berechtigtes Interesse“ nachweisen. Dies ist selbstverständlich dann der Fall, wenn Sie als Eigentümer einer Immobilie Ihre eigenen Unterlagen einsehen möchten. Berechtigten Zugriff können aber auch Personen erhalten, die juristisch oder geschäftlich mit dem fraglichen Objekt betraut sind, oder jemand, der Rechte aus der zweiten oder dritten Abteilung (siehe unten) des Grundbuchblatts ableiten kann. Will man sich als Forscher mit anderen als seinen eigenen Grundakten beschäftigen, so empfiehlt es sich, Vollmachten zur Akteneinsicht von den betroffenen Eigentümern einzuholen. Wer z. B. aus wissenschaftlichen Gründen generellen Zugang zu den Grund- und Liegenschaftsbüchern erhalten will, muss eine Genehmigung des zuständigen Gerichts einholen. In unserem Fall ist dazu ein formloser Antrag an den Präsidenten des Landgerichts Itzehoe zu stellen.

Grundstücke sind laut Bürgerlichem Gesetzbuch (§ 905) ein abgegrenzter Teil der Erdoberfläche und müssen in einem Grundbuch registriert werden, um Klarheit über die Rechtsverhältnisse zu schaffen.[3] Die Grundbücher werden von Grundbuchämtern geführt. Sie sind alphabetisch geordnet nach Gemarkungen, die aber nicht immer identisch sind mit den Namen der heutigen politischen Gemeinden. Genaue Auskunft darüber erteilt das Katasteramt, wie weiter unten gezeigt wird.

Jedes Grundstück erhält im Grundbuch ein Grundbuchblatt mit der Grundbuchnummer. Kennt man diese Nummer und die Gemarkung, auf der das Grundstück liegt, dann findet man das gewünschte Grundbuch am schnellsten. Eine zweite Zugriffsmöglichkeit ist die, mit Namen und Geburtsdatum des Besitzers über den Bestandskatalog zu der jeweiligen Grundbuchnummer zu gelangen.

Ein Grundbuch besteht aus dem Deckblatt, dem Bestandsverzeichnis und drei Abteilungen.

---

[3] Zum Grundbuch und zur Grundbuchordnung (GBO) vgl. Manfred Bengel und Franz Simmerding: Grundbuch, Grundstücke, Grenze, 3. Aufl., Neuwied/Frankfurt a. M. 1989 sowie im Internet: www.Grundbuch.de.

Das Deckblatt ist der Ort für besondere Vermerke über das Grundeigentum (z. B. über Denkmalschutz). Interessant könnte dabei die Eintragung „Hof gemäß der Höfeordnung" sein. In einem solchen Fall haben wir es mit einem auf besondere Weise geschützten landwirtschaftlichen Objekt zu tun. So ist beim Ableben des Hofbesitzers nicht etwa dessen Testament ausschlaggebend für die Erbfolge, sondern ein vom Landwirtschaftsgericht auszustellendes Hoffolgezeugnis. Dieses attestiert, dass der Hof in wirtschaftlich relevanter Größe erhalten bleibt und auf einen geeigneten Nachfolger übergeht. Zu Lebzeiten des Hofbesitzers kann dies mit Hilfe eines Überlassungsvertrages geregelt werden. Entschließt sich ein Landwirt zur Auflösung seines Hofes, wird die Eintragung auf dem Deckblatt des Grundbuchblattes gelöscht.

Das Bestandsverzeichnis enthält die Daten aus dem Katasteramt. Sie betreffen die vermessungstechnische Größe und Lage des Grundeigentums. Wir werden später darauf zurückkommen.

In der ersten Abteilung des Grundbuches stehen Angaben über die Eigentumsverhältnisse und die Erwerbsgründe wie z. B. Kauf, Erbe, Flurbereinigung, freiwilliger Tausch usw.

Die zweite Abteilung führt Belastungen und Verfügungsbeschränkungen auf, soweit diese keine Grundpfandrechte betreffen. Hier sind etwa Abmachungen zum Altenteil, über persönliche Dienstbarkeiten, Nießbrauch usw. festgehalten – auch und gerade für den Sozialforscher ein geeignetes Betätigungsfeld.

Die dritte Abteilung dokumentiert die Grundschulden und Hypotheken, mit denen das Grundeigentum belastet ist.

Parallel zum Grundbuchblatt wird die Grundakte geführt. Sie ist eine Art Protokollbuch und enthält alle Originalurkunden und Anträge, die zu einem Eintrag in das Grundbuchblatt geführt haben. Diese Grundakte ist für Forschungszwecke das weitaus interessantere Dokument, und in der chronologischen Ordnung rückwärts gehend stößt man dort schließlich auf das Eröffnungsdatum des Grundbuches. Die wichtigste Eintragung für uns ist dabei der Verweis auf die Folio-Nummer in einem der Schuld- und Pfandprotokolle der Vorgrundbuchzeit. Wir befinden uns hier an der Schnittstelle zwischen der Einführung der Grundbücher etwa ab 1886 durch die preußischen Amtsgerichte und den vielfältigen Jurisdiktionen unter königlicher, herzoglicher, bischöflicher und anderer Obrigkeit in der Zeit davor.

Bevor Sie nun Ihren Forschungsschwerpunkt z. B. ins Landesarchiv und damit zu den älteren Quellen verlagern, sollten Sie eventuell noch einen Blick in das *Katasteramt* in Elmshorn werfen. Es ist neben dem Grundbuchamt eine weitere wichtige Institution zur Verwaltung von Liegenschaften. Das Katasteramt führt „das amtliche Verzeichnis aller Grundflächen eines Landes, das als Grundlage für das Grundbuch und für die Bemessung der Grundsteuer dient".[4] Dazu gehören die Flurkarte und das Liegenschaftsbuch.

[4] Brockhaus-Enzyklopädie, 21. Aufl., Band 14, Mannheim 2006.

Etwa zur Zeit der Einführung des Grundbuches wurde auch das Land neu vermessen. Diese sogenannte Stückvermessung lieferte die Daten für die – natürlich laufend fortgeschriebenen – Flurkarten. Sie enthalten in Maßstäben von 1:500 bis 1:5000 Angaben über Grenzen, Abmarkungen und Nummern von Flurstücken sowie über Gebäude, Nutzungsarten und Bodenschätzungsmerkmale. Diese Daten gehen, wie oben bereits angedeutet, in das Bestandsverzeichnis des Grundbuchblattes ein und bilden somit den beschreibenden Teil des Grundbuches.

Aus der Flurkarte erfährt man z. B. auch den Namen der Gemarkung, unter welcher ein bestimmtes Grundbuch eingeordnet ist. Auf diese Weise lassen sich Probleme bei der Bezeichnung von ehemaligen Gemarkungen und heutigen politischen Gemeinden zweifelsfrei aufklären. Die Flurkarten dienen dem Nachweis von Liegenschaften und bilden die Grundlage für den zweiten Teil des katasteramtlichen Verzeichnisses, das Liegenschaftsbuch.

Im Liegenschaftsbuch finden Sie die personenbezogenen Angaben zum Eigentümer des betreffenden Grundstücks. Der Eigentumsnachweis gründet sich auf eine entsprechende Eintragung in einem der sogenannten Flurbücher, auch Grundsteuermutterrollen genannt, aus der Zeit vor Einführung des Grundbuchs.

Um diese alten Listen der Gebäude- und Grundsteuerpflichtigen und die oben bereits erwähnten Schuld- und Pfandprotokolle einsehen zu können, wenden wir uns nun den verschiedenen historischen Archiven zu. Den Weg zu den benötigten Unterlagen zeigt Ihnen das *Orts- und Jurisdiktionsverzeichnis* (Teil II. a in diesem Buch). Zur Benutzung des Verzeichnisses müssen Sie nur wissen, in welchem Ort Ihr Forschungsobjekt liegt oder lag.

In der ersten Spalte des Verzeichnisses finden Sie in alphabetischer Reihenfolge die Ortschaften des früheren Amtes bzw. der Herrschaft Pinneberg und der Grafschaft Rantzau sowie der adeligen Güter und weiterer historischer Jurisdiktionsbezirke. Als Unterlagen für die Erstellung des Orts- und Jurisdiktionsverzeichnisses dienten die Topografien von Johannes v. Schröder/Hermann Biernatzki und Henning Oldekop[5] sowie Angaben des Statistischen Landesamtes[6]. Sollten Sie hier eine Angabe vermissen, so handelt es sich dabei sehr wahrscheinlich um eine kleinere Siedlungseinheit, einen Wohnplatz, eine Streusiedlung, einen einzelnen Hof usw. Zur Abklärung solcher Fragen wurde ein *Wohnplatzverzeichnis*[7] entwickelt, das die kleineren Wohnplätze jeweils einem Ort aus Spalte 1 zuordnet. Allerdings kann hier keine Vollständigkeit garantiert werden.

Spalte 2 enthält die oben angesprochenen Grundbuchämter.

---

[5] Johannes v. Schröder und Hermann Biernatzki: Topographie der Herzogthümer Holstein und Lauenburg, des Fürstenthums Lübeck und des Gebiets der freien und Hanse-Städte Hamburg und Lübeck, Oldenburg (Holstein) 1855; Henning Oldekop: Topographie des Herzogtums Holstein, 2 Bände, Kiel 1908.

[6] Statistisches Landesamt Schleswig-Holstein (Hrsg.): Die schleswig-holsteinischen Kreise und Verzeichnis der Gemeinden nach der Gebietsreform vom 26.4.1970, Kiel 1970; dass. (Hrsg.): Die Bevölkerung der Gemeinden in Schleswig-Holstein 1867–1970 (Historisches Gemeindeverzeichnis), Kiel 1972.

[7] Das Wohnplatzverzeichnis finden Sie auf Seite 36–38. Es wurde mit den gleichen Hilfsmitteln erstellt wie das Orts- und Jurisdiktionsverzeichnis.

In der dritten Spalte finden Sie die verschiedenen Verwaltungs- und Jurisdiktionsverhältnisse, die in den einzelnen Ortschaften im Laufe der Jahrhunderte herrschten. Diese zu kennen ist wichtig, weil die historischen Archive nicht „nach topographischen Gesichtspunkten, nach Landesteilen, Landschaften oder Orten, auch nicht nach einzelnen Personen, Familien oder Geschlechtern gegliedert“[8] sind, sondern nach dem Provenienz- oder Herkunftsprinzip. Das bedeutet, dass die Archive nach den alten Behörden (Ämter, Landschaften, Kirchspiele, adelige und kirchliche Güterdistrikte etc.) geordnet sind und es zum Auffinden der Akten unerlässlich ist, über die ehemaligen Verwaltungseinheiten genaue Kenntnis zu haben. Die weltlichen Kirchspiele bildeten die untersten Verwaltungs- und Gerichtsinstanzen, in denen u. a. auch Akten entstanden, die landwirtschaftliche Verhältnisse betrafen. Ein weltliches Kirchspiel konnte, musste aber nicht identisch sein mit dem geistlichen Kirchspiel, das all jene Orte und Wohnplätze umfasste, die einem bestimmten Pastorat zugeordnet waren.

Die Seitenzahlen zeigen Ihnen, wo überall im *Quellenverzeichnis* (Teil III) Sie nachschlagen müssen, um keine der in den Archiven vorhandenen Unterlagen bei Ihren Nachforschungen zu vergessen.

Zur Erstellung des Quellenverzeichnisses wurden die für das Gebiet des heutigen Kreises Pinneberg zuständigen Archive – allen voran das Landesarchiv Schleswig-Holstein in Schleswig (LAS) – nach relevanten Unterlagen zur Erforschung der Landwirtschaftsgeschichte untersucht. Auch das Gutsarchiv von Seestermühe wurde im Landesarchiv in Schleswig verzeichnet und als „LAS, Fremde Archive“ in den Wegweiser aufgenommen. Das Kloster Uetersen hat ein Archiv, zu dem Elsa Plath-Langheinrich ein Verzeichnis angefertigt hat. Besondere Erwähnung verdient das Archiv der Vereinigung für Familienkunde in Elmshorn. Dort stehen gedruckte Verzeichnisse für die Recherche zur Verfügung. Falls Sie Kontakt mit den genannten Archiven aufnehmen wollen, finden Sie die nötigen Angaben im *Adressenverzeichnis* im Anhang des Wegweisers. Weitere Hilfe und Anleitung geben Ihnen gerne die jeweils zuständigen Archivpfleger. Auch der schleswig-holsteinische Archivführer kann weiterhelfen.[9] Damit sollten alle zugänglichen Archivalien zum Thema erfasst worden sein.

Das Quellenverzeichnis wurde systematisch gegliedert nach den früheren politischen und juristischen Verwaltungseinheiten im Herzogtum Holstein. Den genauen Aufbau entnehmen Sie bitte dem Inhaltsverzeichnis des Wegweisers.

Beim Umgang mit dem Quellenverzeichnis sollten Sie unbedingt darauf achten, mit welchem Archiv Sie es zu tun haben. Damit es nicht zu Verwechslungen kommt, wurden die Akten archivweise gebündelt, obwohl sie thematisch sehr gut zu Akten eines anderen Archivs passen oder diese ergänzen. So finden sich z. B. Kaufkontrakte sowohl im

---

[8] Gottfried Ernst Hoffmann: Der Weg zu den archivalischen Quellen der Heimat- und Landesforschung. In: Peter Ingwersen (Hrsg.): Methodisches Handbuch für Heimatforschung, Schleswig 1954, S. 26.

[9] Veronika Eisermann und Hans Wilhelm Schwarz (Bearb.): Archive in Schleswig-Holstein, Schleswig 1996 (= Veröffentlichungen des Schleswig-Holsteinischen Landesarchivs, Band 43); fortgeschrieben im Internet unter www.archive.schleswig-holstein.de.

Landesarchiv Schleswig (LAS) als auch in Gutsarchiven. Fremde Archive (aus Sicht des Landesarchivs) wurden im Wegweiser kursiv gesetzt. Im Anschluss an die Archivbezeichnung sehen Sie eine Abteilungsnummer oder eine Abteilungsbezeichnung und schließlich die Bestellnummer(n) der Akte(n). Es folgen weiter die Bezeichnung der Akte und der Zeitraum, in den die Vorgänge in der Akte fallen. Wenn Sie die Angaben aus dem Quellenverzeichnis exakt übernehmen, sollten Sie bei der Aktenbestellung in den Archiven aber keine Probleme bekommen.

Schnell werden Sie feststellen, dass der Umfang an interessanten Akten in einigen Verwaltungseinheiten so groß ist, dass eine thematische Untergliederung nötig und sinnvoll erschien. Aus gleich noch näher zu erläuternden Gründen sind die Schuld- und Pfandprotokolle (SchuPfPr) diejenige Quellengruppe, mit der Sie sich zuerst beschäftigen sollten. Weitere Themenbereiche bilden die Amtsrechnungen, das Steuerwesen, das Landwesen einschließlich der Akten über Pachtverhältnisse sowie die Durchführung der Verkoppelung, Erb-, Testaments- und Vormundschaftssachen, die Brandkataster und schließlich statistische Erhebungen wie Volks- und Viehzählungen. Innerhalb der einzelnen Themenblöcke wurden die Akten chronologisch geordnet.

Wie bereits angedeutet, liefern die Grundakten mit Angabe einer Folio-Nummer den Anschluss an die *Schuld- und Pfandprotokolle*, die man als deren Vorläufer ansehen kann. Sie liegen in umfangreichen Bändereihen im Landesarchiv und können in der Regel bis etwa 1700 zurückverfolgt werden. Seitdem besteht ein Eintragungszwang für alle Schulden und Verträge. Je nach Anlageform hat jeder Hof (Realfolium) oder jeder Besitzer (Personalfolium) sein Folium (Blatt), auf welchem alle Veränderungen des unbeweglichen Vermögens festgehalten werden mussten.

Protokolliert wurde z. B. der Kauf einer Immobilie und die dafür eventuell benötigten Kredite, die eingegangenen Bürgschaften oder sämtliche vermögensrechtlichen Verträge, die nötig waren, wenn ein Grundstück seinen Besitzer wechselte. Bei Besitzvererbung war fast immer ein Abnahmevertrag zu schließen und zu dokumentieren, beim vorzeitigen Tode eines Ehepartners und vor dessen zweiter Heirat wurde das Erbe der Kinder aus erster Ehe in einem Aussagebrief oder Setzungskontrakt festgehalten und gesichert.

Die gehaltvollere Geschichtsquelle stellen aber die parallel zum Protokollbuch geführten Neben- oder Kontraktenbücher – verschiedentlich auch als Obligations- oder Expeditionsprotokolle bezeichnet – dar, die die Urkunden und Verträge über die Besitzverhältnisse im vollen Wortlaut enthalten und viele Details beispielsweise über Hofinventare oder Hinterlassenschaften bereit halten.[10] Hier ist die Fülle des bevölkerungs-, familien-, kultur- und (land)wirtschaftsgeschichtlichen Geschehens festgehalten, und es lassen sich interessante Einblicke in die jeweiligen Verhältnisse der Familien, aber auch allgemein des Dorfes und der Zeit gewinnen.

---

[10] Otto Thiesen: Das Schuld- und Pfandprotokoll als Quelle der Familienforschung. In: Jahrbuch des Heimatvereins der Landschaft Angeln, Band 3, Kappeln 1932, S. 48–54.

Der Umgang mit Protokoll und Nebenbuch wird durch Querverweise erleichtert. Eine Notiz am Ende der Eintragung im Schuld- und Pfandprotokoll verweist auf die entsprechende Stelle im dazu gehörenden Nebenbuch. Das bedeutet, dass Sie im Nebenbuch den Vorgang im vollen Wortlaut aufgeschrieben finden. Umgekehrt steht auch hinter der Abschrift im Nebenbuch ein Verweis auf das zum Vorgang gehörende Protokoll. Auf dieser Seite findet man auch den Hinweis auf eine vorangegangene Eintragung zu dieser Immobilie in einem früheren Schuld- und Pfandprotokoll und kann sich so zielstrebig in die Vergangenheit zurückarbeiten.

Eine manchmal ärgerliche Eigenheit der Schuld- und Pfandprotokolle besteht in der Tatsache, dass das Nebenprotokoll und das entsprechende Folium im Schuld- und Pfandprotokoll nicht vom gleichen Schreiber und auch nicht immer zur gleichen Zeit verfasst wurden. Es ist deshalb möglich, dass Sie auf unterschiedliche Angaben stoßen. In solchen Fällen ist es gut zu wissen, dass die verbindliche Aussage im Nebenbuch steht, von dem der Grundbesitzer auch immer eine Abschrift erhalten hat.[11]

Den Schuld- und Pfandprotokollen gingen voraus die sogenannten Amtsbücher, „eine Besonderheit der archivalischen Überlieferung der Grafschaft Holstein, der königliche wie herzogliche Amts- und Landschaftsarchive für die zweite Hälfte des 16. Jahrhunderts so leicht nichts Vergleichbares an die Seite zu stellen haben".[12] Laut einer Landesverordnung der Grafschaft Schaumburg von 1577 mussten in den Ämtern Pinneberg, Hatzburg und Barmstedt Amtsbücher geführt werden. Damit war im Bereich der freiwilligen Gerichtsbarkeit ein Beurkundungszwang vorgeschrieben. In diesen Büchern finden sich „hauptsächlich Kauf- und Überlassungskontrakte, Hypothekenverschreibungen, Verpfändungen, gerichtliche Teilungen, Erbvergleiche, Abteilungen, Vergleiche, gerichtliche Entscheidungen in Prozeßsachen, Ehepakten, Testamente, Heiratskontrakte, Vormünderrechnungen und Pachtkontrakte".[13] Mit einer Verordnung von 1699 wurden die Amtsbücher schließlich zu Nebenbüchern der Schuld- und Pfandprotokolle.

Nach der Auswertung der Schuld- und Pfandprotokolle wird die Forschung schwieriger und vielfach auch unsicherer.[14] Hauptsächlich gilt es nun, den im ältesten vorhandenen Schuld- und Pfandprotokoll ermittelten Besitzer in einer der *Amtsrechnungen* wiederzufinden.

Die Amts- und Gutsrechnungen sowie die Rechnungsbücher der Klöster sind aus zwei Gründen für den Forscher besonders wertvoll: Zum einen setzen sie meist schon im 16. Jahrhundert ein und reichen bis zur Einführung der preußischen Landgemeindeordnung 1867. Vor allem für die Zeit des 16. und 17. Jahrhunderts, in der in Schleswig-Holstein die sonstige Überlieferung vielfach lückenhaft ist, bilden sie somit eine wichtige und sozial-

---

[11] Otto Clausen: Die Bedeutung der Schuld- und Pfandprotokolle für die Hof- und Familienforschung. In: Busdorfer Hefte 1 (1988), S. 42–48.

[12] Dagmar Unverhau: Archivalische Quellennachweise zur Geschichte des Kreises Pinneberg (bis 1864). In: JbPi 1977, S. 52–86; hier S. 58.

[13] Unverhau: Archivalische Quellennachweise ..., S. 59.

[14] Gottfried Ernst Hoffmann: Der Weg zu den archivalischen Quellen ..., S. 29.

geschichtlich höchst aufschlussreiche[15] Quelle. Zum anderen wurden sie regelmäßig und jährlich geführt, was bedeutet, dass hier ein dichter Quellenbestand überliefert ist, „dessen Wahrheitsgehalt kaum angezweifelt werden muss".[16]

„Die Amtsrechnungen sind die jährlichen Rechnungslegungen der Amtsverwalter über ihre Einnahmen und Ausgaben."[17] Sie bestehen aus einem Rechnungsband und einem mehr oder minder umfangreichen Stapel von Beilagen, die oftmals detaillierte Ausführungen zu den im Rechnungsbuch aufgeführten Posten enthalten. „Jeder Rechnungsband enthält einen Einnahme- und einen Ausgabeteil. Die Einnahmen bestehen aus den Landsteuern der Bauern, den Verbittelsgeldern der landlos ansäßigen Bevölkerung, den Pachten aus herrschaftlichen Besitzungen wie Mühlen, Vorwerken, Schäfereien, den Abgaben an herrschaftliche Zollstellen, der Brüchdingung, also den Strafgeldern aus der niederen Gerichtsbarkeit, und den sogenannten zufälligen, also nicht regelmäßigen Einnahmen, wie z. B. aus Verkäufen von Holz oder Strandgut."[18]

Eine Amtsrechnung gibt Aufschluss über die Anzahl der Hufner, Kätner und Insten im Dorf, die Namen derselben, ihre Abgaben und Leistungen und vieles mehr. Sie verzeichnet namentlich die Steuerzahler für die einzelnen Abgaben, und die Einhaltung der Reihenfolge der Namen durch Jahrzehnte hindurch macht es möglich, Personenwechsel oder Veränderungen in deren steuerlichen Leistungen abzulesen, was gute Rückschlüsse auf Hofbesitz oder -größe zulässt. So besagt z. B. ein Wechsel in der Namenfolge, dass der Hof einen neuen Besitzer erhalten hat. Eine Vermehrung der Namen in den Rechnungslisten lässt auf Teilung von Höfen schließen, die Verminderung kann bedeuten, dass Stellen verlassen wurden oder durch Krieg und Seuchen „wüst" geworden sind.

Die Ausgaben umfassen in erster Linie die Besoldung der Amtsbediensteten sowie Arbeitslöhne für Handwerker und anderes Personal, das für die Unterhaltung des Amtes notwendig ist. Auf diese Weise erhält man Einsichten über die personelle Zusammensetzung eines Amtes vom Amtmann bis zum Knecht, über die Höhe der Entlohnung und die Art der Arbeiten, über die Ausstattung mit Geräten und Lebensmitteln sowie ihren damaligen Preis.

„Allgemein kann man sagen, daß die Amtsrechnungen in der älteren Zeit die Schuld- und Pfandprotokolle ersetzen, weil sie ermöglichen, die Besitzgeschichte der Höfe um viele Jahrzehnte weiter rückwärts zu verfolgen."[19] Ein weiteres Vordringen in die Zeit vor der Erstellung von Amtsrechnungen wird dann aber nur noch in Einzelfällen möglich sein. Zur Erweiterung einer Hofgeschichte über die bloße Auflistung der aufeinander folgenden

---

[15] Unverhau: Archivalische Quellennachweise ..., S. 68.
[16] Silke Göttsch: Möglichkeiten der Erfassung und Auswertung von Amtsrechnungen. In: KBlV XV (1983), S. 163–172; hier S. 164.
[17] Kurt Hector: Zur Verwaltung und Rechtspflege in Schleswig-Holstein vor 1864. In: Peter Ingwersen (Hrsg.): Methodisches Handbuch für Heimatforschung, Schleswig 1954, S. 119–135; Zitat S. 128
[18] Silke Göttsch: Möglichkeiten der Erfassung und Auswertung von Amtsrechnungen. In: KBlV XV (1983), S. 163–172; Zitat S. 164.
[19] Kurt Hector: Zur Verwaltung und Rechtspflege ..., S. 128.

Besitzer hinaus gibt es aber noch eine Reihe anderer geschichtlicher Quellen, denen wir uns im Folgenden zuwenden wollen.

Um sich über die Einnahmen und die Steuerkraft einen Überblick zu verschaffen, ließen staatliche und kirchliche Verwaltungen zu verschiedenen Zeiten für bestimmte Regionen *Erdbücher* anlegen. Sie enthalten Angaben über Ländereien (manchmal mit Nennung einzelner Flurnamen), Viehbestand, Aussaat, Abgaben und Steuerbelastung der Höfe.

Im Zusammenhang mit der Verkoppelung entstanden auf der Geest *Landaufteilungsakten*, die zusammen mit der *Flurkarte* sichere Auskünfte über die Besitzverhältnisse auf der Dorfgemarkung geben. Zuständig dafür war ab 1768 die schleswig-holsteinische Landkommission in Schleswig, die auch für die Entwicklung der Landwirtschaft, des Ackerbaus und der Viehzucht zu sorgen hatte. Die aus dieser Tätigkeit erwachsenen Akten sind nicht nur für die Geschichte des ländlichen Grundbesitzes von Bedeutung, sondern enthalten vor allem in den zahlreichen Erdbüchern und Karten reiches Quellenmaterial für wirtschaftsgeschichtliche und kulturgeografische Fragen.

Neben den Pachtgeldern basierte auch das ältere *Steuerwesen* auf dem Besitz an Grund und Boden. Die älteste Steuer, das „Herrengeld" oder „Erdbuchgefälle"[20], war eine in Geld umgerechnete Abgabe für die landesherrschaftliche Hofhaltung an Stelle der früheren Naturalleistungen wie etwa Schweine, Gänse, Hühner, Eier u. a. Wer kein eigenes Land besaß (z. B. Kätner, Kaufleute, Handwerker, Tagelöhner), zahlte das sogenannte Verbittelsgeld. Später kam die monatliche Kontribution (Kriegssteuer) dazu, die nach der Katastereinheit „Pflug" auch als Pflugsteuer bezeichnet wurde. 1802 trat noch eine dritte Grundsteuer hinzu, die als „Grund- und Benutzungssteuer" von allem urbaren Land ausgeschrieben war. Andere Einnahmequellen des Staates waren z. B. die Vierprozent- oder Kollateralsteuer und die Halbprozentsteuer (beides Erbschaftssteuern) sowie die außerordentliche Kopf- und Rangsteuer.

Dokumentiert wurden alle genannten Hebungen im Hauptbuch des jeweiligen Hebungsbeamten. Für den Untertan wurde ein Quittungsbuch angelegt, das alle persönlichen Daten (Namen, Wohnort, Pflugzahl) und Angaben über die zu entrichtenden Abgaben enthielt.[21] Dieses Buch hatte als Gegenstück zum Hauptbuch des Hebungsbeamten im Besitz des Steuerzahlers zu verbleiben und könnte deshalb auch heute noch irgendwo auf den Höfen „verwahrt" liegen.

Eine weitere lohnenswerte Quellengruppe stellen die *Brandkataster* dar. Sie beschreiben Größe und Zustand von Hof und Nebengebäuden und ermöglichen, wenn sie über längere Zeiträume erhalten sind, die Beobachtung der baulichen Veränderungen.

---

[20] Kurt Hector: Zur Verwaltung und Rechtspflege ..., S. 126 f.

[21] F. H. Albers: Allgemeine Darstellung des Hebungswesens in den Ämtern und Landschaften der Herzogthümer Schleswig und Holstein; mit besonderer Rücksicht auf die herrschaftlichen Gefälle und Abgaben, Kopenhagen 1840. C. Horst: Das Hebungs- und Steuerwesen, Kiel 1857.

Personelle Veränderungen dokumentieren z. B. die amtlich protokollierten *Testamente* und *Erbschaftsverträge*. Letzte Unklarheiten lassen sich eventuell durch die Akten über *Vormundschaftsverhältnisse* beseitigen. Vielleicht stellt sich ja dabei heraus, dass der plötzlich in den Unterlagen auftauchende unbekannte Name der Vormund des noch unmündigen Erben ist.

Wer nach Namen sucht, sollte vor allem auch die Ergebnisse der amtlichen *Volkszählungen*[22] nicht außer Acht lassen. Probleme bezüglich der Familiennamen lassen sich meist am leichtesten mit Hilfe der Tauf-, Trau- und Sterberegister der Kirchengemeinden klären. Diese *Kirchenbücher* können Sie beim jeweiligen Kirchenbuchamt einsehen.

Viele Erbschaftsangelegenheiten wurden dokumentiert, weil ein Gericht eingeschaltet werden musste. Deshalb finden Sie diese Vorgänge heute in den Archiven oft unter der Rubrik *Justizwesen*. Natürlich waren nicht nur Testaments-, Erb- und Vormundschaftsauseinandersetzungen Thema vor Gericht, sondern es ging dabei auch oft um Landstreitigkeiten oder um die Feststellung der Landgröße wegen der fälligen Abgaben und Steuern. Besonderes Augenmerk verdient dabei die *Landesarchiv-Abteilung 50c* (Gottorfer Obergericht). Hier befinden sich Justiz- und Justizverwaltungssachen von 1713 bis 1867. Das Findbuch für diese Abteilung ist so systematisch aufgebaut mit Inhaltsverzeichnis, alphabetischem Index, Ortsregister und Personenregister, dass auf eine Übernahme dieser umfangreichen Aktentitel in unser Quellenverzeichnis verzichtet werden konnte. Man darf davon ausgehen, dass jeder Interessierte mit diesem Findbuch problemlos zurechtkommen wird.

Bisher hatten wir es ganz überwiegend mit nüchternen Verwaltungsakten zu tun. „In ihnen tritt uns der Bauer als Subjekt, als Untertan entgegen, soweit er in seinen Lebensäußerungen für die jeweilige Obrigkeit relevant war. Er war dies in erster Linie als Steuerzahler, und deshalb finden wir vor allem in Steuerregistern Nachweise über Landbewohner, besonders Großgrundbesitzer."[23] Wollen Sie aber den Bauernhof als Wirtschaftsbetrieb beschreiben und über eine reine Aufzählung der Hofbesitzer hinausgehen, dann sind Sie auch auf nicht-amtliche Dokumente angewiesen. Für Fragen nach der Wirtschaftsweise oder ob z. B. Ackerbau, Holz- oder Milchwirtschaft im Vordergrund standen, welche Vermarktungsmöglichkeiten es gab, wie auf konjunkturelle Schwankungen reagiert wurde, welcher Bedarf an Arbeitskräften und Energie bestand, nach der Art der Ertrags- und Vermögensbilanzierung, Abgabenbelastungen und Innovationen, stehen nur wenige statistische Erhebungen zur Auswertung zur Verfügung.

Eine äußerst ergiebige Quellengruppe zu diesen Fragestellungen bilden – sofern vorhanden und aufspürbar – die privaten bäuerlichen *Anschreibe- oder Rechnungsbücher*. Es handelte sich dabei zunächst um eine Mischform aus tagebuchähnlichen Aufzeichnungen und

[22] Vgl. dazu: Ingwer Ernst Momsen: Die allgemeinen Volkszählungen in Schleswig-Holstein in dänischer Zeit (1769–1860), Neumünster 1974.

[23] Klaus-Joachim Lorenzen-Schmidt: Anschreibebücher als Quellen zur Wirtschaftsgeschichte bäuerlicher Betriebe in Schleswig-Holstein. In: (ZSHG) 109 (1984), S. 151.

kleinen Buchführungen über ganz unterschiedliche Dinge wie Berichte über das Wetter und Naturereignisse, über Ernteerträge und Viehhaltung, über Arbeiten und Geldgeschäfte, über Rezepte, Testamente, Familienereignisse und auch allerhand Merkenswertes (z. B. Fürstenbesuche, Verbrechen, Himmelserscheinungen).[24]

Im 18. Jahrhundert änderte sich der Charakter der Bücher, die Aufzeichnung wichtiger Bereiche der Wirtschaftsführung trat nun in den Vordergrund. „Das Gros der Aufzeichnungen dient dem Zweck, die eigene Wirtschaft besser zu überblicken; vor allem sollte sie bilanzierbar werden, den Ertrag – am besten: den Gewinn – erkennbar machen und dem Landwirt ein planendes Verhalten ermöglichen."[25] Im 19. Jahrhundert nahmen chronikalische Notizen zu, und „allerhand Begebenheiten" wurden zur Grundlage der bäuerlichen Aufzeichnungen. Mit etwas Glück kann ein privates Anschreibebuch auch eine ganze Familiengeschichte enthalten.

Mit Hilfe dieses autobiografischen Quellenmaterials können Sie Lebensbereiche beobachten, die mit anderen Unterlagen kaum fassbar sind. Die private Färbung der Aufzeichnungen erlaubt eventuell, Ihre Hofgeschichte mit Aussagen über die persönliche Einstellung der Hofbewohner, ihren Lebenszyklus und ihre Verhältnisse zu den Mitmenschen anzureichern. Auf diese Weise kann es gelingen, auch den bäuerlich-ländlichen Lebensstil vergangener Zeiten zu beleuchten.

Einiges von diesem Material fand als *Privatarchiv* oder *Nachlass* Eingang in die öffentlichen Archive und wurde dort zum größten Teil gesichtet und verzeichnet. Im Landesarchiv in Schleswig befinden sich solche Dokumente in der Abteilung 399 „Nachlässe und Privatarchive".

Im Anhang des Wegweisers finden Sie eine Liste der für Ihre Vorhaben relevanten Ämter und Institutionen. Die meisten wurden im methodischen Leitfaden behandelt, einige andere kommen nur für ganz spezielle Aspekte in Frage. Überall aber werden Ihnen kundige und sehr hilfsbereite Fachkräfte bei allen auftauchenden Problemen gerne zur Seite stehen.

---

[24] Klaus-Joachim Lorenzen-Schmidt: Warum schrieben Bauern? In: KBlV 27 (1995), S. 109–126.

[25] Klaus-Joachim Lorenzen-Schmidt: Warum schrieben Bauern? S. 117.

Teil II a: Orts- und Jurisdiktionsverzeichnis

Orte	Seite[1]	Grundbuchamt	Jurisdiktionsbereiche	Seite[1]
Ahrenlohe	64	Elmshorn	Herzogtum Holstein - Herrschaft Pinneberg -- Haus- und Waldvogtei --- Kirchspiel Rellingen	39 41 61 64
Appen	65	Pinneberg	Herzogtum Holstein - Herrschaft Pinneberg -- Haus- und Waldvogtei --- Kirchspiel Rellingen	39 41 61 64
Aspern	108	Elmshorn	Herzogtum Holstein - Grafschaft Rantzau -- Kirchspielvogtei Barmstedt --- Kirchspiel Barmstedt	39 95 107 107
Barmstedt	108	Elmshorn	Herzogtum Holstein - Grafschaft Rantzau -- Kirchspielvogtei Barmstedt --- Kirchspiel Barmstedt	39 95 107 107
Besenbek	119	Elmshorn	Herzogtum Holstein - Grafschaft Rantzau -- Kirchspielvogtei Elmshorn --- Kirchspiel Elmshorn	39 95 119 119
Bevern	109	Elmshorn	Herzogtum Holstein - Grafschaft Rantzau -- Kirchspielvogtei Barmstedt --- Kirchspiel Barmstedt	39 95 107 107
Bilsen	166 62	Elmshorn	Kloster Sankt Johannis (bis 1803) Herzogtum Holstein - Herrschaft Pinneberg -- Haus- und Waldvogtei --- Kirchspiel Barmstedt	165 39 41 61 62

[1] Angegeben ist jeweils die erste Seite des entsprechenden Abschnitts in Teil III: Quellenverzeichnis

Orte	Seite[1]	Grundbuchamt	Jurisdiktionsbereiche	Seite[1]
Bokel	116	Elmshorn	Herzogtum Holstein - Grafschaft Rantzau -- Kirchspielvogtei Barmstedt --- Kirchspiel Hörnerkirchen	39 95 107 116
Bokelseß	116	Elmshorn	Herzogtum Holstein - Grafschaft Rantzau -- Kirchspielvogtei Barmstedt --- Kirchspiel Hörnerkirchen	39 95 107 116
Bokholt-Hanredder	109	Elmshorn	Herzogtum Holstein - Grafschaft Rantzau -- Kirchspielvogtei Barmstedt --- Kirchspiel Barmstedt	39 95 107 107
Bönningstedt	65	Pinneberg	Herzogtum Holstein - Herrschaft Pinneberg -- Haus- und Waldvogtei --- Kirchspiel Rellingen	39 41 61 64
Borstel	66	Pinneberg	Herzogtum Holstein - Herrschaft Pinneberg -- Haus- und Waldvogtei --- Kirchspiel Rellingen	39 41 61 64
Brande	66	Elmshorn	Herzogtum Holstein - Herrschaft Pinneberg -- Haus- und Waldvogtei --- Kirchspiel Rellingen	39 41 61 64
Brande	117	Elmshorn	Herzogtum Holstein - Grafschaft Rantzau -- Kirchspielvogtei Barmstedt --- Kirchspiel Hörnerkirchen	39 95 107 116
Bullenkuhlen	110	Elmshorn	Herzogtum Holstein - Grafschaft Rantzau -- Kirchspielvogtei Barmstedt --- Kirchspiel Barmstedt	39 95 107 107

[1] Angegeben ist jeweils die erste Seite des entsprechenden Abschnitts in Teil III: Quellenverzeichnis

Orte	Seite[1]	Grundbuchamt	Jurisdiktionsbereiche	Seite[1]
Datum	67	Pinneberg	Herzogtum Holstein - Herrschaft Pinneberg -- Haus- und Waldvogtei --- Kirchspiel Rellingen	39 41 61 64
Egenbüttel	67	Pinneberg	Herzogtum Holstein - Herrschaft Pinneberg -- Haus- und Waldvogtei --- Kirchspiel Rellingen	39 41 61 64
Eggerstedt	68	Pinneberg	Herzogtum Holstein - Herrschaft Pinneberg -- Haus- und Waldvogtei --- Kirchspiel Rellingen	39 41 61 64
Ellerbek	68	Pinneberg	Herzogtum Holstein - Herrschaft Pinneberg -- Haus- und Waldvogtei --- Kirchspiel Rellingen	39 41 61 64
Ellerhoop	110	Elmshorn	Herzogtum Holstein - Grafschaft Rantzau -- Kirchspielvogtei Barmstedt --- Kirchspiel Barmstedt	39 95 107 107
Elmshorn	120	Elmshorn	Herzogtum Holstein - Grafschaft Rantzau -- Kirchspielvogtei Elmshorn --- Kirchspiel Elmshorn	39 95 119 119
Esingen	68	Elmshorn	Herzogtum Holstein - Herrschaft Pinneberg -- Haus- und Waldvogtei --- Kirchspiel Rellingen	39 41 61 64
Etz	69	Pinneberg	Herzogtum Holstein - Herrschaft Pinneberg -- Haus- und Waldvogtei --- Kirchspiel Rellingen	39 41 61 64

[1]Angegeben ist jeweils die erste Seite des entsprechenden Abschnitts in Teil III: Quellenverzeichnis

Orte	Seite[1]	Grundbuchamt	Jurisdiktionsbereiche	Seite[1]
Großendorf	111	Elmshorn	Herzogtum Holstein - Grafschaft Rantzau -- Kirchspielvogtei Barmstedt --- Kirchspiel Barmstedt	39 95 107 107
Groß Nordende	85	Elmshorn	Herzogtum Holstein - Herrschaft Pinneberg -- Amtsvogtei Uetersen --- Nordender Distrikt	39 41 80 84
Groß Offenseth	111	Elmshorn	Herzogtum Holstein - Grafschaft Rantzau -- Kirchspielvogtei Barmstedt --- Kirchspiel Barmstedt	39 95 107 107
Hainholz	86	Elmshorn	Herzogtum Holstein - Herrschaft Pinneberg -- Amtsvogtei Uetersen --- Nordender Distrikt	39 41 80 84
Halstenbek	69	Pinneberg	Herzogtum Holstein - Herrschaft Pinneberg -- Haus- und Waldvogtei --- Kirchspiel Rellingen	39 41 61 64
Haselau	139	Elmshorn	Adelige Güterdistrikte - Itzehoer Güterdistrikt -- Gut Haselau	130 131 133
Haseldorf	150	Elmshorn	Adelige Güterdistrikte - Itzehoer Güterdistrikt -- Gut Haseldorf	130 131 140
Hasloh	63	Pinneberg	Herzogtum Holstein - Herrschaft Pinneberg -- Haus- und Waldvogtei --- Kirchspiel Quickborn	39 41 61 63
Heede	112	Elmshorn	Herzogtum Holstein - Grafschaft Rantzau -- Kirchspielvogtei Barmstedt --- Kirchspiel Barmstedt	39 95 107 107

Orte	Seite[1]	Grundbuchamt	Jurisdiktionsbereiche	Seite[1]
Heidgraben	86	Elmshorn	Herzogtum Holstein - Herrschaft Pinneberg -- Amtsvogtei Uetersen --- Nordender Distrikt	39 41 80 84
Heidrege	82	Elmshorn	Herzogtum Holstein - Herrschaft Pinneberg -- Amtsvogtei Uetersen --- Moorreger Distrikt	39 41 80 82
Heist	91 159	Elmshorn	Herzogtum Holstein - Herrschaft Pinneberg -- Klostervogtei Uetersen --- Kirchspiel Rellingen Kloster Uetersen	39 41 88 90 159
Helgoland (1807–90 brit. Kronkolonie)	123	Pinneberg	Herzogtum Schleswig - Landschaft Helgoland	122 122
Hemdingen	112	Elmshorn	Herzogtum Holstein - Grafschaft Rantzau -- Kirchspielvogtei Barmstedt --- Kirchspiel Barmstedt	39 95 107 107
Hetlingen	155	Pinneberg	Adelige Güterdistrikte - Itzehoer Güterdistrikt -- Gut Hetlingen	130 131 151
Hohenraden	70	Pinneberg	Herzogtum Holstein - Herrschaft Pinneberg -- Haus- und Waldvogtei --- Kirchspiel Rellingen	39 41 61 64
Holm	78	Pinneberg	Herzogtum Holstein - Herrschaft Pinneberg -- Kirchspielvogtei Hatzburg --- Kirchspiel Wedel	39 41 75 78
Hörnerkirchen	117	Elmshorn	Herzogtum Holstein - Grafschaft Rantzau -- Kirchspielvogtei Barmstedt --- Kirchspiel Hörnerkirchen	123 95 107 116

Orte	Seite[1]	Grundbuchamt	Jurisdiktionsbereiche	Seite[1]
Klein Nordende	87	Elmshorn	Herzogtum Holstein - Herrschaft Pinneberg -- Amtsvogtei Uetersen --- Nordender Distrikt	39 41 80 84
Klein Offenseth	113	Elmshorn	Herzogtum Holstein - Grafschaft Rantzau -- Kirchspielvogtei Barmstedt --- Kirchspiel Barmstedt	39 95 107 107
Klevendeich	83	Elmshorn	Herzogtum Holstein - Herrschaft Pinneberg -- Amtsvogtei Uetersen --- Moorreger Distrikt	39 41 80 82
Köhnholz	90 159	Elmshorn	Herzogtum Holstein - Herrschaft Pinneberg -- Klostervogtei Uetersen --- Kirchspiel Elmshorn Kloster Uetersen	39 41 88 89 159
Kölln	113	Elmshorn	Herzogtum Holstein - Grafschaft Rantzau -- Kirchspielvogtei Barmstedt --- Kirchspiel Barmstedt	39 95 107 107
Krupunder	70	Pinneberg	Herzogtum Holstein - Herrschaft Pinneberg -- Haus- und Waldvogtei --- Kirchspiel Rellingen	39 41 61 64
Kummerfeld	70	Pinneberg	Herzogtum Holstein - Herrschaft Pinneberg -- Haus- und Waldvogtei --- Kirchspiel Rellingen	39 41 61 64
Kurzenmoor	92 159	Elmshorn	Herzogtum Holstein - Herrschaft Pinneberg -- Klostervogtei Uetersen --- Kirchspiel Seester Kloster Uetersen	39 41 88 91 159

[1]Angegeben ist jeweils die erste Seite des entsprechenden Abschnitts in Teil III: Quellenverzeichnis

Orte	Seite[1]	Grundbuchamt	Jurisdiktionsbereiche	Seite[1]
Lander	87	Elmshorn	Herzogtum Holstein - Herrschaft Pinneberg -- Amtsvogtei Uetersen --- Nordender Distrikt	39 41 80 84
Langeln	114	Elmshorn	Herzogtum Holstein - Grafschaft Rantzau -- Kirchspielvogtei Barmstedt --- Kirchspiel Barmstedt	39 95 107 107
Langelohe	88	Elmshorn	Herzogtum Holstein - Herrschaft Pinneberg -- Amtsvogtei Uetersen --- Nordender Distrikt	39 41 80 84
Lieth	88	Elmshorn	Herzogtum Holstein - Herrschaft Pinneberg -- Amtsvogtei Uetersen --- Nordender Distrikt	39 41 80 84
Lutzhorn	114	Elmshorn	Herzogtum Holstein - Grafschaft Rantzau -- Kirchspielvogtei Barmstedt --- Kirchspiel Barmstedt	39 95 107 107
Moorrege	83	Elmshorn	Herzogtum Holstein - Herrschaft Pinneberg -- Amtsvogtei Uetersen --- Moorreger Distrikt	39 41 80 82
Neuendeich	84	Elmshorn	Herzogtum Holstein - Herrschaft Pinneberg -- Amtsvogtei Uetersen --- Neuendeicher Distrikt	39 41 80 83
Nienhöfen	71	Pinneberg	Herzogtum Holstein - Herrschaft Pinneberg -- Haus- und Waldvogtei --- Kirchspiel Rellingen	39 41 61 64

[1]Angegeben ist jeweils die erste Seite des entsprechenden Abschnitts in Teil III: Quellenverzeichnis

Orte	Seite[1]	Grundbuchamt	Jurisdiktionsbereiche	Seite[1]
Ober-Glinde	83	Pinneberg	Herzogtum Holstein - Herrschaft Pinneberg -- Amtsvogtei Uetersen --- Moorreger Distrikt	39 41 80 82
Oha	71	Elmshorn	Herzogtum Holstein - Herrschaft Pinneberg -- Haus- und Waldvogtei --- Kirchspiel Rellingen	39 41 61 64
Osterhorn	118	Elmshorn	Herzogtum Holstein - Grafschaft Rantzau -- Kirchspielvogtei Barmstedt --- Kirchspiel Hörnerkirchen	39 95 107 116
Pinneberg	71	Pinneberg	Herzogtum Holstein - Herrschaft Pinneberg -- Haus- und Waldvogtei --- Kirchspiel Rellingen	39 41 61 64
Pinnebergerdorf	71	Pinneberg	Herzogtum Holstein - Herrschaft Pinneberg -- Haus- und Waldvogtei --- Kirchspiel Rellingen	39 41 61 64
Prisdorf	72	Pinneberg	Herzogtum Holstein - Herrschaft Pinneberg -- Haus- und Waldvogtei --- Kirchspiel Rellingen	39 41 61 64
Quickborn	63	Pinneberg	Herzogtum Holstein - Herrschaft Pinneberg -- Haus- und Waldvogtei --- Kirchspiel Quickborn	39 41 61 63
Raa	121	Elmshorn	Herzogtum Holstein - Grafschaft Rantzau -- Kirchspielvogtei Elmshorn --- Kirchspiel Elmshorn	39 95 119 119

[1] Angegeben ist jeweils die erste Seite des entsprechenden Abschnitts in Teil III: Quellenverzeichnis

Orte	Seite[1]	Grundbuchamt	Jurisdiktionsbereiche	Seite[1]
Rellingen	72	Pinneberg	Herzogtum Holstein - Herrschaft Pinneberg -- Haus- und Waldvogtei --- Kirchspiel Rellingen	39 41 61 64
Renzel	64	Pinneberg	Herzogtum Holstein - Herrschaft Pinneberg -- Haus- und Waldvogtei --- Kirchspiel Quickborn	39 41 61 63
Rosengartern	84	Elmshorn	Herzogtum Holstein - Herrschaft Pinneberg -- Amtsvogtei Uetersen --- Neuendeicher Distrikt	39 41 80 83
Schenefeld	77	Pinneberg	Herzogtum Holstein - Herrschaft Pinneberg -- Kirchspielvogtei Hatzburg --- Kirchspiel Nienstedten	39 41 75 77
Schlickburg	84	Elmshorn	Herzogtum Holstein - Herrschaft Pinneberg -- Amtsvogtei Uetersen --- Neuendeicher Distrikt	39 41 80 83
Schulau	79	Pinneberg	Herzogtum Holstein - Herrschaft Pinneberg -- Kirchspielvogtei Hatzburg --- Kirchspiel Wedel	39 41 75 78
Seester	92 159	Elmshorn	Herzogtum Holstein - Herrschaft Pinneberg -- Klostervogtei Uetersen --- Kirchspiel Seester Kloster Uetersen	39 41 88 91 159
Seestermühe	159	Elmshorn	Adelige Güterdistrikte - Itzehoer Güterdistrikt -- Gut Seestermühe	130 131 156

[1] Angegeben ist jeweils die erste Seite des entsprechenden Abschnitts in Teil III: Quellenverzeichnis

Orte	Seite[1]	Grundbuchamt	Jurisdiktionsbereiche	Seite[1]
Seeth	115	Elmshorn	Herzogtum Holstein	39
			- Grafschaft Rantzau	95
			-- Kirchspielvogtei Barmstedt	107
			--- Kirchspiel Barmstedt	107
Sparrieshoop	115	Elmshorn	Herzogtum Holstein	39
			- Grafschaft Rantzau	95
			-- Kirchspielvogtei Barmstedt	107
			--- Kirchspiel Barmstedt	107
Spitzerdorf	163	Pinneberg	Hamburger Domkapitel	163
	79		(bis 1803)	
			Herzogtum Holstein	39
			- Herrschaft Pinneberg	41
			-- Kirchspielvogtei Hatzburg	75
			--- Kirchspiel Wedel	78
Tangstedt	73	Pinneberg	Herzogtum Holstein	39
			- Herrschaft Pinneberg	41
			-- Haus- und Waldvogtei	61
			--- Kirchspiel Rellingen	64
Thesdorf	73	Pinneberg	Herzogtum Holstein	39
			- Herrschaft Pinneberg	41
			-- Haus- und Waldvogtei	61
			--- Kirchspiel Rellingen	64
Tornesch			siehe Esingen	
Uetersen	94	Elmshorn	Herzogtum Holstein	39
	159		- Herrschaft Pinneberg	41
			-- Klostervogtei Uetersen	88
			--- Kirchspiel Uetersen	93
			Kloster Uetersen	159
Unter-Glinde	74	Pinneberg	Herzogtum Holstein	39
			- Herrschaft Pinneberg	41
			-- Haus- und Waldvogtei	61
			--- Kirchspiel Rellingen	64

[1] Angegeben ist jeweils die erste Seite des entsprechenden Abschnitts in Teil III: Quellenverzeichnis

Orte	Seite[1]	Grundbuchamt	Jurisdiktionsbereiche	Seite[1]
Wedel	80	Pinneberg	Herzogtum Holstein - Herrschaft Pinneberg -- Kirchspielvogtei Hatzburg --- Kirchspiel Wedel	39 41 75 78
Westerhorn	118	Elmshorn	Herzogtum Holstein - Grafschaft Rantzau -- Kirchspielvogtei Barmstedt --- Kirchspiel Hörnerkirchen	39 95 107 116
Winzeldorf	74	Pinneberg	Herzogtum Holstein - Herrschaft Pinneberg -- Haus- und Waldvogtei --- Kirchspiel Rellingen	39 41 61 64
Wisch	90 93 159	Elmshorn	Herzogtum Holstein - Herrschaft Pinneberg -- Klostervogtei Uetersen --- Kirchspiel Elmshorn --- Kirchspiel Seester Kloster Uetersen	39 41 88 89 91 159

[1]Angegeben ist jeweils die erste Seite des entsprechenden Abschnitts in Teil III: Quellenverzeichnis

Teil II b: Zuordnung kleinerer Wohnplätze

Wohnplatz	siehe unter:
Achterkamp	Brande (Ksp. Hörnerkirchen)
Altendeich	Raa; Gut Haselau
Altenfeldsdeich	Gut Haseldorf; Gut Seestermühe
Altenmühlen	Kölln
Alt-Voßloch	Bokholt
Am Damm	Klein Offenseth
Asperhorn	Ahrenlohe
Audeich	Gut Haselau
Auf dem Berg	Klein Offenseth
Auf dem Sandberge	Besenbek
Auf dem Schloss	Klein Offenseth
Auf der Höhe	Brande (Ksp. Hörnerkirchen)
Auf der Lohe	Egenbüttel
Barkenbusch	Groß Offenseth
Barkhörn	Bevern
Bauerweg	Elmshorn
Bauland	Moorreger Distrikt
Beklohe	Seeth
Bentkrögen	Bevern
Beverndamm	Bevern
Billhorn	Bullenkuhlen
Bilsenerwohld	Quickborn
Bishorst	Gut Haselau
Blocksberg	Brande (Ksp. Hörnerkirchen)
Brander Hof	Brande (Ksp. Rellingen)
Brandheide	Bilsen
Bredenmoorbrück	Quickborn
Brückendamm	Brande (Ksp. Hörnerkirchen)
Bullenkuhlen	Haselau
Burgwedel	Bönningstedt
Butendiek	Heist; Gut Haseldorf
Butzwegen	Lutzhorn
Dannesch	Bevern
Dannhörn	Groß Offenseth
Datumer Ort	Datum
Deichreihe	Gut Haseldorf
Dreibeken	Quickborn
Dummerjahn	Etz
Eckerkamp	Rellingen
Eckhorst	Hetlingen
Eichen	Lutzhorn
Einhorn	Lutzhorn
Ekholt	Seeth
Ellerauerheide	Quickborn
Esch	Gut Seestermühe
Eschdeich	Gut Seestermühe
Flammwege	Elmshorn
Friedrichshulde	Schenefeld
Fuchsberg	Elmshorn
Galgenberg	Gut Haseldorf
Giesensand	Gut Hetlingen
Glasenberg	Kölln
Grasmoor	Heede
Grauer Esel	Kölln
Grenzhöhe	Lutzhorn
Gronau	Quickborn
Großendorfer Heide	Großendorf
Großenkamp	Groß Offenseth
Groß Sonnendeich	Kirchspiel Seester
Hanredder	Aspern; Bokholt
Haselauer Kamperrege	Haselau
Haselauer Mühlenwurth	Gut Haselau
Haseldorfer Altenkoog	Gut Haseldorf
Haseldorfer Kamperrege	Gut Haseldorf
Haseldorfer Mühlenwurth	Gut Haseldorf
Hasenbusch	Elmshorn
Heidekaten	Langeln
Heisterfeld	Haselau
Hempberg	Egenbüttel
Hetlingerdeich	Gut Haseldorf
Hetlinger Neuerkoog	Gut Haseldorf; Gut Hetlingen
Hinterm Holz	Lutzhorn
Höhenböken	Heede
Hohenhorst	Bilsen; Gut Haselau
Hohenmoorsheide	Hemdingen
Hohenufer	Langeln
Höllen	Lutzhorn
Höllenbek	Lutzhorn
Hollwisch	Lutzhorn

Wohnplatz	siehe unter:
Holmerberg	Holm
Holstendorf	Nordender Distrikt
Höltenklinken	Großendorf
Hösel	Langelohe
Hühnerberg	Lutzhorn
Hütten	Groß Offenseth
Idenburg	Gut Hetlingen
Im Busch	Gut Haseldorf
Im Grund	Lutzhorn
Im Holz	Klein Offenseth; Lutzhorn
In der Heide	Klein Offenseth; Rellingen
In der Langenhörn	Klein Offenseth
In der Röth	Kummerfeld
Kahlendorfermarsch	Langeln
Kaltenhof	Elmshorn
Kaltenweide	Elmshorn
Kanthorst	Lutzhorn
Katzhagen	Uetersen
Keller	Egenbüttel
Klein Sonnendeich	Kirchspiel Seester
Kleverknüll	Großendorf
Klokerjahn	Etz
Klosterhof	Uetersen
Knakenhörn	Gut Haseldorf
Kortenhagen	Bokholt
Krähenkamp	Brande (Ksp. Hörnerkirchen)
Kranz	Hetlingen
Kreuzdeich	Gut Haselau
Kreuzmoor	Uetersen
Kreuzweg	Westerhorn
Kruck	Besenbek; Raa
Krull	Groß Nordende
Krummdeich	Lutzhorn
Krusenbaum	Brande (Ksp. Hörnerkirchen)
Kuhhagen	Lutzhorn
Kuhweg	Westerhorn
Lambalken	Kummerfeld
Landscheide	Elmshorn
Langenheide	Bokelseß
Lauenberg	Kölln

Wohnplatz	siehe unter:
Lehmkuhl	Elmshorn
Lohe	Uetersen
Lohrbek	Heede
Lütjenloh	Kummerfeld
Matzhagen	Lutzhorn
Matzhave	Westerhorn
Meeschensee	Quickborn
Missen	Ellerhoop
Mölberg	Westerhorn
Moorkate	Osterhorn
Mühlenkamp	Elmshorn
Mullendisch	Hemdingen
Nappenhorn	Großendorf
Nettellohe	Bevern
Neu-Altenfelde	Gut Haseldorf
Neuenfeldsdeich	Gut Seestermühe
Neu-Voßloch	Bokholt
Nordoh	Kummerfeld
Offenau	Bokholt
Oha	Ahrenlohe; Ellerhoop
Ohkate	Großendorf
Ölberg	Westerhorn
Otterkuhl	Lutzhorn
Pahlhorn	Lutzhorn
Papenhof	Elmshorn
Peinerhof	Prisdorf
Pfahlkrug	Elmshorn
Post	Bokel
Pütjen	Egenbüttel
Quickborn	Bokel
Ramskamp	Hainholz; Kölln
Ranzel	Ahrenlohe; Ellerhoop
Redderloh	Großendorf
Reisiek	Kölln
Riehloh	Heede
Roßsteert	Gut Haseldorf
Rugenbergen	Bönningstedt
Sandberg	Elmshorn
Sande	Uetersen
Sandhöhe	Langelohe
Sandkampsche Hufe	Heede
Sandkuhl	Großendorf

Wohnplatz	**siehe unter:**
Sandweg	Lieth
Schadendorf	Neuendeicher Distrikt
Schäferei	Langeln
Scharenberg	Wedel
Scharfeneck	Westerhorn
Schiereeken	Groß Offenseth
Schierenhöhe	Brande (Ksp. Hörnerkirchen)
Schiffstedt	Holm
Schmiedeberg	Lutzhorn
Scholenfleth	Gut Haseldorf
Schöttelhorn	Heede
Seekaten	Quickborn
Seesteraudeich	Kirchspiel Seester
Segen	Lutzhorn
Silberberg	Hemdingen
Spiekerhörn	Elmshorn; Raa
Spitzerfurth	Großendorf
Stahwedder	Rellingen
Steineck	Aspern
Steinfurth	Bevern
Störenhaus	Gut Seestermühe
Strohsack	Groß Nordende
Sudiek	Gut Seestermühe
Tempel	Bilsen
Thiensen	Ellerhoop
Tommhoop	Bilsen
Trennefurth	Brande (Ksp. Hörnerkirchen)
Überstör	Lutzhorn
Wahrenberg	Lutzhorn
Waldenau	Datum
Wedenkamp	Elmshorn
Wendlohe	Lutzhorn
Westerkamp	Hemdingen
Westerort	Neuendeich
Winsel	Westerhorn
Wohld	Ellerhoop
Wulfhagen	Uetersen
Wulfsmühle	Tangstedt
Wunderberg	Brande (Ksp. Hörnerkirchen)
Ziegenberg	Bilsen

Teil III: Quellenverzeichnis

Herzogtum Holstein

(bis 1867, danach preußische Provinz Schleswig-Holstein)

LAS 66, 335	Wüste Hufen und andere Wohnstellen	1708-1781
LAS 66, 3709	Approbierte Heuerkontrakte, Fasz. 1–94	1710-1718
LAS 66, 3710.1	Approbierte Heuerkontrakte, Fasz. 1 3–29	1718-1722
LAS 66, 3710.2	Approbierte Heuerkontrakte, Fasz. 30–80	1722-1726
LAS 8.2, 2024	Besetzung, Teilung, Veräußerung von Hufen und Katen	1722-1771
LAS 66, 3710.3	Approbierte Heuerkontrakte, Fasz. 81–109	1726-1727
LAS 66, 3711	Approbierte Heuerkontrakte, Fasz. 1–70	1727-1731
LAS 8.2, 274	Bestand, Besetzung, Vererbung und Veräußerung der Hufen	1730-1774
LAS 66, 3712	Approbierte Heuerkontrakte, Fasz. 71–163	1731-1734
LAS 66, 3713	Approbierte Heuerkontrakte, Fasz. 1–47a	1737-1741
LAS 66, 3714	Approbierte Heuerkontrakte, Fasz. 47b–80	1740-1744
LAS 8.2, 2025	Bondenhufen, Festehufen und leibeigene Untertanen	1749-1774
LAS 8.2, 279	Landvermessungen in den Ämtern	1763-1774
LAS 8.2, 280	Gerechtsame an der Gemeinen Weide	1763
LAS 66, 3287	Bonitierung der Marschländereien	1800-1828
LAS 66, 2329	Fuhrregister	1801-1802
LAS 66, 2330	Fuhrregister	1801-1802
LAS 66, 2325	Fuhrregister	1803-1805
LAS 309, 17507	Ablösung von Leibfesten, Gemeinheitsteilungen	1875-1913
LAS 309, 17513	Ablösung von Leibfesten, Gemeinheitsteilungen	1907-1922
LAS 66, 7348	Kontribution, Pflugzahl, Verhandlungen mit den älteren Landständen	1643-1720
LAS 66, 255a	Renovierte Landesmatrikel; Pflugzahl und Kontributionsregister	1652-1773
LAS 66, 249	Kontribution und Pflugzahl der Ämter und Städte	1664-1686
LAS 66, 335	Wüste Hufen und andere Wohnstellen	1708-1781
LAS 199, 6	Pflugzahlregister	1739
LAS 8.2, 1291	Pflugzahl der Ämter	1775-1776
LAS 66, 336	Landlose Familienstellen auf dem Lande	1787-1818
LAS 66, 3918	Kollateralsteuer, Einzelsachen	1792-1811
LAS 66, 3919	Kollateralsteuer, Einzelsachen	1792-1811
LAS 66, 5308	Halbprozent- und Kollateralsteuer	1796-1848

LAS 66, 5309	Halbprozent- und Kollateralsteuer	1796-1848
LAS 66, 5310	Halbprozent- und Kollateralsteuer	1796-1848
LAS 66, 5311	Halbprozent- und Kollateralsteuer	1796-1848
LAS 66, 5312	Halbprozent- und Kollateralsteuer	1796-1848
LAS 66, 5313	Halbprozent- und Kollateralsteuer	1796-1848
LAS 66, 5314	Halbprozent- und Kollateralsteuer	1796-1848
LAS 66, 5229	Taxation der Bondengüter nach der Bruder- und Schwestertaxe	1797-1806
LAS 66, 1999	Landsteuer-Register	1802-1808
LAS 66, 4302	Haussteuer	1804-1827
LAS 66, 4303	Haussteuer	1804-1827
LAS 66, 4304	Haussteuer	1804-1827
LAS 66, 7291	Haussteuer	1805-1814
LAS 66, 3826	Verzeichnisse der Kollateral-Erbschaftssteuer	1806-1807
LAS 66, 4298	Zwei- und Viertel-Prozent Kapitalsteuer	1809-1817
LAS 66, 4299	Zwei- und Viertel-Prozent Kapitalsteuer	1809-1817
LAS 66, 4246	Halbprozentsteuer	1810-1840
LAS 66, 401-403	Die 1 1/3-Prozent-Steuer vom Wert urbarer Ländereien	1811-1813
LAS 66, 404	Notaten über die Register zur Hebung der 1 1/3-Prozent-Steuer vom Wert urbarer Ländereien	1811-1817
LAS 66, 4297	1 1/3-Prozent-Steuersachen	1818-1837
LAS 66, 4252	Verzeichnis königlicher Grundstücke	1819
LAS 66, 4121	Haussteuer	1819-1840
LAS 66, 4122	Haussteuer	1819-1840
LAS 66, 4547	Haussteuer	1824-1838
LAS 66, 4548	Haussteuer	1824-1838
LAS 66, 4680	Haussteuer	1824-1841
LAS 66, 679.5	Betr. die teilweise Verheuerung von Hufenstellen	1824-1838
LAS 66, 3371	Halbprozent- und Kollateralsteuer	1827-1849
LAS 66, 5315	Halbprozent-Erbschafts- und Übertragungssteuer	1832-1848
LAS 66, 5316	Halbprozent-Erbschafts- und Übertragungssteuer	1832-1848
LAS 66, 974.1	Halbprozent-Steuerlisten	1838
LAS 66, 974.2	Halbprozent-Steuerlisten	1839
LAS 66, 974.3	Halbprozent-Steuerlisten	1840
LAS 66, 974.4	Halbprozent-Steuerlisten	1841
LAS 66, 974.5	Halbprozent-Steuerlisten	1842
LAS 66, 977	Halb- und Vierprozentsteuer	1845-1848
LAS 309, 348	Organisation des Hebungswesens	1868

LAS 309, 428	Erhebung von Einzugsgeldern (Bauernschuld) in den ländlichen Gemeinden	1868-1887
LAS 309, 8555	Gebäudesteuer	1878-1907
LAS 8.2, 123	Aufstellung von Mannzahlregistern	1766-1774
LAS 412, 817	Übersichten über Verehelichte, Geborene und Gestorbene	1860
LAS 412, 819	Übersichten über Verehelichte, Geborene und Gestorbene	1861
LAS 412, 820	Übersichten über Verehelichte, Geborene und Gestorbene	1862
LAS 412, 822	Übersichten über Verehelichte, Geborene und Gestorbene	1863
LAS 412, 824	Übersichten über Verehelichte, Geborene und Gestorbene	1864
LAS 309, 8544	Volkszählungen	1871-1915

Herrschaft Pinneberg

(ehemalige Ämter Pinneberg und Hatzburg; ab 1867 Kreis Pinneberg)

LAS 355.41, 103	Obligationsprotokoll	1868
LAS 355.41, 104	Obligationsprotokoll	1869
LAS 355.41, 105	Obligationsprotokoll	1870
LAS 355.41, 106	Obligationsprotokoll	1871
LAS 355.41, 107	Obligationsprotokoll	1872
LAS 355.41, 108	Obligationsprotokoll	1873
LAS 355.41, 109	Obligationsprotokoll	1874
LAS 355.41, 110	Obligationsprotokoll	1875
LAS 355.41, 111	Obligationsprotokoll	1876
LAS 355.41, 112	Obligationsprotokoll	1877
LAS 355.41, 113	Obligationsprotokoll	1878
LAS 355.41, 114	Obligationsprotokoll	1879
LAS 355.41, 115	Obligationsprotokoll	1880
LAS 355.41, 116	Obligationsprotokoll	1881
LAS 355.41, 117	Obligationsprotokoll	1882
LAS 355.41, 118	Obligationsprotokoll	1883
LAS 355.41, 119	Obligationsprotokoll	1884
LAS 355.41, 120	Obligationsprotokoll	1885
LAS 355.41, 121	Obligationsprotokoll	1886
LAS 112, 1588	Amtsbuch Nr. 1	1582-1586
LAS 112, 1589	Amtsbuch Nr. 2	1586-1590

LAS 112, 1590	Amtsbuch Nr. 3	1590-1597
LAS 112, 1591	Amtsbuch Nr. 4	1597-1603
LAS 112, 1591a	Amtsbuch Nr. 5	1601-1604
LAS 112, 1592	Amtsbuch Nr. 6	1604-1607
LAS 112, 1593	Amtsbuch Nr. 7	1607-1611
LAS 112, 1594	Amtsbuch Nr. 8	1610-1615
LAS 112, 1595	Amtsbuch Nr. 9	1615-1622
LAS 112, 1596	Amtsbuch Nr. 10	1615-1643
LAS 112, 1597	Amtsbuch Nr. 12	1627-1647
LAS 112, 1598	Amtsbuch Nr. 13	1647-1653
LAS 112, 1599	Amtsbuch Nr. 14	1651-1655
LAS 112, 1600	Amtsbuch Nr. 15	1654-1664
LAS 112, 1601	Amtsbuch Nr. 16	1664-1669
LAS 112, 1602	Amtsbuch Nr. 17	1669-1676
LAS 112, 1603	Amtsbuch Nr. 18	1677-1688
LAS 112, 1604	Amtsbuch Nr. 19	1689-1697
LAS 112, 1605	Amtsbuch Nr. 20	1697-1700
LAS 112, 1606	Amtsbuch Nr. 21	1701-1702
LAS 112, 1607	Amtsbuch Nr. 22	1702-1703
LAS 112, 1608	Amtsbuch Nr. 23	1702-1708
LAS 112, 1609	Amtsbuch Nr. 24	1708-1714
LAS 112, 1610	Amtsbuch Nr. 25	1714-1720
LAS 112, 1611	Amtsbuch Nr. 26	1720-1724
LAS 112, 1612	Amtsbuch Nr. 27	1725-1730
LAS 112, 1613	Amtsbuch Nr. 28	1731-1735
LAS 112, 1614	Amtsbuch Nr. 29	1736-1741
LAS 112, 1615	Amtsbuch Nr. 30	1741-1743
LAS 112, 1616	Amtsbuch Nr. 31	1743-1746
LAS 112, 1617	Amtsbuch Nr. 32	1746-1748
LAS 112, 1618	Amtsbuch Nr. 33	1749-1751
LAS 112, 1619	Amtsbuch Nr. 34	1751-1754
LAS 112, 1620	Amtsbuch Nr. 35	1754-1756
LAS 112, 1621	Amtsbuch Nr. 36	1756-1758
LAS 112, 1622	Amtsbuch Nr. 37	1758-1760
LAS 112, 1623	Amtsbuch Nr. 38	1760-1762
LAS 112, 1624	Amtsbuch Nr. 39	1762-1764
LAS 112, 1625	Amtsbuch Nr. 40	1764-1765
LAS 112, 1626	Amtsbuch Nr. 41	1765-1767
LAS 112, 1627	Amtsbuch Nr. 42	1767-1769
LAS 112, 1628	Amtsbuch Nr. 43	1769-1770
LAS 112, 1629	Amtsbuch Nr. 44	1771-1772
LAS 112, 1630	Amtsbuch Nr. 45	1772-1774
LAS 112, 1631	Amtsbuch Nr. 46	1774-1776
LAS 112, 1631a	Amtsbuch Nr. 47	1776-1778
LAS 112, 1632	Amtsbuch Nr. 48	1778-1780

LAS 112, 1633	Amtsbuch Nr. 49	1780-1782
LAS 112, 1634	Amtsbuch Nr. 50	1782-1783
LAS 112, 1635	Amtsbuch Nr. 51	1783-1784
LAS 112, 1636	Amtsbuch Nr. 52	1784-1785
LAS 112, 1637	Amtsbuch Nr. 53	1785-1787
LAS 112, 1638	Amtsbuch Nr. 54	1787-1788
LAS 112, 1638a	Amtsbuch Nr. 55	1788-1789
LAS 112, 1639	Amtsbuch Nr. 56	1789-1790

LAS 112, 1713	Kontraktenbuch Nr. 1	1790-1791
LAS 112, 1714	Kontraktenbuch Nr. 2	1791-1792
LAS 112, 1715	Kontraktenbuch Nr. 3	1792-1793
LAS 112, 1716	Kontraktenbuch Nr. 4	1793-1794
LAS 112, 1717	Kontraktenbuch Nr. 5	1794
LAS 112, 1718	Kontraktenbuch Nr. 6	1795
LAS 112, 1719	Kontraktenbuch Nr. 7	1795-1796
LAS 112, 1720	Kontraktenbuch Nr. 8	1796-1797
LAS 112, 1721	Kontraktenbuch Nr. 9	1797
LAS 112, 1722	Kontraktenbuch Nr. 10	1797-1798
LAS 112, 1723	Kontraktenbuch Nr. 11	1798-1799
LAS 112, 1724	Kontraktenbuch Nr. 12	1798-1799
LAS 112, 1725	Kontraktenbuch Nr. 13	1800
LAS 112, 1726	Kontraktenbuch Nr. 14	1800-1801
LAS 112, 1727	Kontraktenbuch Nr. 15	1800-1801
LAS 112, 1728	Kontraktenbuch Nr. 16	1801-1802
LAS 112, 1729	Kontraktenbuch Nr. 17	1802-1803
LAS 112, 1730	Kontraktenbuch Nr. 18	1803
LAS 112, 1731	Kontraktenbuch Nr. 19	1803-1804
LAS 112, 1732	Kontraktenbuch Nr. 20	1804-1805
LAS 112, 1733	Kontraktenbuch Nr. 21	1805
LAS 112, 1734	Kontraktenbuch Nr. 22	1805-1806
LAS 112, 1735	Kontraktenbuch Nr. 23	1806-1807
LAS 112, 1736	Kontraktenbuch Nr. 24	1807
LAS 112, 1737	Kontraktenbuch Nr. 25	1807-1808
LAS 112, 1738	Kontraktenbuch Nr. 26	1808-1809
LAS 112, 1739	Kontraktenbuch Nr. 27	1809
LAS 112, 1740	Kontraktenbuch Nr. 28	1809-1810
LAS 112, 1741	Kontraktenbuch Nr. 29	1810-1811
LAS 112, 1742	Kontraktenbuch Nr. 30	1811-1812
LAS 112, 1743	Kontraktenbuch Nr. 31	1812-1813
LAS 112, 1744	Kontraktenbuch Nr. 32	1813-1814
LAS 112, 1745	Kontraktenbuch Nr. 33	1814-1815
LAS 112, 1746	Kontraktenbuch Nr. 34	1815
LAS 112, 1747	Kontraktenbuch Nr. 35	1815-1816
LAS 112, 1748	Kontraktenbuch Nr. 36	1816-1817

LAS 112, 1749	Kontraktenbuch Nr. 37	1817
LAS 112, 1750	Kontraktenbuch Nr. 38	1817-1818
LAS 112, 1751	Kontraktenbuch Nr. 39	1818
LAS 112, 1752	Kontraktenbuch Nr. 40	1818-1819
LAS 112, 1753	Kontraktenbuch Nr. 41	1819-1820
LAS 112, 1754	Kontraktenbuch Nr. 42	1820-1821
LAS 112, 1755	Kontraktenbuch Nr. 43	1821
LAS 112, 1756	Kontraktenbuch Nr. 44	1821-1822
LAS 112, 1757	Kontraktenbuch Nr. 45	1822
LAS 112, 1758	Kontraktenbuch Nr. 46	1822-1823
LAS 112, 1759	Kontraktenbuch Nr. 47	1823-1824
LAS 112, 1760	Kontraktenbuch Nr. 48	1824-1825
LAS 112, 1761	Kontraktenbuch Nr. 49	1825
LAS 112, 1762	Kontraktenbuch Nr. 50	1826
LAS 112, 1763	Kontraktenbuch Nr. 51	1826-1827
LAS 112, 1764	Kontraktenbuch Nr. 52	1827-1828
LAS 112, 1765	Kontraktenbuch Nr. 53	1828
LAS 112, 1766	Kontraktenbuch Nr. 54	1828-1829
LAS 112, 1767	Kontraktenbuch Nr. 55	1829-1830
LAS 112, 1768	Kontraktenbuch Nr. 56	1830
LAS 112, 1769	Kontraktenbuch Nr. 57	1830-1831
LAS 112, 1770	Kontraktenbuch Nr. 58	1831-1832
LAS 112, 1771	Kontraktenbuch Nr. 59	1831-1832
LAS 112, 1772	Kontraktenbuch Nr. 60	1832-1833
LAS 112, 1773	Kontraktenbuch Nr. 61	1833
LAS 112, 1774	Kontraktenbuch Nr. 62	1833-1834
LAS 112, 1775	Kontraktenbuch Nr. 63	1834
LAS 112, 1776	Kontraktenbuch Nr. 64	1834-1835
LAS 112, 1777	Kontraktenbuch Nr. 65	1835
LAS 112, 1778	Kontraktenbuch Nr. 66	1835-1836
LAS 112, 1779	Kontraktenbuch Nr. 67	1836-1837
LAS 112, 1780	Kontraktenbuch Nr. 68	1837
LAS 112, 1781	Kontraktenbuch Nr. 69	1837-1838
LAS 112, 1782	Kontraktenbuch Nr. 70	1838-1839
LAS 112, 1783	Kontraktenbuch Nr. 71	1838-1839
LAS 112, 1784	Kontraktenbuch Nr. 72	1839-1840
LAS 112, 1785	Kontraktenbuch Nr. 73	1840
LAS 112, 1786	Kontraktenbuch Nr. 74	1840-1841
LAS 112, 1787	Kontraktenbuch Nr. 75	1841
LAS 112, 1788	Kontraktenbuch Nr. 76	1841-1842
LAS 112, 1789	Kontraktenbuch Nr. 77	1842
LAS 112, 1790	Kontraktenbuch Nr. 78	1842-1843
LAS 112, 1791	Kontraktenbuch Nr. 79	1843
LAS 112, 1792	Kontraktenbuch Nr. 80	1843-1844
LAS 112, 1793	Kontraktenbuch Nr. 81	1844-1845

LAS 112, 1794	Kontraktenbuch Nr. 82	1845
LAS 112, 1795	Kontraktenbuch Nr. 83	1845-1846
LAS 112, 1796	Kontraktenbuch Nr. 84	1846-1847
LAS 112, 1797	Kontraktenbuch Nr. 85	1847
LAS 112, 1798	Kontraktenbuch Nr. 86	1848
LAS 112, 1799	Kontraktenbuch Nr. 87	1848-1849
LAS 112, 1800	Kontraktenbuch Nr. 88	1849-1850
LAS 112, 1801	Kontraktenbuch Nr. 89	1850-1851
LAS 112, 1802	Kontraktenbuch Nr. 90	1851
LAS 112, 1803	Kontraktenbuch Nr. 91	1851-1852
LAS 112, 1804	Kontraktenbuch Nr. 92	1852
LAS 112, 1805	Kontraktenbuch Nr. 93	1852-1853
LAS 112, 1806	Kontraktenbuch Nr. 94	1853-1854
LAS 112, 1807	Kontraktenbuch Nr. 95	1854
LAS 112, 1808	Kontraktenbuch Nr. 96	1854-1855
LAS 112, 1809	Kontraktenbuch Nr. 97	1855
LAS 112, 1810	Kontraktenbuch Nr. 98	1855-1856
LAS 112, 1811	Kontraktenbuch Nr. 99	1856
LAS 112, 1812	Kontraktenbuch Nr. 100	1856-1857
LAS 112, 1813	Kontraktenbuch Nr. 101	1857
LAS 112, 1814	Kontraktenbuch Nr. 102	1857-1858
LAS 112, 1815	Kontraktenbuch Nr. 103	1858
LAS 112, 1816	Kontraktenbuch Nr. 104	1858-1859
LAS 112, 1817	Kontraktenbuch Nr. 105	1859-1860
LAS 112, 1818	Kontraktenbuch Nr. 106	1859-1860
LAS 112, 1819	Kontraktenbuch Nr. 107	1860-1861
LAS 112, 1820	Kontraktenbuch Nr. 108	1861
LAS 112, 1821	Kontraktenbuch Nr. 109	1861-1862
LAS 112, 1822	Kontraktenbuch Nr. 110	1862
LAS 112, 1823	Kontraktenbuch Nr. 111	1862-1863
LAS 112, 1824	Kontraktenbuch Nr. 112	1862-1863
LAS 112, 1825	Kontraktenbuch Nr. 113	1863
LAS 112, 1826	Kontraktenbuch Nr. 114	1863-1864
LAS 112, 1827	Kontraktenbuch Nr. 115	1864
LAS 112, 1828	Kontraktenbuch Nr. 116	1865
LAS 112, 1829	Kontraktenbuch Nr. 117	1865-1866
LAS 112, 1830	Kontraktenbuch Nr. 118	1865-1866
LAS 112, 1831	Kontraktenbuch Nr. 119	1866-1867
LAS 112, 1832	Kontraktenbuch Nr. 120	1867
LAS 112, 1833	Kontraktenbuch Nr. 121	1867-1868
LAS 112, 1834	Kontraktenbuch Nr. 122	1868-1869
LAS 112, 1835	Kontraktenbuch Nr. 123	1869-1870
LAS 112, 1836	Kontraktenbuch Nr. 124	1870-1871
LAS 112, 1837	Kontraktenbuch Nr. 125	1871-1872
LAS 112, 1838	Kontraktenbuch Nr. 126	1872-1873

LAS 112, 1839	Kontraktenbuch Nr. 127	1873-1874
LAS 112, 1840	Kontraktenbuch Nr. 128	1874-1875
LAS 112, 1841	Kontraktenbuch Nr. 129	1875-1876
LAS 112, 1842	Kontraktenbuch Nr. 130	1876-1877
LAS 112, 1843	Kontraktenbuch Nr. 131	1877-1878
LAS 112, 1844	Kontraktenbuch Nr. 132	1878-1879
LAS 112, 1845	Kontraktenbuch Nr. 133	1879-1880
LAS 112, 1846	Kontraktenbuch Nr. 134	1880-1881
LAS 112, 1847	Kontraktenbuch Nr. 135	1881-1882
LAS 112, 1848	Kontraktenbuch Nr. 136	1882-1883
LAS 112, 1849	Kontraktenbuch Nr. 137	1883
LAS 112, 1850	Kontraktenbuch Nr. 138	1883-1884
LAS 112, 1851	Kontraktenbuch Nr. 139	1884
LAS 112, 1852	Kontraktenbuch Nr. 140	1884-1885
LAS 112, 1853	Kontraktenbuch Nr. 141	1885-1886
LAS 112, 1870	Kontraktenbuch	1886-1887
LAS 112, 1645	Alphabetisches Register zu den Kontraktenbüchern	1788-1831
LAS 112, 1646	Alphabetisches Register zu den Kontraktenbüchern	1831-1883
LAS 112, 1684	Kontraktenprotokoll, Band I	1867-1872
LAS 112, 1685	Kontraktenprotokoll, Band II	1872-1879
LAS 112, 1686	Kontraktenprotokoll, Band III	1873-1876
LAS 112, 1687	Kontraktenprotokoll, Band IV	1875-1878
LAS 112, 1688	Kontraktenprotokoll, Band V	1878-1882
LAS 112, 1689	Kontraktenprotokoll, Band VI	1879-1885
LAS 112, 1690	Kontraktenprotokoll, Band VII	1882-1885
LAS 112, 1507	Inventarienprotokoll	1826
LAS 112, 1508	Inventarienprotokoll	1827
LAS 112, 1509	Inventarienprotokoll	1828
LAS 112, 1510	Inventarienprotokoll	1829
LAS 112, 1511	Inventarienprotokoll	1840
LAS 112, 1512	Inventarienprotokoll	1841
LAS 112, 1513	Inventarienprotokoll	1842
LAS 112, 1514	Inventarienprotokoll	1843
LAS 112, 1515	Inventarienprotokoll	1844
LAS 112, 1516	Inventarienprotokoll	1847
LAS 112, 1517	Inventarienprotokoll	1848-1849
LAS 112, 1518	Inventarienprotokoll	1850-1852
LAS 112, 1519	Inventarienprotokoll	1853-1854
LAS 112, 1469	Loskündigungsprotokolle	1733-1780
LAS 112, 1469a	Loskündigungsprotokolle	1781-1810

LAS 112, 1469b	Loskündigungsprotokolle	1830-1867
LAS 65.1, 1548	Verschiedene einzelne Schuldforderungen	1605-1729
LAS 112, 750	Schuld- und Konkurssachen	1760-1856
LAS 112, 1397	Landgerichtsprotokoll	1638-1640
LAS 112, 1398	Landgerichtsprotokoll	1655-1656
LAS 112, 1240	Gerichtsprotokoll	1658-1662
LAS 112, 1241	Gerichtsprotokoll	1663-1664
LAS 112, 1242	Gerichtsprotokoll	1665-1669
LAS 112, 1243	Gerichtsprotokoll	1683-1692
LAS 112, 1244	Gerichtsprotokoll	1691
LAS 112, 1245	Gerichtsprotokoll	1698-1699
LAS 112, 1246	Gerichtsprotokoll	1699-1702
LAS 112, 1247	Gerichtsprotokoll	1701-1703
LAS 112, 1248	Gerichtsprotokoll	1703-1704
LAS 112, 1249	Gerichtsprotokoll	1704
LAS 112, 1250	Gerichtsprotokoll	1706-1707
LAS 112, 1251	Gerichtsprotokoll	1707
LAS 112, 1252	Gerichtsprotokoll	1708
LAS 112, 1253	Gerichtsprotokoll	1710
LAS 112, 1254	Gerichtsprotokoll	1711
LAS 112, 1255	Gerichtsprotokoll	1712-1713
LAS 112, 1256	Gerichtsprotokoll	1714-1715
LAS 112, 1257	Gerichtsprotokoll	1716-1717
LAS 112, 1258	Gerichtsprotokoll	1719-1721
LAS 112, 1259	Gerichtsprotokoll	1721-1722
LAS 112, 1260	Gerichtsprotokoll	1722-1723
LAS 112, 1261	Gerichtsprotokoll	1723-1725
LAS 112, 1262	Gerichtsprotokoll	1725-1726
LAS 112, 1263	Gerichtsprotokoll	1726-1729
LAS 112, 1264	Gerichtsprotokoll	1729-1730
LAS 112, 1265	Gerichtsprotokoll	1731-1732
LAS 112, 1266	Gerichtsprotokoll	1732
LAS 112, 1268	Gerichtsprotokoll	1733-1734
LAS 112, 1269	Gerichtsprotokoll	1735-1736
LAS 112, 1270	Gerichtsprotokoll	1737-1738
LAS 112, 1271	Gerichtsprotokoll	1739-1740
LAS 112, 1272	Gerichtsprotokoll	1741-1742
LAS 112, 1273	Gerichtsprotokoll	1743-1746
LAS 112, 1274-1275	Gerichtsprotokoll	1744
LAS 112, 1276	Gerichtsprotokoll	1746-1747
LAS 112, 1277	Gerichtsprotokoll	1748-1750

LAS 112, 1278	Gerichtsprotokoll	1750-1752
LAS 112, 1279	Gerichtsprotokoll	1753-1754
LAS 112, 1280	Gerichtsprotokoll	1755-1756
LAS 112, 1281	Gerichtsprotokoll	1756-1759
LAS 112, 1282	Gerichtsprotokoll	1760-1763
LAS 112, 1283	Gerichtsprotokoll	1762-1765
LAS 112, 1284	Gerichtsprotokoll	1764-1765
LAS 112, 1285	Gerichtsprotokoll	1765-1767
LAS 112, 1286	Gerichtsprotokoll	1767-1769
LAS 112, 1287	Gerichtsprotokoll	1769-1771
LAS 112, 1288	Gerichtsprotokoll	1771-1772
LAS 112, 1289	Gerichtsprotokoll	1773
LAS 112, 1290	Gerichtsprotokoll	1773-1774
LAS 112, 1291	Gerichtsprotokoll	1774-1776
LAS 112, 1292	Gerichtsprotokoll	1777-1778
LAS 112, 1293	Gerichtsprotokoll	1778-1779
LAS 112, 1294	Gerichtsprotokoll	1779-1780
LAS 112, 1295	Gerichtsprotokoll	1779-1781
LAS 112, 1296	Gerichtsprotokoll	1781-1782
LAS 112, 1297	Gerichtsprotokoll	1782-1784
LAS 112, 1298	Gerichtsprotokoll	1784-1785
LAS 112, 1299	Gerichtsprotokoll	1785-1786
LAS 112, 1300	Gerichtsprotokoll	1786-1787
LAS 112, 1301	Gerichtsprotokoll	1787-1789
LAS 112, 1302	Gerichtsprotokoll	1789-1790
LAS 112, 1303	Gerichtsprotokoll	1790-1792
LAS 112, 1304	Gerichtsprotokoll	1792-1795
LAS 112, 1305	Gerichtsprotokoll	1795-1797
LAS 112, 1306	Gerichtsprotokoll	1795-1805
LAS 112, 1307	Gerichtsprotokoll	1797-1800
LAS 112, 1308	Gerichtsprotokoll	1800-1801
LAS 112, 1309	Gerichtsprotokoll	1802-1804
LAS 112, 1310	Gerichtsprotokoll	1804-1806
LAS 112, 1311	Gerichtsprotokoll	1805-1813
LAS 112, 1312	Gerichtsprotokoll	1806-1809
LAS 112, 1313	Gerichtsprotokoll	1809-1812
LAS 112, 1314	Gerichtsprotokoll	1812-1815
LAS 112, 1315	Gerichtsprotokoll	1813-1822
LAS 112, 1316	Gerichtsprotokoll	1815-1817
LAS 112, 1317	Gerichtsprotokoll	1817-1818
LAS 112, 1318	Gerichtsprotokoll	1818-1820
LAS 112, 1319	Gerichtsprotokoll	1820-1822
LAS 112, 1320	Gerichtsprotokoll	1822-1823
LAS 112, 1321	Gerichtsprotokoll	1822-1828
LAS 112, 1322	Gerichtsprotokoll	1823-1826

LAS 112, 1322a	Gerichtsprotokoll	1826-1829
LAS 112, 1323	Gerichtsprotokoll	1828-1834
LAS 112, 1324	Gerichtsprotokoll	1829-1832
LAS 112, 1325	Gerichtsprotokoll	1832-1836
LAS 112, 1326	Gerichtsprotokoll	1834-1839
LAS 112, 1327	Gerichtsprotokoll	1836-1840
LAS 112, 1328	Gerichtsprotokoll	1839-1846
LAS 112, 1329	Gerichtsprotokoll	1840-1843
LAS 112, 1329a	Gerichtsprotokoll	1843-1845
LAS 112, 1330	Gerichtsprotokoll	1845-1847
LAS 112, 1331	Gerichtsprotokoll	1846-1854
LAS 112, 1332	Gerichtsprotokoll	1847-1850
LAS 112, 1333	Gerichtsprotokoll	1850-1852
LAS 112, 1334	Gerichtsprotokoll	1852-1853
LAS 112, 1335	Gerichtsprotokoll	1853-1855
LAS 112, 1336	Gerichtsprotokoll	1854-1855
LAS 112, 1337	Gerichtsprotokoll	1855-1861
LAS 112, 1338	Gerichtsprotokoll	1861-1866
LAS 112, 1338a	Gerichtsprotokoll	1863-1867
LAS 112, 1339	Gerichtsprotokoll	1866-1867
LAS 112, 1339a	Gerichtsjournale	1856-1865
LAS 112, 1390	Gödingsgerichtsprotokoll	1630-1639
LAS 112, 1391	Gödingsgerichtsprotokoll	1665-1669
LAS 112, 1392	Gödingsgerichtsprotokoll	1728-1730
LAS 112, 1393	Gödingsgerichtsprotokoll	1731-1741
LAS 112, 1394	Gödingsgerichtsprotokoll	1741-1777
LAS 112, 1395	Gödingsgerichtsprotokoll	1745-1750
LAS 112, 1396	Gödingsgerichtsprotokoll	1779-1865
LAS 112, 100	Schuld- und Konkurssachen	1692-1783
LAS 3, 601	Pinneberg-Hatzburger Einnahme- und Ausgaberegister	1464-1465
LAS 3, 602	Register der dreijährigen Bede	1512
LAS 3, 608	Pinneberger Amtsregister	1591-1592
LAS 3, 634	Pinneberger Amtsregister, Beilagen	1602-1603
LAS 3, 375	Pinneberger Amtsregister, Extrakte	1610-1612
LAS 3, 126	Aufkommen aus den verpachteten Grundstücken (Beilagen zum Amtsregister)	1638
LAS 3, 745	Pinneberger Amtsregister (Bruchstück)	1639-1640
LAS 7, 6799	Register	1642-1650
LAS 112 AR, 1641-42	Amts- und Hausregister	1641-1642
LAS 112 AR, 1642-43	Amts- und Hausregister	1642-1643

LAS 112 AR, 1643-44	Amts- und Hausregister	1643-1644
LAS 112 AR, 1645-46	Amts- und Hausregister	1645-1646
LAS 112 AR, 1646-47	Amts- und Hausregister	1646-1647
LAS 112 AR, 1647-48	Amts- und Hausregister	1647-1648
LAS 112 AR, 1648-49	Amts- und Hausregister	1648-1649
LAS 112 AR, 1649-50	Amts- und Hausregister	1649-1650
LAS 112 AR, 1650-51	Amts- und Hausregister	1650-1651
LAS 112 AR, 1651-52	Amts- und Hausregister	1651-1652
LAS 112 AR, 1652-53	Amts- und Hausregister	1652-1653
LAS 112 AR, 1653-54	Amts- und Hausregister	1653-1654
LAS 112 AR, 1654-55	Amts- und Hausregister	1654-1655
LAS 112 AR, 1655-56	Amts- und Hausregister	1655-1656
LAS 112 AR, 1656-57	Amts- und Hausregister	1656-1657
LAS 112 AR, 1657-58	Amts- und Hausregister	1657-1658
LAS 112 AR, 1658-59	Amts- und Hausregister	1658-1659
LAS 112 AR, 1659-60	Amts- und Hausregister	1659-1660
LAS 112 AR, 1660-61	Amts- und Hausregister	1660-1661
LAS 112 AR, 1661-62	Amts- und Hausregister	1661-1662
LAS 112 AR, 1662-63	Amts- und Hausregister	1662-1663
LAS 112 AR, 1663-64	Amts- und Hausregister	1663-1664
LAS 112 AR, 1664-65	Amts- und Hausregister	1664-1665
LAS 112 AR, 1665-66	Amts- und Hausregister	1665-1666
LAS 112 AR, 1666-67	Amts- und Hausregister	1666-1667
LAS 112 AR, 1667-68	Amts- und Hausregister	1667-1668
LAS 112 AR, 1668-69	Amts- und Hausregister	1668-1669
LAS 112 AR, 1669-70	Amts- und Hausregister	1669-1670
LAS 112 AR, 1670	Amtsrechnung	1670
LAS 112 AR, 1671	Amtsrechnung	1671
LAS 112 AR, 1672	Amtsrechnung	1672
LAS 112 AR, 1673	Amtsrechnung	1673
LAS 112 AR, 1674	Amtsrechnung	1674
LAS 112 AR, 1675	Amtsrechnung	1675
LAS 112 AR, 1676	Amtsrechnung	1676
LAS 66, 2538	Amts- und Hausregister	1676-1677
LAS 112 AR, 1677	Amtsrechnung	1677
LAS 112 AR, 1678	Amtsrechnung	1678
LAS 112 AR, 1679	Amtsrechnung	1679
LAS 112 AR, 1680	Amtsrechnung	1680
LAS 112 AR, 1681	Amtsrechnung	1681
LAS 112 AR, 1682	Amtsrechnung	1682
LAS 112 AR, 1683	Amtsrechnung	1683
LAS 112 AR, 1684	Amtsrechnung	1684
LAS 112 AR, 1685	Amtsrechnung	1685
LAS 112 AR, 1686	Amtsrechnung	1686
LAS 112 AR, 1687	Amtsrechnung	1687

LAS 112 AR, 1688	Amtsrechnung	1688
LAS 112 AR, 1689	Amtsrechnung	1689
LAS 112 AR, 1690	Amtsrechnung	1690
LAS 112 AR, 1691	Amtsrechnung	1691
LAS 112 AR, 1692	Amtsrechnung	1692
LAS 112 AR, 1693	Amtsrechnung	1693
LAS 112 AR, 1694	Amtsrechnung	1694
LAS 112 AR, 1695	Amtsrechnung	1695
LAS 112 AR, 1696	Amtsrechnung	1696
LAS 112 AR, 1697	Amtsrechnung	1697
LAS 112 AR, 1698	Amtsrechnung	1698
LAS 112 AR, 1699	Amtsrechnung	1699
LAS 112 AR, 1700	Amtsrechnung	1700
LAS 112 AR, 1701	Amtsrechnung	1701
LAS 112 AR, 1702	Amtsrechnung	1702
LAS 112 AR, 1703	Amtsrechnung	1703
LAS 112 AR, 1704	Amtsrechnung	1704
LAS 112 AR, 1705	Amtsrechnung	1705
LAS 112 AR, 1706	Amtsrechnung	1706
LAS 112 AR, 1707	Amtsrechnung	1707
LAS 112 AR, 1708	Amtsrechnung	1708
LAS 112 AR, 1709	Amtsrechnung	1709
LAS 112 AR, 1710	Amtsrechnung	1710
LAS 112 AR, 1711	Amtsrechnung	1711
LAS 112 AR, 1712	Amtsrechnung	1712
LAS 112 AR, 1713	Amtsrechnung	1713
LAS 112 AR, 1714	Amtsrechnung	1714
LAS 112 AR, 1715	Amtsrechnung	1715
LAS 112 AR, 1716	Amtsrechnung	1716
LAS 112 AR, 1717	Amtsrechnung	1717
LAS 112 AR, 1718	Amtsrechnung	1718
LAS 112 AR, 1719	Amtsrechnung	1719
LAS 112 AR, 1720	Amtsrechnung	1720
LAS 112 AR, 1721	Amtsrechnung	1721
LAS 112 AR, 1722	Amtsrechnung	1722
LAS 112 AR, 1723	Amtsrechnung	1723
LAS 112 AR, 1724	Amtsrechnung	1724
LAS 112 AR, 1725	Amtsrechnung	1725
LAS 112 AR, 1726	Amtsrechnung	1726
LAS 112 AR, 1727	Amtsrechnung	1727
LAS 112 AR, 1728	Amtsrechnung	1728
LAS 112 AR, 1729	Amtsrechnung	1729
LAS 112 AR, 1730	Amtsrechnung	1730
LAS 112 AR, 1731	Amtsrechnung	1731
LAS 112 AR, 1732	Amtsrechnung	1732

LAS 112 AR, 1733	Amtsrechnung	1733
LAS 112 AR, 1734	Amtsrechnung	1734
LAS 112 AR, 1735	Amtsrechnung	1735
LAS 112 AR, 1736	Amtsrechnung	1736
LAS 112 AR, 1737	Amtsrechnung	1737
LAS 112 AR, 1738	Amtsrechnung	1738
LAS 112 AR, 1739	Amtsrechnung	1739
LAS 112 AR, 1740	Amtsrechnung	1740
LAS 112 AR, 1741	Amtsrechnung	1741
LAS 112 AR, 1742	Amtsrechnung	1742
LAS 112 AR, 1743	Amtsrechnung	1743
LAS 112 AR, 1744	Amtsrechnung	1744
LAS 112 AR, 1745	Amtsrechnung	1745
LAS 112 AR, 1746	Amtsrechnung	1746
LAS 112 AR, 1747	Amtsrechnung	1747
LAS 112 AR, 1748	Amtsrechnung	1748
LAS 112 AR, 1749	Amtsrechnung	1749
LAS 112 AR, 1750	Amtsrechnung	1750
LAS 112 AR, 1751	Amtsrechnung	1751
LAS 112 AR, 1752	Amtsrechnung	1752
LAS 112 AR, 1753	Amtsrechnung	1753
LAS 112 AR, 1754	Amtsrechnung	1754
LAS 112 AR, 1755	Amtsrechnung	1755
LAS 112 AR, 1756	Amtsrechnung	1756
LAS 112 AR, 1757	Amtsrechnung	1757
LAS 112 AR, 1758	Amtsrechnung	1758
LAS 112 AR, 1759	Amtsrechnung	1759
LAS 112 AR, 1760	Amtsrechnung	1760
LAS 112 AR, 1761	Amtsrechnung	1761
LAS 112 AR, 1762	Amtsrechnung	1762
LAS 112 AR, 1763	Amtsrechnung	1763
LAS 112 AR, 1764	Amtsrechnung	1764
LAS 112 AR, 1765	Amtsrechnung	1765
LAS 112 AR, 1766	Amtsrechnung	1766
LAS 112 AR, 1767	Amtsrechnung	1767
LAS 112 AR, 1768	Amtsrechnung	1768
LAS 112 AR, 1769	Amtsrechnung	1769
LAS 112 AR, 1770	Amtsrechnung	1770
LAS 112 AR, 1771	Amtsrechnung	1771
LAS 112 AR, 1772	Amtsrechnung	1772
LAS 112 AR, 1773	Amtsrechnung	1773
LAS 112 AR, 1774	Amtsrechnung	1774
LAS 112 AR, 1775	Amtsrechnung	1775
LAS 112 AR, 1776	Amtsrechnung	1776
LAS 112 AR, 1777	Amtsrechnung	1777

LAS 112 AR, 1778	Amtsrechnung	1778
LAS 112 AR, 1779	Amtsrechnung	1779
LAS 112 AR, 1780	Amtsrechnung	1780
LAS 112 AR, 1781	Amtsrechnung	1781
LAS 112 AR, 1782	Amtsrechnung	1782
LAS 112 AR, 1783	Amtsrechnung	1783
LAS 112 AR, 1784	Amtsrechnung	1784
LAS 112 AR, 1785	Amtsrechnung	1785
LAS 112 AR, 1786	Amtsrechnung	1786
LAS 112 AR, 1787	Amtsrechnung	1787
LAS 112 AR, 1788	Amtsrechnung	1788
LAS 112 AR, 1789	Amtsrechnung	1789
LAS 112 AR, 1790	Amtsrechnung	1790
LAS 112 AR, 1791	Amtsrechnung	1791
LAS 112 AR, 1792	Amtsrechnung	1792
LAS 112 AR, 1793	Amtsrechnung	1793
LAS 112 AR, 1794	Amtsrechnung	1794
LAS 66, 5825.3	Beilagen zur Amtsrechnung	1794-1842
LAS 112 AR, 1795	Amtsrechnung	1795
LAS 112 AR, 1796	Amtsrechnung	1796
LAS 112 AR, 1797	Amtsrechnung	1797
LAS 112 AR, 1798	Amtsrechnung	1798
LAS 112 AR, 1799	Amtsrechnung	1799
LAS 112 AR, 1800	Amtsrechnung	1800
LAS 112 AR, 1801	Amtsrechnung	1801
LAS 112 AR, 1802	Amtsrechnung	1802
LAS 112 AR, 1803	Amtsrechnung	1803
LAS 112 AR, 1804	Amtsrechnung	1804
LAS 112 AR, 1805	Amtsrechnung	1805
LAS 112 AR, 1806	Amtsrechnung	1806
LAS 112 AR, 1807	Amtsrechnung	1807
LAS 112 AR, 1808	Amtsrechnung	1808
LAS 112 AR, 1809	Amtsrechnung	1809
LAS 112 AR, 1810	Amtsrechnung	1810
LAS 112 AR, 1811	Amtsrechnung	1811
LAS 112 AR, 1812	Amtsrechnung	1812
LAS 112 AR, 1813	Amtsrechnung	1813
LAS 112 AR, 1814	Amtsrechnung	1814
LAS 112 AR, 1815	Amtsrechnung	1815
LAS 112 AR, 1816	Amtsrechnung	1816
LAS 112 AR, 1817	Amtsrechnung	1817
LAS 112 AR, 1818	Amtsrechnung	1818
LAS 112 AR, 1819	Amtsrechnung	1819
LAS 112 AR, 1820	Amtsrechnung	1820
LAS 112 AR, 1821	Amtsrechnung	1821

LAS 112 AR, 1822	Amtsrechnung	1822
LAS 112 AR, 1823	Amtsrechnung	1823
LAS 112 AR, 1824	Amtsrechnung	1824
LAS 112 AR, 1825	Amtsrechnung	1825
LAS 112 AR, 1826	Amtsrechnung	1826
LAS 112 AR, 1827	Amtsrechnung	1827
LAS 112 AR, 1828	Amtsrechnung	1828
LAS 112 AR, 1829	Amtsrechnung	1829
LAS 112 AR, 1830	Amtsrechnung	1830
LAS 112 AR, 1831	Amtsrechnung	1831
LAS 112 AR, 1832	Amtsrechnung	1832
LAS 112 AR, 1833	Amtsrechnung	1833
LAS 112 AR, 1834	Amtsrechnung	1834
LAS 112 AR, 1835	Amtsrechnung	1835
LAS 112 AR, 1836	Amtsrechnung	1836
LAS 112 AR, 1837	Amtsrechnung	1837
LAS 112 AR, 1838	Amtsrechnung	1838
LAS 112 AR, 1839	Amtsrechnung	1839
LAS 112 AR, 1840	Amtsrechnung	1840
LAS 112 AR, 1841	Amtsrechnung	1841
LAS 112 AR, 1842	Amtsrechnung	1842
LAS 112 AR, 1843	Amtsrechnung	1843
LAS 112 AR, 1844	Amtsrechnung	1844
LAS 112 AR, 1845	Amtsrechnung	1845

LAS 112, 660	Ländliche Besitzverhältnisse, Landausweisungen, Zubauer	1605-1798
LAS 65.1, 1574	Fuhrdienste, Dienstgelder	1649-1689
LAS 66, 7535	Parzellierung, Verpachtung, Verkauf der Schloßländereien	1649-1795
LAS 66, 7536	Parzellierung, Verpachtung, Verkauf der Schloßländereien	1649-1795
LAS 112, 664	Gemeinweiden	1692-1702
LAS 112, 665	Wüste Stellen	1695-1782
LAS 112, 361	Viehseuche, Viehhandel, Viehzoll, Vol. I	1702-1749
LAS 112, 374	Wüste Stellen	1703-1783
LAS 112, 338	Betr. ländliche Besitzverhältnisse, Landausweisungen, Zubauer	1703-1783
LAS 112, 344	Ausweisungsregister von verkauften Hausstellen und Ländereien	1703-1782
LAS 112, 366	Saatkorn, Kornausfuhr, Kornvorrat etc.	1709-1783
LAS 112, 746	Güterinventare	1716-1861
LAS 112, 345	Extrakte aus Landausweisungsregistern	1719-1744
LAS 112, 97	Güterinventare	1721-1783
LAS 24, 217	Inventare	1731

LAS 24, 160	Kontrakte über herrschaftliche Pachtstücke	1733-1746
LAS 24, 219.1	Erbpachts- und Heuerkontrakte, Fasz. 1-7	1735-1743
LAS 112, 364	Pferdehandel und Pferdeseuche	1742-1783
LAS 24, 221.1	Torfregister	1743-1744
LAS 112, 362	Viehseuche, Viehhandel, Viehzoll, Vol. II	1750-1775
LAS 66, 4356	Zeitpachten	1753-1819
LAS 112, 378	Feldaufteilung	1767-1773
LAS 112, 379	Betr. die beabsichtigte Umwandlung der Feste- in Eigentumsgüter	1768
LAS 112, 367	Preise der Kornfrüchte und Lebensmittel	1770
LAS 112, 1086	Ländliche Besitzverhältnisse	1773-1860
LAS 66, 8013	Überlassung von Gemeinheitsgründen	1775-1810
LAS 112, 363	Viehseuche, Viehhandel, Viehzoll, Vol. III	1776-1790
LAS 112, 365	Verzeichnisse der Hengste	1779-1782
LAS 25.1, 450	Verteilung der Gemeinheiten	1782-1811
LAS 112, 1092	Bestimmung der Wohn- (Setz-) Jahre und des Abschieds	1787-1795
LAS 66, 355	Verteilung der Gemeinheiten, Setzungsregister	1787-1824
LAS 66, 354	Unterbringung, Verkauf und Ausweisung der reservierten Gemeinheiten	1789-1834
LAS 66, 8014	Überlassung von Gemeinheitsgründen	1790-1824
LAS 66, 347	Landausweisungsregister	1794-1800
LAS 25.1, 449	Verkaufte und vertauschte Ländereien	1794-1799
LAS 112, 1091	Abschiedssachen	1796-1855
LAS 66, 7953	Landveräußerungen (Journal 1 Ho T)	1795-1800
LAS 66, 7952	Landveräußerungen (Journale 1 Ho U-Y; FoLw A-B)	1793-1799
LAS 66, 480	Landveräußerungen (Journale FoLw B-D)	1800-1802
LAS 66, 481	Landveräußerungen (Journale FoLw E-F)	1802-1810
LAS 66, 7954	Landveräußerungen (Journale Lw A-H)	1804-1819
LAS 66, 7955	Landveräußerungen (Journale Lw J-M)	1820-1824
LAS 66, 5129	Landveräußerungen (Unerledigte Sachen)	1822-1848
LAS 25.5, 4107	Akten der Landkommissare betr. Ortschaften der Herrschaft Pinneberg	1824-1874
LAS 66, 8015	Überlassung von Gemeinheitsgründen	1825-1829
LAS 66, 8016	Überlassung von Gemeinheitsgründen	1829-1833
LAS 66, 8017	Überlassung von Gemeinheitsgründen	1834-1835
LAS 66, 8018	Überlassung von Gemeinheitsgründen	1836-1837
LAS 66, 8019	Landüberlassungen	1838-1842
LAS 66, 8020	Landüberlassungen	1842-1843
LAS 66, 8021	Landüberlassungen	1844-1847
LAS 66, 7956	Landveräußerungen	1841
LAS 66, 6219	Landveräußerungen (Rev. Journal)	1841-1843
LAS 66, 7957	Landveräußerungen	1842

LAS 66, 7958	Landveräußerungen	1843
LAS 66, 7959	Landveräußerungen	1844
LAS 66, 6220	Landveräußerungen (Rev. Journal)	1844-1846
LAS 66, 7960	Landveräußerungen	1845
LAS 66, 7961	Landveräußerungen	1846
LAS 66, 6482	Landveräußerungen (Rev. Journal)	1846-1848
LAS 66, 7962	Landveräußerungen	1847
LAS 66, 7963	Landveräußerungen	1848
LAS 62.2, 143	Landumsätze	1850-1868
LAS 62.2, 176	Landumsätze	1854-1867
LAS 60, 544	Landaufteilungen	1855-1865
LAS 62.2, 167	Landumsätze	1861-1867
LAS 60, 545	Landaufteilungen	1862-1864
LAS 59.3, 406	Landaufteilungen	1865-1866
LAS 59.3, 403	Landumsätze	1865-1867
LAS 62.2, 156	Landaufteilungen	1866-1868
LAS 62.2, 124	Landumsätze	1866-1868
LAS 62.2, 133	Landumsätze	1867-1868
LAS 62.2, 134	Landumsätze	1867-1868
LAS 62.2, 125	Landumsätze	1868
LAS 309, 37294	Landumsätze vol. I	1868-1869
LAS 309, 16219	Landumsätze vol. II	1867-1871
LAS 309, 16220	Landumsätze vol. III	1869-1870
LAS 309, 16221	Landumsätze vol. IV	1870-1871
LAS 309, 16222	Landumsätze vol. V	1871
LAS 309, 16223	Landumsätze vol. VI	1871-1872
LAS 309, 3276	Landumsätze, vol. VII	1872
LAS 309, 16224	Landumsätze vol. VIII	1872-1873
LAS 309, 3277	Landumsätze, vol. IX	1873
LAS 309, 3278	Landumsätze, vol. X	1873
LAS 309, 16225	Landumsätze vol. XI	1873-1874
LAS 309, 3279	Landumsätze, vol. XII	1874
LAS 309, 3280	Landumsätze, vol. XIII	1874-1875
LAS 309, 3281	Landumsätze, vol. XIV	1875-1876
LAS 309, 16226	Landumsätze vol. XV	1876-1877
LAS 309, 4571	Überlassung von Gemeinheitsländereien	1869-1922
LAS 309, 4572	Überlassung von Gemeinheitsländereien	1869-1922
LAS 309, 4573	Überlassung von Gemeinheitsländereien	1869-1922
LAS 309, 4574	Überlassung von Gemeinheitsländereien	1869-1922
LAS 309, 4575	Überlassung von Gemeinheitsländereien	1869-1922
LAS 309, 20656	Verzeichnis der domänenfiskalischen Grundstücke	1878-1884
LAS 112, 1469	Loskündigungsprotokolle	1733-1780

LAS 112, 1469a	Loskündigungsprotokolle	1781-1810
LAS 112, 1469b	Loskündigungsprotokolle	1830-1867
LAS 65.1, 1569	Die dem Hamburger St. Johannis-Kloster zustehenden Kornpächte	1645-1652
LAS 65.1, 1575	Kontribution und andere Beschwerden	1650-1666
LAS 65.1, 1568	Gefälle des Hamburger Domkapitels aus der Herrschaft Pinneberg	1660
LAS 112, 645	Erdbuch	1666
LAS 66, 7043	Die besondere Verfassung in Hinsicht der Kontributions-Hebung	1671-1767
LAS 66, 5689	Viertelprozent-Steuer	1690-1782
LAS 66, 7232	Veranlagung zur Kriegssteuer	1710
LAS 66, 7239	Veranlagung zu Kriegssteuern	1712-1718
LAS 66, 7264	Veranlagung zur Kriegs-, Vermögens- und Nahrungssteuer	1717
LAS 66, 5836	Kriegs- und Kopfsteuer-Listen	1720
LAS 66, 5774	Nahrungssteuerregister	1721
LAS 66, 349	Ansetzung der Zubauer zu Abgaben	1727-1801
LAS 66, 5322	Haussteuer	1762-1848
LAS 66, 173	Kopf- und Rangsteuerrechnungen mit Beilagen	1763
LAS 66, 1939.6	Beilagen zum Mannzahl- und Schatzprotokoll	1789
LAS 66, 6281	Beilagen zum Mannzahl- und Schatzprotokoll	1789
LAS 66, 6557	Restantenverzeichnisse	1795
LAS 66, 174	Kopf- und Rangsteuerrechnungen mit Beilagen	1800
LAS 66, 5956	Landsteuerregister	1803
LAS 66, 6055	Haussteuer	1803-1816
LAS 66, 7115	Verzeichnisse der Halbprozent-Steuer	1810-1811
LAS 66, 3874	Erklärung des Steuerpflichtigen, mit Unterschrift und Siegel	1811-1812
LAS 66, 5957	Landsteuerregister	1813
LAS 66, 5329	Nahrungssteuer	1818-1829
LAS 66, 435	Steuersachen	1818-1834
LAS 66, 2654	Hebungsextrakte über die Kopf- und Rangsteuer	1824
LAS 66, 4035	Hebungsextrakte über die Kopf- und Rangsteuer mit Beilagen	1825
LAS 66, 4007	Hebungsextrakte	1825-1826
LAS 66, 4036	Hebungsextrakte über die Kopf- und Rangsteuer mit Beilagen	1826
LAS 66, 4008	Hebungsextrakte	1827

LAS 66, 4037	Hebungsextrakte über die Kopf- und Rangsteuer mit Beilagen	1827
LAS 66, 4009	Hebungsextrakte	1828
LAS 66, 4038	Hebungsextrakte über die Kopf- und Rangsteuer mit Beilagen	1828
LAS 66, 4010	Hebungsextrakte	1829-1830
LAS 66, 4039	Hebungsextrakte über die Kopf- und Rangsteuer mit Beilagen	1829
LAS 66, 4040	Hebungsextrakte über die Kopf- und Rangsteuer mit Beilagen	1830
LAS 66, 4011	Hebungsextrakte	1831-1833
LAS 66, 4041	Hebungsextrakte über die Kopf- und Rangsteuer mit Beilagen	1831
LAS 66, 4042	Hebungsextrakte über die Kopf- und Rangsteuer mit Beilagen	1832
LAS 66, 4043	Hebungsextrakte über die Kopf- und Rangsteuer sowie die Restanten-Untersuchungen	1833-1838
LAS 66, 4012	Hebungsextrakte	1834-1835
LAS 66, 4013	Hebungsextrakte	1836-1838
LAS 66, 936	Halbprozent-Steuerfälle von Erbschaften, Verkäufen und Auktionen	1838
LAS 66, 1950.4	Sekunda-Quittungen zur Halbprozent-Steuerliste	1838-1844
LAS 66, 949	Halbprozent-Steuerlisten	1840
LAS 66, 952	Halbprozent- und Vierprozent-Steuerlisten	1840
LAS 66, 951	Halbprozent- und Vierprozent-Steuerlisten	1841
LAS 66, 944	Halbprozent- und Kollateralsteuerlisten	1842-1843
LAS 66, 6155	Verzeichnisse der Halbprozent-Steuerfälle und Vierprozent-Steuerfälle	1843
LAS 66, 175	Kopf- und Rangsteuerrechnungen mit Beilagen	1845
LAS 66, 5242	Steuersachen	1848
LAS 309, 37614	Verzeichnis stehender Gefälle	1848-1865
LAS 62.2, 236	Reallasten	1868
LAS 309, 3539	Erhebung des Domkorns von den Eingesessenen	1868-1892
LAS 309, 3540	Erhebung des Domkorns von den Eingesessenen	1868-1892
LAS 309, 2513	verschiedene Abgaben, darunter Grundheuer, Erbpacht	1869-1873
LAS 309, 2514	verschiedene Abgaben, darunter Grundheuer, Erbpacht	1869-1873
LAS 309, 2519	verschiedene Abgaben, darunter Grundheuer, Erbpacht	1869-1884

LAS 309, 2520	verschiedene Abgaben, darunter Grundheuer, Erbpacht	1869-1884
LAS 309, 2521	verschiedene Abgaben, darunter Grundheuer, Erbpacht	1869-1884
LAS 309, 2522	verschiedene Abgaben, darunter Grundheuer, Erbpacht	1869-1884
LAS 309, 2523	verschiedene Abgaben, darunter Grundheuer, Erbpacht	1869-1884
LAS 309, 2524	verschiedene Abgaben, darunter Grundheuer, Erbpacht	1869-1884
LAS 309, 2525	verschiedene Abgaben, darunter Grundheuer, Erbpacht	1869-1884
LAS 309, 3546	Ablösung der Hand- und Spanndienste	1873-1880
LAS 65.1, 1547	Erbschaftssachen	1604-1680
LAS 112, 627	Erbschaftsteilungen	1689-1708
LAS 112, 745	Erbabteilungen	1692-1862
LAS 112, 747	Testamente	1697-1866
LAS 112, 93	Erbabteilungen	1708-1773
LAS 112, 94	Erbschafts- und Vormundschaftssachen	1714-1783
LAS 112, 746	Güterinventare	1716-1861
LAS 112, 744	Vormundschafts- und Erbschaftssachen	1725-1860
LAS 112, 1484a	Vormundschaftsverzeichnis	1740 ff.
LAS 112, 750	Schuld- und Konkurssachen	1760-1856
LAS 112, 1871	Repertorium über Vormundschaften und Kurateln	1806-1847
LAS 112, 1872	Repertorium über Vormundschaften und Kurateln	1847-1876
LAS 355.41, 122	Vormundschaften; Buchstabe A	1876-1896
LAS 355.41, 123	Vormundschaften; Buchstabe B	1876-1896
LAS 355.41, 124	Vormundschaften; Buchstabe C	1876-1896
LAS 355.41, 125	Vormundschaften; Buchstabe D	1876-1896
LAS 355.41, 126	Vormundschaften; Buchstabe E	1876-1896
LAS 355.41, 127	Vormundschaften; Buchstabe F	1876-1896
LAS 355.41, 128	Vormundschaften; Buchstabe G	1876-1896
LAS 355.41, 129	Vormundschaften; Buchstabe H	1876-1896
LAS 355.41, 130	Vormundschaften; Buchstabe I-J	1876-1896
LAS 355.41, 131	Vormundschaften; Buchstabe K	1876-1896
LAS 355.41, 132	Vormundschaften; Buchstabe L	1876-1896
LAS 355.41, 133	Vormundschaften; Buchstabe M	1876-1896
LAS 355.41, 134	Vormundschaften; Buchstabe N	1876-1896
LAS 355.41, 135	Vormundschaften; Buchstabe O	1876-1896
LAS 355.41, 136	Vormundschaften; Buchstabe P	1876-1896
LAS 355.41, 137	Vormundschaften; Buchstabe Q	1876-1896
LAS 355.41, 138	Vormundschaften; Buchstabe R	1876-1896

LAS 355.41, 139	Vormundschaften; Buchstabe S	1876-1896
LAS 355.41, 140	Vormundschaften; Buchstabe T	1876-1896
LAS 355.41, 141	Vormundschaften; Buchstabe U	1876-1896
LAS 355.41, 142	Vormundschaften; Buchstabe V	1876-1896
LAS 355.41, 143	Vormundschaften; Buchstabe W	1876-1896
LAS 355.41, 144	Vormundschaften; Buchstabe Z	1876-1896
LAS 355.41, 953	Nachlassregister	1871-1883
LAS 112, 92	Testamente	1693-1774
LAS 112, 747	Testamente	1697-1866
LAS 112, 1855	Testamentenprotokoll	1806-1823
LAS 112, 1856	Testamentenprotokoll	1823-1836
LAS 112, 1857	Testamentenprotokoll	1836-1843
LAS 112, 1858	Testamentenprotokoll	1843-1850
LAS 112, 1859	Testamentenprotokoll	1850-1859
LAS 112, 1860	Testamentenprotokoll	1859-1867
LAS 355.41, 930	Testamente; Buchstabe A	1861-1887
LAS 355.41, 931	Testamente; Buchstabe B	1860-1899
LAS 355.41, 932	Testamente; Buchstabe C	1871-1897
LAS 355.41, 933	Testamente; Buchstabe D	1844-1896
LAS 355.41, 934	Testamente; Buchstabe E	1871-1892
LAS 355.41, 935	Testamente; Buchstabe F	1870-1889
LAS 355.41, 936	Testamente; Buchstabe G	1872-1897
LAS 355.41, 937	Testamente; Buchstabe H	1868-1899
LAS 355.41, 938	Testamente; Buchstabe I	1882
LAS 355.41, 939	Testamente; Buchstabe J	1863-1879
LAS 355.41, 940	Testamente; Buchstabe K	1856-1895
LAS 355.41, 941	Testamente; Buchstabe L	1858-1899
LAS 355.41, 942	Testamente; Buchstabe M	1856-1897
LAS 355.41, 943	Testamente; Buchstabe N	1882-1888
LAS 355.41, 944	Testamente; Buchstabe O	1860-1896
LAS 355.41, 945	Testamente; Buchstabe P	1859-1894
LAS 355.41, 946	Testamente; Buchstabe R	1841-1899
LAS 355.41, 947	Testamente; Buchstabe S	1855-1899
LAS 355.41, 948	Testamente; Buchstabe St	1870-1897
LAS 355.41, 949	Testamente; Buchstabe T	1873-1899
LAS 355.41, 950	Testamente; Buchstabe U	1889
LAS 355.41, 951	Testamente; Buchstabe V	1871-1896
LAS 355.41, 952	Testamente; Buchstabe W	1862-1899
LAS 400.5, 1077	Brandversicherungsregister	1792
LAS 400.5, 1078	Brandversicherungsregister, Band 1	1802
LAS 400.5, 1079	Brandversicherungsregister, Band 2	1802

LAS 112, 1520	Sterberegister mit Verzeichnis der Erben	1799-1806
LAS 112, 4	Beschreibung der Herrschaft Pinneberg	1779
LAS 415, 1581	Situationsriss	1787
LAS 402 A 3, 346	Feldrisse über Vermessungen von Ländereien	1799-1826

Haus- und Waldvogtei

LAS 112, 1436	Extrakt aus dem SchuPfPr, Nr. 1 und 2	1772-1802
LAS 112, 1437	Extrakt aus dem SchuPfPr, Nr. 3 bis 5	1765-1801
LAS 3, 746	Extrakte der Akziseregister	1639-1640
LAS 112, 1399	Landgerichtsprotokoll	1700-1705
LAS 112, 1400	Landgerichtsprotokoll	1705-1731
LAS 112, 1401	Landgerichtsprotokoll	1731-1741
LAS 112, 1402	Landgerichtsprotokoll	1741-1765
LAS 66, 7022	Nachricht von den Insten und Untersassen	1687
LAS 112, 1093	Abschiedssachen	1704-1860
LAS 112, 340	Landwesenssachen	1709-1780
LAS 112, 1087	Ländliche Besitzverhältnisse, Zubauer	1725-1867
LAS 112, 347	Landausweisungsprotokolle	1745-1783
LAS 112, 356	Landausweisungen, Vol. I	1679-1752
LAS 112, 357	Landausweisungen, Vol. II	1753-1782
LAS 112, 645a	Erdbuch	1677-78
LAS 112, 1416	Konkursprotokoll	1694-1715
LAS 112, 1417	Konkursprotokoll	1715-1749
LAS 112, 1418	Konkursprotokoll	1749-1771
LAS 112, 1419	Konkursprotokoll	1771-1784
LAS 112, 1420	Konkursprotokoll	1784-1806
LAS 112, 1421	Konkursprotokoll	1806-1810
LAS 112, 1482	Vormundschaftsrechnungen	1702-1732
LAS 112, 1483	Vormundschaftsrechnungen	1733-1737
LAS 112, 1484	Vormundschaftsrechnungen	1737-1739
LAS 112, 1485	Vormundschaftsrechnungen	1741-1758
LAS 112, 1486	Vormundschaftsrechnungen	1758-1767
LAS 112, 1487	Vormundschaftsrechnungen	1767-1773
LAS 112, 1488	Vormundschaftsrechnungen	1773-1776
LAS 112, 1489	Vormundschaftsrechnungen	1776-1781

LAS 112, 1490	Vormundschaftsrechnungen	1782-1786
LAS 112, 1491	Vormundschaftsrechnungen	1786-1792
LAS 112, 1492	Vormundschaftsrechnungen	1791-1796
LAS 112, 1493	Vormundschaftsrechnungen	1795-1800
LAS 112, 1494	Vormundschaftsrechnungen	1800-1804
LAS 112, 1495	Vormundschaftsrechnungen	1804-1808
LAS 112, 1496	Vormundschaftsrechnungen	1808-1812
LAS 112, 1497	Vormundschaftsrechnungen	1812-1818
LAS 112, 1497a	Vormundschaftsrechnungen	1818-1823
LAS 112, 1498	Vormundschaftsrechnungen	1823-1826
LAS 112, 1499	Vormundschaftsrechnungen	1827-1831
LAS 112, 1500	Vormundschaftsrechnungen	1830-1834
LAS 112, 1500a	Vormundschaftsrechnungen	1834-1839
LAS 112, 1500b	Vormundschaftsrechnungen	1839-1844
LAS 112, 1501	Vormundschaftsrechnungen	1844-1849
LAS 112, 1502	Vormundschaftsrechnungen	1849-1857
LAS 112, 1503	Vormundschaftsrechnungen	1857-1864
LAS 112, 1504	Vormundschaftsrechnungen	1864-1867

LAS 412, 296	Volkszählregister	1803
LAS 415, 5414	Volkszähllisten	1835
LAS 415, 5439	Volkszähllisten	1840
LAS 415, 5469	Volkszähllisten	1845
LAS 415, 5534	Volkszähllisten	1855
LAS 412, 582	Volkszähllisten	1860
LAS 412, 982	Volkszähllisten	1864
LAS 320 Segeberg, 82	Volkszählungen	1880-1890

Kirchspiel Barmstedt

LAS 66, 713	Regulierung der Nahrungssteuer mit den Nahrungssteuerregistern	1735-1764

Bilsen

- Brandheide **- Hohenhorst** **- Tempel**
- Timmhoop **- Ziegenberg**

LAS 112, 1874	SchuPfPr	1701 ff.
LAS 112, 1647	Kontraktenbuch	1803-1814
LAS 112, 275	Erdbuch	1808
LAS 66, 7967	Landveräußerungen	1833-1837
LAS 309 Geb. St., 652	Gebäudesteuer	1867
LAS 309, 14920	Ablösung der Reallasten	1876-1880
LAS 415, 5534	Volkszähllisten	1855

Kirchspiel Quickborn

LAS 112, 1435	SchuPfPr	1702 ff.
LAS 112, 1710	SchuPfPr, Vol. V	1790-1883
LAS 112, 1521	Sterberegister mit Verzeichnis der Erben	1810-1823
LAS 112, 1522	Sterberegister mit Verzeichnis der Erben	1811-1824
LAS 112, 1523	Sterberegister mit Verzeichnis der Erben	1814-1824
LAS 112, 1524	Sterberegister mit Verzeichnis der Erben	1823-1833
LAS 112, 1525	Sterberegister mit Verzeichnis der Erben	1833-1842
LAS 112, 1526	Sterberegister mit Verzeichnis der Erben	1842-1849
LAS 112, 1527	Sterberegister mit Verzeichnis der Erben	1850-1857
LAS 112, 1528	Sterberegister mit Verzeichnis der Erben	1857-1865
LAS 112, 1529	Sterberegister mit Verzeichnis der Erben	1865-1867
LAS 412, 582	Volkszählregister	1860
LAS 412, 982	Volkszählregister	1864

Hasloh

LAS 112, 1446	Extrakt aus den Amtsbüchern; Vorarbeit für das 1788 neu angelegte SchuPfPr	o. J.
LAS 112, 1710	SchuPfPr, Vol. V.	1790-1883
LAS 25.1, 314	Das Dorf Hasloh; verschiedene Landwesensachen	1780-1800
LAS 25.1, 343	Das Dorf Hasloh; verschiedene Landwesensachen	1780-1800
LAS 66, 758	Erdbuch	1780
LAS 112, 1100	Hirtenkatengelder	1792-1793
LAS 66, 7977	Landveräußerungen	1803-1836
LAS 309 Geb. St., 671	Gebäudesteuer	1867
LAS 309 Flur (11), 32	Flurbuch	1877
LAS 309, 14954	Ablösung der Reallasten	1877-1894
LAS 415, 1489	Karte	1785
LAS 415, 1460	Karte	1790

Quickborn (Stadt seit 1974)
- Bilsenerwohld **- Bredenmoorbrück** **- Dreibeken**
- Ellerauerheide **- Gronau** **- Meeschensee**
- Seekaten

LAS 112, 1460	Extrakt aus den Amtsbüchern; Vorarbeit für das 1788 neu angelegte SchuPfPr	o. J.
LAS 112, 1711	SchuPfPr, Vol. VI.	1790-1883

LAS 112, 1049	Betr. Köhncke-Hagenscher Besitz	1768-1834
LAS 25.1, 311	Das Dorf Quickborn; verschiedene Landwesensachen	1780-1800
LAS 25.1, 344	Das Dorf Quickborn; verschiedene Landwesensachen	1780-1800
LAS 66, 776	Erdbuch	1791
LAS 66, 7995	Landveräußerungen	1798-1841
LAS 112, 1049	Konkurs des Hofbesitzers Carl August von Möller	1859-1861
LAS 309, 16262	Landumsätze	1868-1871
LAS 309, 16263	Landumsätze	1874-1876
LAS 309 Geb. St., 700	Gebäudesteuer	1867
LAS 309 Flur (11), 65	Flurbuch	1877
LAS 309, 20581	Ablösung der Reallasten	1877-1894
LAS 309, 20618	Ablösung der Reallasten	1877-1894
LAS 415, 1648	Karte	1791
LAS 415, 1589	Grundriss über die Ländereien	1785

Renzel

LAS 112, 1711	SchuPfPr, Vol. VI.	1790-1883
LAS 25.1, 312	Das Dorf Renzel; verschiedene Landwesensachen	1780-1800
LAS 25.1, 344	Das Dorf Renzel; verschiedene Landwesensachen	1780-1800
LAS 66, 778	Erdbuch	1790
LAS 66, 7996	Landveräußerungen	1832
LAS 309 Geb. St., 700	Gebäudesteuer	1867
LAS 309 Flur (11), 69	Flurbuch	1877
LAS 309, 20581	Ablösung der Reallasten	1877-1894
LAS 309, 20618	Ablösung der Reallasten	1877-1894
LAS 415, 1589	Grundriss	1785
LAS 415, 1588	Karte	1790

Kirchspiel Rellingen

Ahrenlohe

- Asperhorn **- Ranzel**

LAS 112, 1705	SchuPfPr, Vol. II. A	1790-1883
LAS 112, 1706	SchuPfPr, Vol. II. B	1803-1883

LAS 25.1, 283	Das Dorf Ahrenlohe; verschiedene Landwesensachen	1780-1800
LAS 25.1, 341	Das Dorf Ahrenlohe; verschiedene Landwesensachen	1780-1800
LAS 66, 753	Erdbuch	1788
LAS 66, 7965	Landveräußerungen	1824
LAS 309 Geb. St., 660	Gebäudesteuer	1867
LAS 415, 1484	Karte über die Ländereien	1785
LAS 415, 1463	Feldriss	1785
LAS 415, 1462	Karte	1788

Appen

LAS 112, 1442	Extrakt aus den Amtsbüchern; Vorarbeit für das 1788 neu angelegte SchuPfPr	o. J.
LAS 112, 1705	SchuPfPr, Vol. II. A	1790-1883
LAS 112, 1706	SchuPfPr, Vol. II. B	1803-1883
LAS 25.1, 289	Das Dorf Appen; verschiedene Landwesensachen	1780-1800
LAS 25.1, 342	Das Dorf Appen; verschiedene Landwesensachen	1780-1800
LAS 66, 744	Erdbuch	1789
LAS 66, 353	Französischen Emigranten überlassene Ländereien mit Karte	1796-1834
LAS 66, 7964	Landveräußerungen	1824-1839
LAS 309 Geb. St., 649	Gebäudesteuer	1867
LAS 309 Flur (11), 1	Flurbuch	1877
LAS 309, 15048	Ablösung der Reallasten	1880-1892
LAS 415, 1486	Karte	1789

Bönningstedt

- Burgwedel **- Rugenbergen**

LAS 112, 1446	Extrakt aus den Amtsbüchern; Vorarbeit für das 1788 neu angelegte SchuPfPr	o. J.
LAS 112, 1709	SchuPfPr, Vol. IV.	1790-1883
LAS 112, 1712	SchuPfPr, Vol. VII. (Burgwedel)	1790-1883
LAS 25.1, 313	Das Dorf Bönningstedt; verschiedene Landwesensachen	1780-1800
LAS 25.1, 350	Das Dorf Bönningstedt; verschiedene Landwesensachen	1780-1800

LAS 66, 748	Erdbuch	1789
LAS 66, 7968	Landveräußerungen	1799-1839
LAS 66, 7977	Landveräußerungen (Burgwedel)	1803-1836
LAS 112, 1677	Ablösung der Reallasten	1873-1879
LAS 309 Geb. St., 654	Gebäudesteuer	1867
LAS 309 Flur (11), 8	Flurbuch	1877
LAS 309, 14940	Ablösung der Reallasten	1877-1887
LAS 415, 1487	Karte	1785
LAS 415, 1488	Karte	1789

Borstel

LAS 112, 1444	Extrakt aus den Amtsbüchern; Vorarbeit für das 1788 neu angelegte SchuPfPr	o. J.
LAS 112, 1702	SchuPfPr, Vol. I. A	1790-1883
LAS 112, 1703	SchuPfPr, Vol. I. B	1803-1883
LAS 112, 1704	SchuPfPr, Vol. I. C	1855-1883
LAS 112, 1099	Betr. die verkauften Hirtenkatsländereien	1795-1797
LAS 25.1, 286	Das Dorf Borstel; verschiedene Landwesensachen	1780-1800
LAS 66, 749	Erdbuch	1789
LAS 66, 7969	Landveräußerungen	1833-1836
LAS 309 Geb. St., 655	Gebäudesteuer	1867
LAS 309 Flur (11), 12	Flurbuch	1877
LAS 309, 14941	Ablösung der Reallasten	1877-1888
LAS 415, 1490	Karte	1785
LAS 415, 1487	Karte	1788

Brande
- Brander Hof

LAS 112, 1707	SchuPfPr, Vol. III. A	1790-1883
LAS 112, 1708	SchuPfPr, Vol. III. B	1875-1883
LAS 25.1, 284	Das Dorf Brande; verschiedene Landwesensachen	1780-1800
LAS 25.1, 338	Das Dorf Brande; verschiedene Landwesensachen	1780-1800
LAS 399.40, 7	Nachlass Mohr: Die Geschichte der Bauernhöfe der Grafschaft Rantzau mit den Familien ihrer Besitzer von Ernst Christian Mohr; Brande, Hof-Nr. 790–820	1959

LAS 66, 757	Erdbuch	1788
LAS 309 Geb. St., 668	Gebäudesteuer	1867
LAS 309 Flur (11), 13	Flurbuch	1877

Datum
- Datumer Ort **- Waldenau (Hof)**

LAS 112, 1705	SchuPfPr, Vol. II. A	1790-1883
LAS 112, 1706	SchuPfPr, Vol. II. B	1803-1883
LAS 66, 4726	Erbpachthof Datum	1705-1842
LAS 112, 302	Meierhof	1724-1782
LAS 25.1, 292	Das Dorf Datum; verschiedene Landwesensachen	1780-1800
LAS 25.1, 338	Das Dorf Datum; verschiedene Landwesensachen	1780-1800
LAS 66, 787	Erdbuch	1789
LAS 112, 947	Meierhof und die Familie Ewald	1798-1834
LAS 112, 948	Hof Waldenau	1842-1873
LAS 309 Geb. St., 715	Gebäudesteuer	1867
LAS 309, 14871	Ablösung der Reallasten	1874-1883
LAS 415, 1487	Karte	1785
LAS 415, 1585	Karte	1789

Egenbüttel
- Auf der Lohe **- Hempberg** **- Keller**
- Pütjen

LAS 112, 1465	Extrakt aus den Amtsbüchern; Vorarbeit für das 1788 neu angelegte SchuPfPr	o. J.
LAS 112, 1709	SchuPfPr, Vol. IV.	1790-1883
LAS 25.1, 281	Das Dorf Egenbüttel; verschiedene Landwesensachen	1780-1800
LAS 25.1, 338	Das Dorf Egenbüttel; verschiedene Landwesensachen	1780-1800
LAS 66, 751	Erdbuch	1788
LAS 66, 7971	Landveräußerungen	1826-1836
LAS 309 Geb. St., 657	Gebäudesteuer	1867
LAS 309 Flur (11), 17	Flurbuch	1877
LAS 309, 14937	Ablösung der Reallasten	1877-1894
LAS 415, 1490	Feldriss	1785
LAS 415, 1569	Karte	1788

Eggerstedt

LAS 112, 1705	SchuPfPr, Vol. II. A	1790-1883
LAS 112, 1706	SchuPfPr, Vol. II. B	1803-1883
LAS 25.1, 292	Das Dorf Eggerstedt; verschiedene Landwesensachen	1780-1800
LAS 25.1, 338	Das Dorf Eggerstedt; verschiedene Landwesensachen	1780-1800
LAS 66, 787	Erdbuch	1789
LAS 309 Geb. St., 715	Gebäudesteuer	1867
LAS 309, 14871	Ablösung der Reallasten	1874-1883
LAS 415, 1487	Karte	1785
LAS 415, 1585	Karte	1789

Ellerbek

LAS 112, 1446	Extrakt aus den Amtsbüchern; Vorarbeit für das 1788 neu angelegte SchuPfPr	o. J.
LAS 112, 1709	SchuPfPr, Vol. IV.	1790-1883
LAS 25.1, 317	Das Dorf Ellerbek; verschiedene Landwesensachen	1780-1800
LAS 66, 752	Erdbuch	1789
LAS 66, 7973	Landveräußerungen	1804-1840
LAS 309 Geb. St., 659	Gebäudesteuer	1867
LAS 309 Flur (11), 19	Flurbuch	1877
LAS 309, 17221	Grundsteuer-Mutterrollen	1877
LAS 309, 20264	Ablösung der Reallasten	1877 ff.
LAS 112, 1678	Ablösung der Reallasten	1877-1889
LAS 415, 1463	Karte	1784
LAS 415, 1463	Karte	1790

Esingen

LAS 112, 1447	Extrakt aus den Amtsbüchern; Vorarbeit für das 1788 neu angelegte SchuPfPr	o. J.
LAS 112, 1705	SchuPfPr, Vol. II. A	1790-1883
LAS 112, 1706	SchuPfPr, Vol. II. B	1803-1883
LAS 25.1, 283	Das Dorf Esingen; verschiedene Landwesensachen	1780-1800
LAS 25.1, 341	Das Dorf Esingen; verschiedene Landwesensachen	1780-1800

LAS 66, 753	Erdbuch	1788
LAS 66, 7974	Landveräußerungen	1805-1840
LAS 309 Geb. St., 660	Gebäudesteuer	1867
LAS 309 Flur (11), 22	Flurbuch	1877
LAS 309, 20515	Ablösung der Reallasten	1877-1892
LAS 309, 20674	Ablösung der Reallasten	1892-1894
LAS 415, 1484	Karte über die Ländereien	1785
LAS 415, 1463	Feldriss	1785
LAS 415, 1462	Karte	1788

Etz
- Dummerjahn- **Klokerjahn**

LAS 112, 1705	SchuPfPr, Vol. II. A	1790-1883
LAS 112, 1706	SchuPfPr, Vol. II. B	1803-1883
LAS 25.1, 289	Das Dorf Etz; verschiedene Landwesensachen	1780-1800
LAS 66, 744	Erdbuch	1789
LAS 25.1, 342	Das Dorf Etz; verschiedene Landwesensachen	1780-1800
LAS 309 Geb. St., 649	Gebäudesteuer	1867
LAS 415, 1486	Karte	1789

Halstenbek

LAS 112, 1466	Extrakt aus den Amtsbüchern; Vorarbeit für das 1788 neu angelegte SchuPfPr	o. J.
LAS 112, 1707	SchuPfPr, Vol. III. A	1790-1883
LAS 112, 1708	SchuPfPr, Vol. III. B	1875-1883
LAS 25.1, 284	Das Dorf Halstenbek; verschiedene Landwesensachen	1780-1800
LAS 25.1, 338	Das Dorf Halstenbek; verschiedene Landwesensachen	1780-1800
LAS 66, 757	Erdbuch	1788
LAS 66, 5470	Verkauf von Heideparzellen mit Karte	1798-1811
LAS 131 Halstenbek, 1	Verkauf näher bezeichneter Ländereien an John Smith, Altona	1802
LAS 112, 983	Criminilscher Besitz	1809-1810
LAS 66, 7976	Landveräußerungen	1820-1840
LAS 131 Halstenbek, 4	Klassensteuerrolle	1869
LAS 309 Geb. St., 668	Gebäudesteuer	1867

LAS 309 Flur (11), 29	Flurbuch	1877
LAS 309, 14953	Ablösung der Reallasten	1877

Hohenraden

LAS 112, 1702	SchuPfPr, Vol. I. A	1790-1883
LAS 112, 1703	SchuPfPr, Vol. I. B	1803-1883
LAS 112, 1704	SchuPfPr, Vol. I. C	1855-1883
LAS 66, 749	Erdbuch	1789
LAS 309 Geb. St., 655	Gebäudesteuer	1867
LAS 355.10, 1744	Namensregister der Grundeigentümer	1890
LAS 415, 1490	Karte	1785
LAS 415, 1487	Karte	1788

Krupunder

LAS 309 Geb. St., 701	Gebäudesteuer	1867

Kummerfeld
- In der Röth **- Lambalken** **- Lütjenloh**
- Nordoh

LAS 112, 1458	Extrakt aus den Amtsbüchern; Vorarbeit für das 1788 neu angelegte SchuPfPr	o. J.
LAS 112, 1702	SchuPfPr, Vol. I. A	1790-1883
LAS 112, 1703	SchuPfPr, Vol. I. B	1803-1883
LAS 112, 1704	SchuPfPr, Vol. I. C	1855-1883
LAS 25.1, 287	Das Dorf Kummerfeld; verschiedene Landwesensachen	1780-1800
LAS 25.1, 341a	Das Dorf Kummerfeld; verschiedene Landwesensachen	1780-1800
LAS 66, 763	Erdbuch	1788
LAS 66, 7981	Landveräußerungen	1826-1839
LAS 309 Geb. St., 681	Gebäudesteuer	1867
LAS 309 Flur (11), 49	Flurbuch	1877
LAS 309, 14961	Ablösung der Reallasten	1877-1886
LAS 415, 1492	Karte	1785
LAS 415, 1492	Karte	1788
LAS 415, 1492	Feldrisse	19. Jh.

Nienhöfen

LAS 25.1, 284	Das Dorf Nienhöfen; verschiedene Landwesensachen	1780-1800
LAS 25.1, 338	Das Dorf Nienhöfen; verschiedene Landwesensachen	1780-1800
LAS 66, 757	Erdbuch	1788
LAS 309 Geb. St., 668	Gebäudesteuer	1867

Oha

LAS 112, 1705	SchuPfPr, Vol. II. A	1790-1883
LAS 112, 1706	SchuPfPr, Vol. II. B	1803-1883

Pinneberg (Stadt seit 1875)

LAS 112, 1458	Extrakt aus den Amtsbüchern; Vorarbeit für das 1788 neu angelegte SchuPfPr	o. J.
LAS 112, 1702	SchuPfPr, Vol. I. A	1790-1883
LAS 112, 1703	SchuPfPr, Vol. I. B	1803-1883
LAS 112, 1704	SchuPfPr, Vol. I. C	1855-1883
LAS 65.1, 1600	Flecken und Vorwerk	1661-1679
LAS 112, 1035	Bonordenscher Besitz	1786-1809
LAS 66, 772	Erdbuch	1788
LAS 112, 1036	Von Bülowscher Besitz	1827-1858
LAS 309, 16262	Landumsätze	1868-1871
LAS 309, 16263	Landumsätze	1874-1876
LAS 309 Geb. St., 33	Gebäudesteuer	1867
LAS 309, 6916	Gebäudesteuer	1867
LAS 309 Flur (11), 62	Flurbuch	1877
LAS 309, 14921	Ablösung der Reallasten	1876
LAS 309, 14922	Ablösung der Reallasten	1878
LAS 309, 14923	Ablösung der Reallasten	1880-1891
LAS 415, 5439	Volkszähllisten	1840
LAS 415, 5469	Volkszähllisten	1845
LAS 415, 5534	Volkszähllisten	1855
LAS 412, 579	Volkszählregister	1860
LAS 412, 979	Volkszählregister	1864

Pinnebergerdorf

LAS 112, 1702	SchuPfPr, Vol. I. A	1790-1883
LAS 112, 1703	SchuPfPr, Vol. I. B	1803-1883

LAS 112, 1704	SchuPfPr, Vol. I. C	1855-1883
LAS 25.1, 290	Das Dorf Pinnebergerdorf; verschiedene Landwesensachen	1780-1800
LAS 66, 7994	Landveräußerungen	1823-1837
LAS 309 Geb. St., 697	Gebäudesteuer	1867
LAS 309 Flur (11), 63	Flurbuch	1877
LAS 309, 14963	Ablösung der Reallasten	1878-1882
LAS 415, 1590	Karte	1785
LAS 415, 1648	Karte	1788
LAS 415, 1589	Karte von den Ländereien	1792

Prisdorf
- Peinerhof

LAS 112, 1458	Extrakt aus den Amtsbüchern; Vorarbeit für das 1788 neu angelegte SchuPfPr	o. J.
LAS 112, 1702	SchuPfPr, Vol. I. A	1790-1883
LAS 112, 1703	SchuPfPr, Vol. I. B	1803-1883
LAS 112, 1704	SchuPfPr, Vol. I. C	1855-1883
LAS 25.1, 288	Das Dorf Prisdorf; verschiedene Landwesensachen	1780-1800
LAS 25.1, 340	Das Dorf Prisdorf; verschiedene Landwesensachen	1780-1800
LAS 66, 775	Erdbuch	1788
LAS 309 Geb. St., 699	Gebäudesteuer	1867
LAS 309 Flur (11), 64	Flurbuch	1877
LAS 309, 14962	Ablösung der Reallasten	1877-1882
LAS 415, 1648	Karte	1786
LAS 415, 1589	Karte	1788

Rellingen
- Eckerkamp **- In der Heide** **- Stahwedder**

LAS 112, 1461	Extrakt aus den Amtsbüchern; Vorarbeit für das 1788 neu angelegte SchuPfPr	o. J.
LAS 112, 1707	SchuPfPr, Vol. III. A	1790-1883
LAS 112, 1708	SchuPfPr, Vol. III. B	1875-1883
LAS 3, 300	Lastenbefreiung für den Hof des Vogtes zu Pinneberg Johann Godeking	1613
LAS 25.1, 280	Das Dorf Rellingen; verschiedene Landwesensachen	1780-1800

LAS 25.1, 338	Das Dorf Rellingen; verschiedene Landwesensachen	1780-1800
LAS 66, 777	Erdbuch	1789
LAS 66, 7997	Landveräußerungen	1799-1839
LAS 309 Geb. St., 701	Gebäudesteuer	1867
LAS 309 Flur (11), 68	Flurbuch	1877
LAS 309, 14938	Ablösung der Reallasten	1877-1894

Tangstedt
- Wulfsmühle

LAS 112, 1465	Extrakt aus den Amtsbüchern; Vorarbeit für das 1788 neu angelegte SchuPfPr	o. J.
LAS 112, 1707	SchuPfPr, Vol. III. A	1790-1883
LAS 112, 1708	SchuPfPr, Vol. III. B	1875-1883
LAS 112, 1700	Wulfsmühle	1685-1795
LAS 25.1, 285	Das Dorf Tangstedt; verschiedene Landwesensachen	1780-1800
LAS 25.1, 339	Das Dorf Tangstedt; verschiedene Landwesensachen	1780-1800
LAS 66, 786	Erdbuch	1789
LAS 112, 1701	Wulfsmühle	1802-1879
LAS 66, 8005	Landveräußerungen	1836-1839
LAS 309 Geb. St., 714	Gebäudesteuer	1867
LAS 309 Flur (11), 80	Flurbuch	1877
LAS 309, 14942	Ablösung der Reallasten	1877
LAS 309, 14943	Ablösung der Reallasten	1886-1894

Thesdorf

LAS 112, 1466	Extrakt aus den Amtsbüchern; Vorarbeit für das 1788 neu angelegte SchuPfPr	o. J.
LAS 112, 1705	SchuPfPr, Vol. II. A	1790-1883
LAS 112, 1706	SchuPfPr, Vol. II. B	1803-1883
LAS 25.1, 292	Das Dorf Thesdorf; verschiedene Landwesensachen	1780-1800
LAS 25.1, 338	Das Dorf Thesdorf; verschiedene Landwesensachen	1780-1800
LAS 66, 787	Erdbuch	1789
LAS 66, 8007	Landveräußerungen	1839
LAS 112, 1062	Hof des Christian August von Bülow	1860-1865
LAS 309 Geb. St., 715	Gebäudesteuer	1867
LAS 309 Flur (11), 81	Flurbuch	1877

LAS 309, 14871	Ablösung der Reallasten	1874-1883
LAS 415, 1487	Karte	1785
LAS 415, 1585	Karte	1789

Tornesch (seit 1930; Stadt seit 2005): siehe Ahrenlohe, S. 64 und Esingen, S. 68

Unter-Glinde

LAS 112, 1705	SchuPfPr, Vol. II. A	1790-1883
LAS 112, 1706	SchuPfPr, Vol. II. B	1803-1883
LAS 25.1, 289	Das Dorf Unter-Glinde; verschiedene Landwesensachen	1780-1800
LAS 25.1, 342	Das Dorf Unter-Glinde; verschiedene Landwesensachen	1780-1800
LAS 66, 744	Erdbuch	1789
LAS 66, 7964	Landveräußerungen	1824-1839
LAS 309 Geb. St., 649	Gebäudesteuer	1867
LAS 412, 596	Volkszählregister	1860
LAS 415, 1486	Karte	1789

Winzeldorf

LAS 112, 1465	Extrakt aus den Amtsbüchern; Vorarbeit für das 1788 neu angelegte SchuPfPr	o. J.
LAS 112, 1709	SchuPfPr, Vol. IV.	1790-1883
LAS 25.1, 294	Das Dorf Winzeldorf; verschiedene Landwesensachen	1780-1800
LAS 25.1, 349	Das Dorf Winzeldorf; verschiedene Landwesensachen	1780-1800
LAS 66, 790	Erdbuch	1789
LAS 66, 8011	Landveräußerungen	1833-1836
LAS 309 Geb. St., 717	Gebäudesteuer	1867
LAS 309 Flur (11), 86	Flurbuch	1877
LAS 309, 14955	Ablösung der Reallasten	1877-1881
LAS 415, 1584	Karte	1784
LAS 415, 1586	Karte	1789

Kirchspielvogtei Hatzburg

(ehemals Amt Hatzburg)

LAS 112, 1438	Extrakt aus dem SchuPfPr	1769-1801
LAS 112, 1403	Landgerichtsprotokoll	1700-1718
LAS 112, 1404	Landgerichtsprotokoll	1718-1741
LAS 112, 1405	Landgerichtsprotokoll	1741-1827
LAS 112, 1640	Amtsbuch mit Register	1609-1625
LAS 112, 1641	Amtsbuch mit Register	1626-1667
LAS 112, 1642	Amtsbuch mit Register	1645-1683
LAS 112, 1643	Amtsbuch mit Register	1666-1690
LAS 112, 1644	Amtsbuch mit Register	1690-1703
LAS 3, 601	Pinneberg-Hatzburger Einnahme- und Ausgaberegister	1464-1465
LAS 3, 602	Register der dreijährigen Bede	1512
LAS 3, 605	Hatzburger Mahlschweineregister	1590
LAS 3, 606	Hatzburger Mahlschweineregister	1590
LAS 3, 607	Hatzburger Mahlschweineregister	1590
LAS 3, 604	Hatzburger Amtsregister	1590-1591
LAS 3, 78	Hatzburger Hofdienstgeld-Register	Ende 16. Jh.
LAS 3, 620	Hatzburger Amtsregister	1601-1602
LAS 3, 621	Hatzburger Kornregister	1601-1602
LAS 3, 630	Hatzburger Amtsregister	1602-1603
LAS 3, 631	Hatzburger Kornregister mit Extrakt	1602-1603
LAS 3, 640	Hatzburger Amtsregister	1603-1604
LAS 3, 641	Hatzburger Kornregister mit Extrakt	1603-1604
LAS 3, 648	Hatzburger Schweinewahrsregister	1604
LAS 3, 646	Hatzburger Amtsregister mit Extrakt	1604-1605
LAS 3, 647	Hatzburger Kornregister mit Extrakt	1604-1605
LAS 3, 649	Hatzburger Register der fünfjährigen Bede	1605
LAS 3, 656	Hatzburger Schweinewahrsregister	1605
LAS 3, 654	Hatzburger Amtsregister mit Extrakt	1605-1606
LAS 3, 655	Hatzburger Kornregister mit Extrakt	1605-1606
LAS 3, 663	Hatzburger Schweineregister	1606
LAS 3, 661	Hatzburger Amtsregister mit Extrakt	1606-1607
LAS 3, 662	Hatzburger Kornregister mit Extrakt	1606-1607
LAS 3, 670	Hatzburger Schweineregister	1607
LAS 3, 668	Hatzburger Amtsregister mit Extrakt	1607-1608
LAS 3, 669	Hatzburger Kornregister mit Extrakt	1607-1608
LAS 3, 675	Hatzburger Schweineregister	1608
LAS 3, 673	Hatzburger Amtsregister mit Extrakt	1608-1609
LAS 3, 674	Hatzburger Kornregister mit Extrakt	1608-1609

LAS 3, 679	Hatzburger Amtsregister mit Extrakt	1609-1610
LAS 3, 680	Hatzburger Kornregister	1609-1610
LAS 3, 681	Hatzburger Register der fünfjährigen Bede	1610
LAS 3, 685	Hatzburger Amtsregister mit Extrakt	1610-1611
LAS 3, 688	Hatzburger Amtsregister mit Extrakt	1611-1612
LAS 3, 692	Hatzburger Kornregister	1611-1613
LAS 3, 691	Hatzburger Amtsregister mit Extrakt	1612-1613
LAS 3, 697	Hatzburger Schweineregister	1613
LAS 3, 695	Hatzburger Amtsregister mit Extrakt	1613-1614
LAS 3, 696	Hatzburger Kornregister, Extrakt	1613-1614
LAS 3, 701	Hatzburger Schweineregister	1614-1615
LAS 3, 702	Hatzburger Register der fünfjährigen Bede	1615
LAS 3, 705	Hatzburger Amtsregister mit Extrakt	1615-1616
LAS 3, 710	Hatzburger Register eines Drittels der fünfjährigen Bede	1616
LAS 3, 711	Hatzburger Register der dreijährigen Bede	1616
LAS 3, 708	Hatzburger Amtsregister mit Extrakt	1616-1617
LAS 3, 709	Hatzburger Schweineregister	1616-1617
LAS 3, 718	Hatzburger Schweineregister	1618
LAS 3, 724	Hatzburger Mahlschweineregister und ein Entwurf zum Amtsregister	1619-1621
LAS 3, 729	Hatzburger Register der dreijährigen Bede	1621-1622
LAS 3, 734	Hatzburger Amtsregister	1633-1634
LAS 3, 736	Hatzburger Amtsregister	1635-1636
LAS 3, 744	Hatzburger Akziseregister	1639
LAS 3, 747	Extrakte der Einnahmen und Ausgaben	1639-1640
LAS 112, 647	Hatzburger Amtsregister	1689-1690
LAS 112, 654	Betr. die zum Kgl. Hause Hatzburg gehörigen Ländereien und Wiesen	1602-1702
LAS 112, 354	Gemeinweiden und Landausweisungen, Vol. I	1705-1783
LAS 112, 1094	Abschiedssachen	1715-1856
LAS 112, 339	Ländliche Besitzverhältnisse, Katen, Zubauer	1720-1783
LAS 112, 346	Landausweisungsprotokolle	1745-1783
LAS 112, 355	Gemeinweiden und Landausweisungen, Vol. II	1763-1784
LAS 112, 1088	Ländliche Besitzverhältnisse, Zubauer	1798-1857
LAS 65.1, 1576	Dienstgelder	1643-1672
LAS 112, 646	Hatzburgisches Kommissions- oder erneuertes Erdbuch	1684
LAS 66, 936	Halbprozent-Steuerfälle von Erbschaften, Verkäufen und Auktionen	1838

LAS 66, 949	Halbprozent-Steuerlisten	1840
LAS 66, 952	Halbprozent- und Vierprozent-Steuerlisten	1840
LAS 66, 951	Halbprozent- und Vierprozent-Steuerlisten	1841
LAS 66, 944	Halbprozent- und Kollateralsteuerlisten	1842-1843
LAS 112, 1422	Konkursprotokoll	1721-1756
LAS 112, 1423	Konkursprotokoll	1756-1773
LAS 112, 1424	Konkursprotokoll	1804-1813
LAS 112, 1481	Vormundschaftsrechnungen	1795-1804
LAS 412, 297	Volkszählregister	1803
LAS 415, 5414	Volkszähllisten	1835
LAS 415, 5439	Volkszähllisten	1840
LAS 415, 5469	Volkszähllisten	1845

Kirchspiel Nienstedten

LAS 66, 7026	Hofdienste	1646-1704
LAS 66, 7023	Wüste Höfe und deren Ländereien	1687
LAS 412, 590	Volkszählregister	1860
LAS 412, 990	Volkszählregister	1864

Schenefeld (Stadt seit 1972)
- Friedrichshulde

LAS 112, 1448	Extrakt aus den Amtsbüchern; Vorarbeit für das 1788 neu angelegte SchuPfPr	o. J.
LAS 3, 301	Verleihung und Lastenbefreiung des Hofes in Schenefeld an den Amtmann zu Pinneberg Johannes Großmann	1617
LAS 66, 7020	Instandsetzung der Gebäude sowie Taxierung der Wiesen und Ländereien des Hofes Friedrichshulde	1687-1688
LAS 112, 1054	Scharrenkamper Hof [Friedrichshulde]	1770-1860
LAS 25.1, 304	Das Dorf Schenefeld; verschiedene Landwesensachen	1780-1800
LAS 25.1, 342	Das Dorf Schenefeld; verschiedene Landwesensachen	1780-1800
LAS 66, 780	Erdbuch	1788
LAS 66, 7999	Landveräußerungen	1799-1831
LAS 309 Geb. St., 708	Gebäudesteuer	1867
LAS 309, 16262	Landumsätze	1868-1871

LAS 309, 3761	Hof Friedrichshulde	1871
LAS 309, 16263	Landumsätze	1874-1876
LAS 309, 20481	Ablösung der Reallasten	1874 ff.
LAS 415, 1588	2 Karten	1786-1788

Kirchspiel Wedel

LAS 112, 1864	SchuPfPr, Vol. IX.	1702 ff.
LAS 112, 1865	SchuPfPr, Vol. XII.	1790-1885
LAS 66, 7026	Hofdienste	1646-1704
LAS 112, 1521	Sterberegister mit Verzeichnis der Erben	1810-1823
LAS 112, 1522	Sterberegister mit Verzeichnis der Erben	1811-1824
LAS 112, 1523	Sterberegister mit Verzeichnis der Erben	1814-1824
LAS 112, 1524	Sterberegister mit Verzeichnis der Erben	1823-1833
LAS 112, 1525	Sterberegister mit Verzeichnis der Erben	1833-1842
LAS 112, 1526	Sterberegister mit Verzeichnis der Erben	1842-1849
LAS 112, 1527	Sterberegister mit Verzeichnis der Erben	1850-1857
LAS 112, 1528	Sterberegister mit Verzeichnis der Erben	1857-1865
LAS 112, 1529	Sterberegister mit Verzeichnis der Erben	1865-1867
LAS 412, 589	Volkszählregister	1860
LAS 412, 989	Volkszählregister	1864

Hetlinger Schanze

LAS 66, 4719	Verpachtung	1778-1835
LAS 66, 4922	Verpachtung	1828-1848

Holm

- Holmerberg **- Schiffstedt**

LAS 112, 1450	Extrakt aus den Amtsbüchern; Vorarbeit für das 1788 neu angelegte SchuPfPr	o. J.
LAS 112, 1866	SchuPfPr, Vol. XIV.	1790-1885
LAS 112, 661	Privilegierte Höfe	1608-1700
LAS 25.1, 334	Das Dorf Holm; verschiedene Landwesensachen	1780-1800
LAS 25.1, 342	Das Dorf Holm; verschiedene Landwesensachen	1780-1800
LAS 66, 761	Erdbuch	1791

LAS 66, 353	Französischen Emigranten überlassene Ländereien mit Karte	1796-1834
LAS 66, 7979	Landveräußerungen	1824-1838
LAS 309 Geb. St., 676	Gebäudesteuer	1867
LAS 309 Flur (11), 41	Flurbuch	1877
LAS 309, 14947	Ablösung der Reallasten	1877
LAS 309, 14948	Ablösung der Reallasten	1890
LAS 355.10, 1722	Erbhöferolle	1934-1941
LAS 415, 2524	Auszug aus der Gemarkungskarte, Blatt 4	1878
LAS 415, 1459	Karte	18. Jh.
LAS 415, 1491	Karte	1791

Schulau

LAS 112, 1450	Extrakt aus den Amtsbüchern; Vorarbeit für das 1788 neu angelegte SchuPfPr	o. J.
LAS 112, 1866	SchuPfPr, Vol. XIV.	1790-1885
LAS 25.1, 330	Das Dorf Schulau; verschiedene Landwesensachen	1780-1800
LAS 66, 782	Erdbuch	1815
LAS 66, 8001	Landveräußerungen	1815-1841
LAS 309 Geb. St., 711	Gebäudesteuer	1867
LAS 309 Flur (11), 73	Flurbuch	1877
LAS 309, 14957	Ablösung der Reallasten	1877-1894
LAS 415, 1587	2 Karten	1786-1815

Spitzerdorf

LAS 112, 1877	SchuPfPr	1750-1815
LAS 112, 1869	SchuPfPr, Vol. XVII.	1814-1886
LAS 25.1, 330	Das Dorf Spitzerdorf; verschiedene Landwesensachen	1780-1800
LAS 66, 8233	Gemeinheitsgründe	1802-1839
LAS 66, 782	Erdbuch	1815
LAS 66, 8002	Landveräußerungen	1836-1838
LAS 309 Geb. St., 712	Gebäudesteuer	1867
LAS 309, 14958	Ablösung der Reallasten	1877-1879
LAS 415, 1587	2 Karten	1786-1815

Wedel (Stadt seit 1875)
- Scharenberg

LAS 112, 1467	Extrakt aus den Amtsbüchern; Vorarbeit für das 1788 neu angelegte SchuPfPr	o. J.
LAS 112, 661	Privilegierte Höfe	1608-1700
LAS 66, 4920	Hamburger Domkapitelsroggen	1769-1848
LAS 25.1, 329	Flecken Wedel; verschiedene Landwesensachen	1780-1800
LAS 25.1, 347	Flecken Wedel; verschiedene Landwesensachen	1780-1800
LAS 66, 789	Erdbuch	1790
LAS 66, 5328	Nahrungssteuer	1795-1848
LAS 112, 1103	Fleckensländereien	1796-1827
LAS 112, 1067	Freihof	1803
LAS 66, 8010	Landveräußerungen	1805-1841
LAS 112, 1101	Hirtenkate	1856-1859
LAS 309 Geb. St., 40	Gebäudesteuer	1867
LAS 309, 16262	Landumsätze	1868-1871
LAS 309, 16263	Landumsätze	1874-1876
LAS 309 Flur (11), 84	Flurbuch	1877
LAS 309, 20479	Ablösung der Reallasten	1890 ff.
LAS 355.10, 1721	Erbhöferolle	1934-1947
LAS 415, 5439	Volkszähllisten	1840
LAS 415, 5469	Volkszähllisten	1845
LAS 415, 5534	Volkszähllisten	1855
LAS 412, 588	Volkszählregister	1860
LAS 412, 988	Volkszählregister	1864
LAS 415, 1586	Karte	1790
LAS 415, 1846	Feldriss	o. J.

Amtsvogtei Uetersen

LAS 112, 1439	Extrakt aus dem SchuPfPr	1777-1802
LAS 112, 1410	Landgerichtsprotokoll	1700-1705
LAS 112, 1411	Landgerichtsprotokoll	1705-1747
LAS 112, 1412	Landgerichtsprotokoll	1747-1766
LAS 112, 1413	Landgerichtsprotokoll	1774-1828
LAS 112, 1415	Gerichtsprotokoll	1855-1861
LAS 112, 1415a	Gerichtsprotokoll	1861-1867

LAS 3, 387	Dienstgeld der Bauleute und Halbbauleute	1609
LAS 3, 698	Dienstgeldregister	1613
LAS 3, 349	Dienstgeldverzeichnisse der Untertanen	1616-1617
LAS 66, 7100	Hof- und Laufdienste usw. der Kätner	1693
LAS 112, 360	Gemeinweiden und Landausweisungen	1706-1782
LAS 112, 1096	Abschiedssachen	1724-1860
LAS 112, 343	Ländliche Besitzverhältnisse, Katen, Zubauer	1725-1773
LAS 112, 1090	Ländliche Besitzverhältnisse	1725-1858
LAS 112, 349	Landausweisungsprotokolle	1746-1780
LAS 66, 8008	Landveräußerungen	1771-1841
LAS 112, 912	Kataster	o. J.
LAS 112, 1881	Hebungsregister	1719-1728
LAS 112, 1428	Konkursprotokoll	1693-1719
LAS 112, 1429	Konkursprotokoll	1720-1765
LAS 112, 1430	Konkursprotokoll	1770-1785
LAS 112, 1431	Konkursprotokoll	1786-1810
LAS 355.61, 169	Erteilung von Erbbescheinigungen, Erbverzichte	1871-1888
LAS 112, 1505	Vormundschaftsrechnungen	1789-1805
LAS 355.61, 138	Testaments- und Erbvertragssachen	1867-1886
LAS 355.61, 139	Testaments- und Nachlasssachen	1867
LAS 355.61, 145	Testaments- und Nachlasssachen	1867
LAS 355.61, 140	Testaments- und Nachlasssachen	1868
LAS 355.61, 146	Testaments- und Nachlasssachen	1868
LAS 355.61, 141	Testaments- und Nachlasssachen	1869
LAS 355.61, 142	Testaments- und Nachlasssachen	1869
LAS 355.61, 147	Testaments- und Nachlasssachen	1869
LAS 355.61, 143	Testaments- und Nachlasssachen	1870
LAS 355.61, 144	Testaments- und Nachlasssachen	1870
LAS 355.61, 148	Testaments- und Nachlasssachen	1870
LAS 355.61, 149	Testaments- und Nachlasssachen	1871
LAS 355.61, 150	Testaments- und Nachlasssachen	1871
LAS 355.61, 151	Testaments- und Nachlasssachen	1872
LAS 355.61, 152	Testaments- und Nachlasssachen	1872
LAS 355.61, 153	Testaments- und Nachlasssachen	1873
LAS 355.61, 154	Testaments- und Nachlasssachen	1873
LAS 355.61, 155	Testaments- und Nachlasssachen	1874
LAS 355.61, 156	Testaments- und Nachlasssachen	1874
LAS 355.61, 157	Testaments- und Nachlasssachen	1875

LAS 355.61, 158	Testaments- und Nachlasssachen	1875
LAS 355.61, 159	Testaments- und Nachlasssachen	1876
LAS 355.61, 160	Testaments- und Nachlasssachen	1876
LAS 355.61, 161	Testaments- und Nachlasssachen	1877
LAS 355.61, 162	Testaments- und Nachlasssachen	1878
LAS 355.61, 163	Testaments- und Nachlasssachen	1878
LAS 355.61, 164	Testaments- und Nachlasssachen	1879
LAS 355.61, 165	Testaments- und Nachlasssachen	1879
LAS 355.61, 166	Testaments- und Nachlasssachen	1880
LAS 355.61, 167	Testaments- und Nachlasssachen	1880
LAS 412, 299	Volkszählregister	1803
LAS 415, 5414	Volkszähllisten	1835
LAS 415, 5439	Volkszähllisten	1840
LAS 415, 5468	Volkszähllisten	1845
LAS 415, 5469	Volkszähllisten	1845

Moorreger Distrikt

LAS 415, 1488	Karte der Dörfer	1786
LAS 415, 1766	Karte der Dörfer und der dazugehörigen Ländereien	1791

Bauland

LAS 112, 1452	Extrakt aus den Amtsbüchern; Vorarbeit für das 1788 neu angelegte SchuPfPr	o. J.
LAS 25.1, 331	Das Dorf Bauland; verschiedene Landwesensachen	1780-1800
LAS 66, 746	Erdbuch	1791
LAS 309 Geb. St., 651	Gebäudesteuer	1867

Heidrege

LAS 112, 1452	Extrakt aus den Amtsbüchern; Vorarbeit für das 1788 neu angelegte SchuPfPr	o. J.
LAS 66, 746	Erdbuch	1791
LAS 25.1, 331	Das Dorf Heidrege; verschiedene Landwesensachen	1780-1800
LAS 309 Geb. St., 673	Gebäudesteuer	1867

Klevendeich

LAS 112, 1452	Extrakt aus den Amtsbüchern; Vorarbeit für das 1788 neu angelegte SchuPfPr	o. J.
LAS 25.1, 331	Das Dorf Klevendeich; verschiedene Landwesensachen	1780-1800
LAS 66, 746	Erdbuch	1791
LAS 309 Geb. St., 680	Gebäudesteuer	1867

Moorrege

LAS 112, 1452	Extrakt aus den Amtsbüchern; Vorarbeit für das 1788 neu angelegte SchuPfPr	o. J.
LAS 25.1, 331	Das Dorf Moorrege; verschiedene Landwesensachen	1780-1800
LAS 66, 746	Erdbuch	1791
LAS 66, 7984	Landveräußerungen	1824-1838
LAS 309 Geb. St., 687	Gebäudesteuer	1867
LAS 309 Flur (11), 54	Flurbuch	1877
LAS 309, 14891	Ablösung der Reallasten	1875-1882
LAS 355.10, 1717	Erbhöferolle	1934-1944
LAS 355.61, 135	Erbhofakten	1934-1942

Ober-Glinde

LAS 112, 1452	Extrakt aus den Amtsbüchern; Vorarbeit für das 1788 neu angelegte SchuPfPr	o. J.
LAS 25.1, 331	Das Dorf Ober-Glinde; verschiedene Landwesensachen	1780-1800
LAS 66, 746	Erdbuch	1791
LAS 309 Geb. St., 666	Gebäudesteuer	1867
LAS 412, 997	Volkszählregister	1864

Neuendeicher Distrikt

LAS 112, 1873	SchuPfPr	1701 ff.
LAS 25.1, 325	verschiedene Landwesensachen	1780-1800
LAS 415, 1761	Karte über die Ländereien	1786
LAS 415, 1762	Karte über die Dörfer	1793

Neuendeich
- Westerort

LAS 112, 1463	Extrakt aus den Amtsbüchern; Vorarbeit für das 1788 neu angelegte SchuPfPr	o. J.
LAS 66, 766	Erdbuch	1793
LAS 309 Geb. St., 688	Gebäudesteuer	1867
LAS 309 Flur (11), 55	Flurbuch	1877
LAS 309, 14893	Ablösung der Reallasten	1875-1877
LAS 355.10, 1716	Erbhöferolle	1934-1939
LAS 355.61, 132	Erbhofakten	1933-1940

Rosengarten

LAS 112, 1463	Extrakt aus den Amtsbüchern; Vorarbeit für das 1788 neu angelegte SchuPfPr	o. J.
LAS 66, 766	Erdbuch	1793
LAS 309 Geb. St., 703	Gebäudesteuer	1867

Schadendorf

LAS 112, 1463	Extrakt aus den Amtsbüchern; Vorarbeit für das 1788 neu angelegte SchuPfPr	o. J.
LAS 66, 766	Erdbuch	1793
LAS 309 Geb. St., 707	Gebäudesteuer	1867

Schlickburg

LAS 112, 1463	Extrakt aus den Amtsbüchern; Vorarbeit für das 1788 neu angelegte SchuPfPr	o. J.
LAS 66, 766	Erdbuch	1793
LAS 309 Geb. St., 709	Gebäudesteuer	1867

Nordender Distrikt

LAS 112, 1434a	SchuPfPr	1702 ff.
LAS 355.10, 1	Certenprotokoll, Band 1	1867-1870
LAS 355.10, 2	Certenprotokoll, Band 2	1870-1873
LAS 355.10, 3	Certenprotokoll, Band 3	1873-1874
LAS 355.10, 4	Certenprotokoll, Band 4	1874-1876
LAS 355.10, 5	Certenprotokoll, Band 5	1876-1877
LAS 355.10, 6	Certenprotokoll, Band 6	1877-1878
LAS 355.10, 7	Certenprotokoll, Band 7	1878-1880

LAS 355.10, 8	Certenprotokoll, Band 8	1880-1884
LAS 355.10, 9	Certenprotokoll, Band 9	1884-1886

Elmshorn-Vormstegen (siehe auch Stadt Elmshorn, S. 120)

- Horn **- Schloriemen**

LAS 112, 1454	Extrakt aus den Amtsbüchern; Vorarbeit für das 1788 neu angelegte SchuPfPr	o. J.
LAS 112, 1875	SchuPfPr	1790-1885
LAS 25.1, 323	Das Dorf Vormstegen; verschiedene Landwesensachen	1780-1800
LAS 66, 788	Erdbuch	1793
LAS 66, 8009	Landveräußerungen	1799-1839
LAS 309 Geb. St., 862	Gebäudesteuer	1867
LAS 309 Flur (11), 83	Flurbuch	1877
LAS 309, 14892	Ablösung der Reallasten	1875-1880
LAS 415, 5439	Volkszähllisten	1840
LAS 415, 5468	Volkszähllisten	1845
LAS 415, 5534	Volkszähllisten	1855
LAS 412, 592	Volkszählregister	1860
LAS 412, 992	Volkszählregister	1864
LAS 415, 1586	2 Karten	1793-1794

Groß Nordende

- Krull **- Strohsack**

LAS 112, 1455	Extrakt aus den Amtsbüchern; Vorarbeit für das 1788 neu angelegte SchuPfPr	o. J.
LAS 131 Groß Nordende, 1	Rechnungsbuch	1727-1738
LAS 131 Groß Nordende, 2	Rechnungsbuch	1768-1786
LAS 131 Groß Nordende, 3	Rechnungsbuch	1811-1854
LAS 65.1, 1596	Johann Sander wegen Wiedererlangung seines in Konkurs gegangenen, zu Kurzenmoor gelegenen Hofes	1719-1721
LAS 25.1, 320	Das Dorf Groß Nordende; verschiedene Landwesensachen	1780-1800
LAS 66, 792	Erdbuch	1791
LAS 66, 7988	Landveräußerungen	1819-1835
LAS 309 Geb. St., 689	Gebäudesteuer	1867
LAS 309 Flur (11), 26	Flurbuch	1877
LAS 309, 14902	Ablösung der Reallasten	1875-1881

LAS 355.10, 1696	Erbhöferolle	1934-1939
LAS 355.61, 133	Erbhofakten	1934-1942
LAS 415, 1591	Karte	1791

Hainholz
- Ramskamp

LAS 112, 1876	SchuPfPr	1790-1885
LAS 65.1, 1597	Landausweisung	1711
LAS 25.1, 328	Das Dorf Hainholz; verschiedene Landwesensachen	1780-1800
LAS 66, 760	Erdbuch	1780
LAS 309 Geb. St., 667	Gebäudesteuer	1867
LAS 309 Flur (11), 28	Flurbuch	1877
LAS 309, 14908	Ablösung der Reallasten	1875-1879
LAS 415, 1489	Karte	1786

Heidgraben

LAS 112, 1456	Extrakt aus den Amtsbüchern; Vorarbeit für das 1788 neu angelegte SchuPfPr	o. J.
LAS 25.1, 321	Das Dorf Heidgraben; verschiedene Landwesensachen	1780-1800
LAS 66, 759	Erdbuch	1791
LAS 66, 7978	Landveräußerungen	1819-1834
LAS 309 Geb. St., 672	Gebäudesteuer	1867
LAS 309 Flur (11), 34	Flurbuch	1877
LAS 309, 14895	Ablösung der Reallasten	1875-1880
LAS 355.10, 1701	Erbhöferolle	1934-1941
LAS 355.61, 129	Erbhofakten	1934-1942
LAS 415, 1491	Grundriss	1786

Holstendorf

LAS 112, 1454	Extrakt aus den Amtsbüchern; Vorarbeit für das 1788 neu angelegte SchuPfPr	o. J.
LAS 25.1, 322	Das Dorf Holstendorf; verschiedene Landwesensachen	1780-1800

LAS 25.1, 343	Das Dorf Holstendorf; verschiedene Landwesensachen	1780-1800
LAS 66, 780	Erdbuch	1788-1790
LAS 309 Geb. St., 678	Gebäudesteuer	1867
LAS 309, 14894	Ablösung der Reallasten	1875-1883

Klein Nordende

LAS 112, 1456	Extrakt aus den Amtsbüchern; Vorarbeit für das 1788 neu angelegte SchuPfPr	o. J.
LAS 131 Groß Nordende, 1	Rechnungsbuch	1727-1738
LAS 131 Groß Nordende, 2	Rechnungsbuch	1768-1786
LAS 131 Groß Nordende, 3	Rechnungsbuch	1811-1854
LAS 25.1, 322	Das Dorf Klein Nordende; verschiedene Landwesensachen	1780-1800
LAS 25.1, 343	Das Dorf Klein Nordende; verschiedene Landwesensachen	1780-1800
LAS 66, 780	Erdbuch	1790
LAS 309 Geb. St., 690	Gebäudesteuer	1867
LAS 131 Klein Nordende, 2	Abschrift der Grundsteuer-Mutterrolle des Klosteramtes Pinneberg	1877-1934
LAS 309 Flur (11), 43	Flurbuch	1877
LAS 309, 14894	Ablösung der Reallasten	1875-1883
LAS 355.10, 1705	Erbhöferolle	1934-1942
LAS 355.61, 134	Erbhofakten	1934-1942
LAS 415, 1492	Karte	1786
LAS 415, 1762	Karte	1790

Lander

LAS 112, 1455	Extrakt aus den Amtsbüchern; Vorarbeit für das 1788 neu angelegte SchuPfPr	o. J.
LAS 25.1, 320	Das Dorf Lander; verschiedene Landwesensachen	1780-1800
LAS 66, 792	Erdbuch	1791
LAS 309 Geb. St., 683	Gebäudesteuer	1867
LAS 309, 14902	Ablösung der Reallasten	1875-1881
LAS 415, 1591	Karte	1791

Langelohe
- Hösel **- Sandhöhe**

LAS 112, 1453	Extrakt aus den Amtsbüchern; Vorarbeit für das 1788 neu angelegte SchuPfPr	o. J.
LAS 25.1, 328	Das Dorf Langelohe; verschiedene Landwesensachen	1780-1800
LAS 66, 760	Erdbuch	1780
LAS 309 Geb. St., 682	Gebäudesteuer	1867
LAS 309 Flur (11), 28	Flurbuch	1877
LAS 309, 14907	Ablösung der Reallasten	1875-1887
LAS 415, 1489	Karte	1786

Lieth
- Sandweg

LAS 112, 1454	Extrakt aus den Amtsbüchern; Vorarbeit für das 1788 neu angelegte SchuPfPr	o. J.
LAS 65.1, 1597	Landausweisung	1711
LAS 25.1, 322	Das Dorf Lieth; verschiedene Landwesensachen	1780-1800
LAS 25.1, 343	Das Dorf Lieth; verschiedene Landwesensachen	1780-1800
LAS 66, 780	Erdbuch	1788-1790
LAS 66, 7982	Landveräußerungen	1821-1839
LAS 309 Geb. St., 684	Gebäudesteuer	1867
LAS 309, 4583	Veräußerung eines Landstücks	1872-1876
LAS 309 Flur (11), 43	Flurbuch	1877
LAS 309, 14894	Ablösung der Reallasten	1875-1883
LAS 415, 1762	Karte	1790
LAS 415, 1492	Karte	1786

Klostervogtei Uetersen

Siehe auch Kloster Uetersen, S. 159 ff.

LAS 66, 8008	Landveräußerungen	1771-1841
LAS 412, 300	Volkszählregister	1803
LAS 415, 5414	Volkszähllisten	1835
LAS 415, 5439	Volkszähllisten	1840
LAS 415, 5468	Volkszähllisten	1845
LAS 415, 5469	Volkszähllisten	1845

Kirchspiel Elmshorn

LAS 355.10, 1	Certenprotokoll, Band 1	1867-1870
LAS 355.10, 2	Certenprotokoll, Band 2	1870-1873
LAS 355.10, 3	Certenprotokoll, Band 3	1873-1874
LAS 355.10, 4	Certenprotokoll, Band 4	1874-1876
LAS 355.10, 5	Certenprotokoll, Band 5	1876-1877
LAS 355.10, 6	Certenprotokoll, Band 6	1877-1878
LAS 355.10, 7	Certenprotokoll, Band 7	1878-1880
LAS 355.10, 8	Certenprotokoll, Band 8	1880-1884
LAS 355.10, 9	Certenprotokoll, Band 9	1884-1886
LAS 66, 713	Regulierung der Nahrungssteuer mit den Nahrungssteuerregistern	1735-1764
LAS 112, 1521	Sterberegister mit Verzeichnis der Erben	1810-1823
LAS 112, 1522	Sterberegister mit Verzeichnis der Erben	1811-1824
LAS 112, 1523	Sterberegister mit Verzeichnis der Erben	1814-1824
LAS 112, 1524	Sterberegister mit Verzeichnis der Erben	1823-1833
LAS 112, 1525	Sterberegister mit Verzeichnis der Erben	1833-1842
LAS 112, 1526	Sterberegister mit Verzeichnis der Erben	1842-1849
LAS 112, 1527	Sterberegister mit Verzeichnis der Erben	1850-1857
LAS 112, 1528	Sterberegister mit Verzeichnis der Erben	1857-1865
LAS 112, 1529	Sterberegister mit Verzeichnis der Erben	1865-1867

Elmshorn-Klostersande (siehe auch Stadt Elmshorn, S. 120)
- Pelzerberg

LAS 25.1, 326	Das Dorf Klostersande; verschiedene Landwesensachen	1780-1800
LAS 66, 791	Erdbuch	1792
LAS 309 Geb. St., 29	Gebäudesteuer	1867
LAS 309 Flur (11), 47	Flurbuch	1877
LAS 309, 14919	Ablösung der Reallasten	1875-1878
LAS 415, 5439	Volkszähllisten	1840
LAS 415, 5468	Volkszähllisten	1845
LAS 415, 5534	Volkszähllisten	1855
LAS 412, 592	Volkszählregister	1860
LAS 412, 993	Volkszählregister	1864
LAS 415, 1583	2 Karten	1786-1792

Köhnholz

LAS 122, 132	SchuPfPr	1784-1885
LAS 122, 140	Kontraktenprotokoll I	1784-1798
LAS 122, 141	Kontraktenprotokoll II	1799-1812
LAS 122, 142	Kontraktenprotokoll III	1812-1826
LAS 122, 143	Kontraktenprotokoll IV	1826-1848
LAS 122, 144	Kontraktenprotokoll V	1848-1876
LAS 122, 145	Kontraktenprotokoll VI	1875-1888
LAS 309 Geb. St., 718	Gebäudesteuer	1867

Wisch

LAS 122, 132	SchuPfPr	1784-1885
LAS 122, 134	Kontraktenprotokoll I	1784-1794
LAS 122, 135	Kontraktenprotokoll II	1793-1804
LAS 122, 136	Kontraktenprotokoll III	1803-1836
LAS 122, 137	Kontraktenprotokoll IV	1830-1841
LAS 122, 138	Kontraktenprotokoll V	1841-1852
LAS 122, 139	Kontraktenprotokoll VI	1853-1872
LAS 25.1, 326	Das Dorf Wisch; verschiedene Landwesensachen	1780-1800
LAS 66, 791	Erdbuch	1792
LAS 66, 8012	Landveräußerungen	1839-1840
LAS 309 Geb. St., 718	Gebäudesteuer	1867
LAS 415, 1583	2 Karten	1786-1792

Kirchspiel Rellingen

LAS 112, 1521	Sterberegister mit Verzeichnis der Erben	1810-1823
LAS 112, 1522	Sterberegister mit Verzeichnis der Erben	1811-1824
LAS 112, 1523	Sterberegister mit Verzeichnis der Erben	1814-1824
LAS 112, 1524	Sterberegister mit Verzeichnis der Erben	1823-1833
LAS 112, 1525	Sterberegister mit Verzeichnis der Erben	1833-1842
LAS 112, 1526	Sterberegister mit Verzeichnis der Erben	1842-1849
LAS 112, 1527	Sterberegister mit Verzeichnis der Erben	1850-1857
LAS 112, 1528	Sterberegister mit Verzeichnis der Erben	1857-1865
LAS 112, 1529	Sterberegister mit Verzeichnis der Erben	1865-1867
LAS 412, 580	Volkszählregister	1860
LAS 412, 980	Volkszählregister	1864

Heist
- Butendiek

LAS 112, 1432	SchuPfPr	1702 ff.
LAS 112, 1433	SchuPfPr	1702 ff.
LAS 122, 108	SchuPfPr, Bd. I, pag. 1-284	o. J.
LAS 122, 109	SchuPfPr, Bd. II, pag. 287-303	o. J.
LAS 122, 110	Kontraktenprotokoll, Nr. 1	1784-1805
LAS 122, 111	Kontraktenprotokoll, Nr. 2	1805-1864
LAS 122, 112	Kontraktenprotokoll, Nr. 3	1865-1878
LAS 122, 113	Kontraktenprotokoll, Nr. 4	1878-1884
LAS 25.1, 282	Das Dorf Heist; verschiedene Landwesensachen	1780-1800
LAS 309 Geb. St., 674	Gebäudesteuer	1867
LAS 309 Flur (11), 35	Flurbuch	1877
LAS 309, 14870	Ablösung der Reallasten	1874-1882
LAS 355.10, 1707	Erbhöferolle	1934-1941
LAS 355.61, 130	Erbhofakten	1934-1942
LAS 309, 4587	Eigentums-Anspruch der Eingesessenen Mathias Osenbrüggen und Joachim Lienau an bisher im fiskalischen Besitz gewesenen Moorparzellen im Esinger Moor	1855-1875
LAS 412, 997	Volkszählregister	1864

Kirchspiel Seester

LAS 112, 1521	Sterberegister mit Verzeichnis der Erben	1810-1823
LAS 112, 1526	Sterberegister mit Verzeichnis der Erben	1842-1849
LAS 112, 1527	Sterberegister mit Verzeichnis der Erben	1850-1857
LAS 112, 1528	Sterberegister mit Verzeichnis der Erben	1857-1865
LAS 112, 1529	Sterberegister mit Verzeichnis der Erben	1865-1867
LAS 412, 597	Volkszählregister	1860
LAS 412, 998	Volkszählregister	1864

Groß Sonnendeich

LAS 122, 133	SchuPfPr	1784-1885

LAS 25.1, 327	Das Dorf Groß Sonnendeich; verschiedene Landwesensachen	1780-1800
LAS 66, 783	Erdbuch	1792
LAS 309 Geb. St., 705	Gebäudesteuer	1867

Klein Sonnendeich

LAS 122, 133	SchuPfPr	1784-1885
LAS 25.1, 327	Das Dorf Klein Sonnendeich; verschiedene Landwesensachen	1780-1800
LAS 66, 783	Erdbuch	1792
LAS 309 Geb. St., 705	Gebäudesteuer	1867

Kurzenmoor

LAS 122, 133	SchuPfPr	1784-1885
LAS 122, 140	Kontraktenprotokoll I	1784-1798
LAS 122, 141	Kontraktenprotokoll II	1799-1812
LAS 122, 142	Kontraktenprotokoll III	1812-1826
LAS 122, 143	Kontraktenprotokoll IV	1826-1848
LAS 122, 144	Kontraktenprotokoll V	1848-1876
LAS 122, 145	Kontraktenprotokoll VI	1875-1888
LAS 65.1, 1596	Johann Sander wegen Wiedererlangung seines in Konkurs gegangenen Hofes	1719-1721
LAS 25.1, 324	Das Dorf Kurzenmoor; verschiedene Landwesensachen	1780-1800
LAS 66, 764	Erdbuch	1792
LAS 309 Geb. St., 677	Gebäudesteuer	1867
LAS 309 Flur (11), 74	Flurbuch	1877
LAS 309, 14872	Ablösung der Reallasten	1874-1882
LAS 355.10, 1718	Erbhöferolle	1934-1942
LAS 415, 1492	Karte	o. J.
LAS 415, 1492	Feldrisse	18. Jh.

Seester

LAS 122, 133	SchuPfPr	1784-1885
LAS 122, 140	Kontraktenprotokoll I	1784-1798
LAS 122, 141	Kontraktenprotokoll II	1799-1812
LAS 122, 142	Kontraktenprotokoll III	1812-1826
LAS 122, 143	Kontraktenprotokoll IV	1826-1848
LAS 122, 144	Kontraktenprotokoll V	1848-1876
LAS 122, 145	Kontraktenprotokoll VI	1875-1888

LAS 66, 764	Erdbuch	1792
LAS 309 Geb. St., 704	Gebäudesteuer	1867
LAS 309 Flur (11), 74	Flurbuch	1877

Seesteraudeich

LAS 122, 133	SchuPfPr	1784-1885
LAS 122, 140	Kontraktenprotokoll I	1784-1798
LAS 122, 141	Kontraktenprotokoll II	1799-1812
LAS 122, 142	Kontraktenprotokoll III	1812-1826
LAS 122, 143	Kontraktenprotokoll IV	1826-1848
LAS 122, 144	Kontraktenprotokoll V	1848-1876
LAS 122, 145	Kontraktenprotokoll VI	1875-1888
LAS 66, 764	Erdbuch	1792
LAS 66, 783	Erdbuch	1792
LAS 309 Geb. St., 704	Gebäudesteuer	1867

Wisch

LAS 122, 132	SchuPfPr	1784-1885
LAS 122, 134	Kontraktenprotokoll I	1784-1794
LAS 122, 135	Kontraktenprotokoll II	1793-1804
LAS 122, 136	Kontraktenprotokoll III	1803-1836
LAS 122, 137	Kontraktenprotokoll IV	1830-1841
LAS 122, 138	Kontraktenprotokoll V	1841-1852
LAS 122, 139	Kontraktenprotokoll VI	1853-1872
LAS 66, 791	Erdbuch	1792
LAS 309 Geb. St., 718	Gebäudesteuer	1867

Kirchspiel Uetersen

LAS 112, 1521	Sterberegister mit Verzeichnis der Erben	1810-1823
LAS 112, 1522	Sterberegister mit Verzeichnis der Erben	1811-1824
LAS 112, 1524	Sterberegister mit Verzeichnis der Erben	1823-1833
LAS 112, 1525	Sterberegister mit Verzeichnis der Erben	1833-1842
LAS 112, 1526	Sterberegister mit Verzeichnis der Erben	1842-1849
LAS 112, 1527	Sterberegister mit Verzeichnis der Erben	1850-1857
LAS 112, 1528	Sterberegister mit Verzeichnis der Erben	1857-1865
LAS 112, 1529	Sterberegister mit Verzeichnis der Erben	1865-1867
LAS 412, 595	Volkszählregister	1860
LAS 412, 996	Volkszählregister	1864

Uetersen (Stadt seit 1870)

- Katzhagen	**- Klosterhof**	**- Kreuzmoor**
- Lohe	**- Sande**	**- Wulfhagen**

LAS 122, 132	SchuPfPr [Sande]	1784-1885
LAS 122, 134	Kontraktenprotokoll I [Sande]	1784-1794
LAS 122, 135	Kontraktenprotokoll II [Sande]	1793-1804
LAS 122, 136	Kontraktenprotokoll III [Sande]	1803-1836
LAS 122, 137	Kontraktenprotokoll IV [Sande]	1830-1841
LAS 122, 138	Kontraktenprotokoll V [Sande]	1841-1852
LAS 122, 139	Kontraktenprotokoll VI [Sande]	1853-1872
LAS 122, 97	Kontraktenprotokoll [Klosterhof]	1820-1867
LAS 122, 98	Kontraktenprotokoll [Klosterhof]	1876-1884
LAS 112, 1066	Speylshof	1720-1802
LAS 25.1, 318	Das Dorf Uetersen; verschiedene Landwesensachen	1780-1800
LAS 309, 16262	Landumsätze	1868-1871
LAS 309, 16263	Landumsätze	1874-1876
LAS 122, 130	Kontributionsrechnungen	1713-1718
LAS 122, 131	Kontributionsrechnungen	1730-1741
LAS 66, 792	Erdbuch	1791
LAS 66, 5471	Gesuch des Matthias Kedenburg um Herabsetzung der Landsteuer und Bankhaft	1841-1843
LAS 309 Geb. St., 36	Gebäudesteuer	1867
LAS 309, 6889	Gebäudesteuer	1867
LAS 309, 6890	Gebäudesteuer	1867
LAS 309, 6891	Gebäudesteuer	1867
LAS 309, 6892	Gebäudesteuer	1867
LAS 309 Flur (11), 82	Flurbuch	1877
LAS 309, 14900	Ablösung der Reallasten	1875
LAS 309, 14901	Ablösung der Reallasten	1879-1886
LAS 355.10, 1715	Erbhöferolle	1934-1941
LAS 355.61, 137	Erbhofakten	1933-1945
LAS 415, 5468	Volkszähllisten	1845
LAS 415, 5534	Volkszähllisten	1855
LAS 412, 594	Volkszählregister	1860
LAS 412, 995	Volkszählregister	1864
LAS 415, 1118	Grundriss von dem Flecken nebst zugehöriger Ländereien	1786
LAS 415, 1119	Grundriss von dem Flecken nebst zugehöriger Ländereien	19. Jh.
LAS 415, 1591	Karte von Lohe und Katzhagen	1791

Grafschaft Rantzau

(bis 1650 Amt Barmstedt, nach 1724 Reichsgrafschaft bzw. Administratur Rantzau)

LAS 113, 630	Älteres SchuPfPr	1698-1788
LAS 113, 631	SchuPfPr der Mittelgilde I	1788 ff.
LAS 113, 632	SchuPfPr der Mittelgilde II	1860 ff.
LAS 113, 633	SchuPfPr der Überauer Gilde I	1788 ff.
LAS 113, 634	SchuPfPr der Hörner Gilde I	1788 ff.
LAS 113, 635	SchuPfPr der Übeauer und Hörner Gilde II	1861 ff.
LAS 113, 636	Register zum SchuPfPr	18.-19. Jh.
LAS 113, 637	Register zum SchuPfPr	19. Jh.

LAS 113, 638	Nebenbuch zum SchuPfPr, Band 18	1727-1733
LAS 113, 639	Nebenbuch zum SchuPfPr, Band 19	1733-1734
LAS 113, 640	Nebenbuch zum SchuPfPr, Band 20	1734-1737
LAS 113, 641	Nebenbuch zum SchuPfPr, Band 21	1737-1740
LAS 113, 642	Nebenbuch zum SchuPfPr, Band 22	1740-1742
LAS 113, 643	Nebenbuch zum SchuPfPr, Band 23	1742-1748
LAS 113, 644	Nebenbuch zum SchuPfPr, Band 24	1748-1757
LAS 113, 645	Nebenbuch zum SchuPfPr, Band 25	1757-1762
LAS 113, 646	Nebenbuch zum SchuPfPr, Band 26	1762-1767
LAS 113, 647	Nebenbuch zum SchuPfPr, Band 27	1767-1773
LAS 113, 648	Nebenbuch zum SchuPfPr, Band 28	1773-1778
LAS 113, 649	Nebenbuch zum SchuPfPr, Band 29	1778-1783
LAS 113, 650	Nebenbuch zum SchuPfPr, Band 30	1783-1787
LAS 113, 651	Nebenbuch zum SchuPfPr, Band 31	1787-1793
LAS 113, 652	Nebenbuch zum SchuPfPr, Band 32	1794-1798
LAS 113, 653	Nebenbuch zum SchuPfPr, Band 33.1	1798-1800
LAS 113, 654	Nebenbuch zum SchuPfPr, Band 33.2	1800-1803
LAS 113, 655	Nebenbuch zum SchuPfPr, Band 34.1	1803-1806
LAS 113, 656	Nebenbuch zum SchuPfPr, Band 34.2	1806-1807
LAS 113, 657	Nebenbuch zum SchuPfPr, Band 35	1807-1808
LAS 113, 658	Nebenbuch zum SchuPfPr, Band 36	1808-1811
LAS 113, 659	Nebenbuch zum SchuPfPr, Band 37	1811-1814
LAS 113, 660	Nebenbuch zum SchuPfPr, Band 38	1814-1817
LAS 113, 661	Nebenbuch zum SchuPfPr, Band 39	1817-1820
LAS 113, 662	Nebenbuch zum SchuPfPr, Band 40	1820-1823
LAS 113, 663	Nebenbuch zum SchuPfPr, Band 41	1823-1827
LAS 113, 664	Nebenbuch zum SchuPfPr, Band 42	1827-1831
LAS 113, 665	Nebenbuch zum SchuPfPr, Band 43	1831-1836
LAS 113, 666	Nebenbuch zum SchuPfPr, Band 44	1836-1840
LAS 113, 667	Nebenbuch zum SchuPfPr, Band 45	1840-1844
LAS 113, 668	Nebenbuch zum SchuPfPr, Band 46	1844-1847
LAS 113, 669	Nebenbuch zum SchuPfPr, Band 47.1	1847-1849
LAS 113, 670	Nebenbuch zum SchuPfPr, Band 47.2	1849-1852

LAS 113, 671	Nebenbuch zum SchuPfPr, Band 48	1852-1854
LAS 113, 672	Nebenbuch zum SchuPfPr, Band 49	1854-1856
LAS 113, 673	Nebenbuch zum SchuPfPr, Band 50	1856-1859
LAS 113, 674	Nebenbuch zum SchuPfPr, Band 51	1859-1861
LAS 113, 675	Nebenbuch zum SchuPfPr, Band 52	1861-1862
LAS 113, 676	Nebenbuch zum SchuPfPr, Band 53	1862-1864
LAS 113, 677	Nebenbuch zum SchuPfPr, Band 54	1864-1867
LAS 113, 678	Nebenbuch zum SchuPfPr, Band 55	1867-1869
LAS 113, 679	Nebenbuch zum SchuPfPr, Band 56	1870-1871
LAS 113, 680	Nebenbuch zum SchuPfPr, Band 57	1871-1872
LAS 113, 681	Nebenbuch zum SchuPfPr, Band 58	1873-1874
LAS 113, 682	Nebenbuch zum SchuPfPr, Band 59	1873-1879
LAS 113, 683	Nebenbuch zum SchuPfPr, Band 60	1874-1877
LAS 113, 684	Nebenbuch zum SchuPfPr, Band 61	1879-1881
LAS 113, 685	Nebenbuch zum SchuPfPr, Band 62	1881-1883
LAS 113, 686	Nebenbuch zum SchuPfPr, Band 63	1883-1885
LAS 113, 687	Nebenbuch zum SchuPfPr, Band 64	1885-1890
LAS 113, 440	Fragment eines Zertenprotokolls	1587-1591
LAS 113, 441	Zertenprotokoll	1591-1602
LAS 113, 442	Zertenprotokoll	1610-1630
LAS 113, 443	Zertenprotokoll	1612-1621
LAS 113, 444	Zertenprotokoll	1629-1641
LAS 113, 445	Zertenprotokoll	1642-1654
LAS 113, 446	Zertenprotokoll	1654-1665
LAS 113, 447	Zertenprotokoll	1665-1673
LAS 113, 448	Zertenprotokoll	1673-1681
LAS 113, 449	Zertenprotokoll	1681-1688
LAS 113, 450	Zertenprotokoll	1688-1696
LAS 113, 451	Zertenprotokoll	1696-1714
LAS 113, 452	Zertenprotokoll mit Register	1714-1719
LAS 113, 453	Zertenprotokoll mit Register	1720-1727
LAS 113, 454	Kontraktenprotokoll	1720-1721
LAS 3, 450	Schulden-, Kauf- und Eheverträge	1572-1638
LAS 113, 132	Schuld- und Konkurssachen	1679-1795
LAS 113, 440	Amtsbuch	1587-1591
LAS 113, 441	Amtsbuch	1591-1602
LAS 113, 442	Amtsbuch	1610-1630
LAS 113, 443	Amtsbuch	1612-1620
LAS 113, 444	Amtsbuch	1629-1641
LAS 113, 445	Amtsbuch	1642-1654
LAS 113, 446	Amtsbuch	1654-1665
LAS 113, 447	Amtsbuch	1665-1673

LAS 113, 448	Amtsbuch	1673-1681
LAS 113, 449	Amtsbuch	1681-1689
LAS 113, 450	Amtsbuch	1688-1696
LAS 113, 451	Amtsbuch	1696-1714
LAS 113, 452	Amtsbuch	1714-1719
LAS 113 AR	Grafschaftsrechnungen	1647-1648
LAS 113 AR	Grafschaftsrechnungen	1650-1651
LAS 113 AR	Haupt-Einnahme-Register	1651-1652
LAS 113 AR	Haupt-Einnahme-Register	1652-1653
LAS 113 AR	Haupt-Einnahme-Register	1653-1654
LAS 113 AR	Haupt-Einnahme-Register	1654-1655
LAS 113 AR	Haupt-Einnahme-Register	1655-1656
LAS 113 AR	Haupt-Einnahme-Register	1656-1657
LAS 113 AR	Haupt-Einnahme-Register	1657-1658
LAS 113 AR	Haupt-Einnahme-Register	1658-1659
LAS 113 AR	Haupt-Einnahme-Register	1659-1660
LAS 113 AR	Haupt-Einnahme-Register	1660-1661
LAS 113 AR	Haupt-Einnahme-Register	1661-1662
LAS 113 AR	Haupt-Einnahme-Register	1662-1663
LAS 113 AR	Haupt-Einnahme-Register	1663-1664
LAS 113 AR	Haupt-Einnahme-Register	1664-1665
LAS 113 AR	Haupt-Einnahme-Register	1665-1666
LAS 113 AR	Haupt-Einnahme-Register	1666-1667
LAS 113 AR	Haupt-Einnahme-Register	1667-1668
LAS 113 AR	Haupt-Einnahme-Register	1668-1669
LAS 113 AR	Haupt-Einnahme-Register	1669-1670
LAS 113 AR	Haupt-Einnahme-Register	1670-1671
LAS 113 AR	Haupt-Einnahme-Register	1671-1672
LAS 113 AR	Haupt-Einnahme-Register	1672-1673
LAS 113 AR	Haupt-Einnahme-Register	1673-1674
LAS 113 AR	Haupt-Einnahme-Register	1674-1675
LAS 113 AR	Haupt-Einnahme-Register	1675-1676
LAS 113 AR	Haupt-Einnahme-Register	1676-1677
LAS 113 AR	Haupt-Einnahme-Register	1677-1678
LAS 113 AR	Haupt-Einnahme-Register	1678-1679
LAS 113 AR	Haupt-Einnahme-Register	1679-1680
LAS 113 AR	Haupt-Einnahme-Register	1680-1681
LAS 113 AR	Haupt-Einnahme-Register	1681-1682
LAS 113 AR	Haupt-Einnahme-Register	1682-1683
LAS 113 AR	Haupt-Einnahme-Register	1683-1684
LAS 113 AR	Haupt-Einnahme-Register	1684-1685
LAS 113 AR	Haupt-Einnahme-Register	1685-1686
LAS 113 AR	Haupt-Einnahme-Register	1686-1687
LAS 113 AR	Haupt-Einnahme-Register	1687-1688

LAS 113 AR	Haupt-Einnahme-Register	1688-1689
LAS 113 AR	Haupt-Einnahme-Register	1689-1690
LAS 113 AR	Haupt-Einnahme-Register	1690-1691
LAS 113 AR	Haupt-Einnahme-Register	1691-1692
LAS 113 AR	Haupt-Einnahme-Register	1692-1693
LAS 113 AR	Haupt-Einnahme-Register	1693-1694
LAS 113 AR	Haupt-Einnahme-Register	1694-1695
LAS 113 AR	Haupt-Einnahme-Register	1695-1696
LAS 113 AR	Haupt-Einnahme-Register	1696-1697
LAS 113 AR	Haupt-Einnahme-Register	1697-1698
LAS 113 AR	Haupt-Einnahme-Register	1698-1699
LAS 113 AR	Haupt-Einnahme-Register	1699-1700
LAS 113 AR	Haupt-Einnahme-Register	1700-1701
LAS 113 AR	Haupt-Einnahme-Register	1701-1702
LAS 113 AR	Haupt-Einnahme-Register	1702-1703
LAS 113 AR	Haupt-Einnahme-Register	1703-1704
LAS 113 AR	Haupt-Einnahme-Register	1704-1705
LAS 113 AR	Haupt-Einnahme-Register	1705-1706
LAS 113 AR	Haupt-Einnahme-Register	1706-1707
LAS 113 AR	Rechnung von der gesamten Geldhebung	1710
LAS 113 AR	Rechnung von der gesamten Geldhebung	1711
LAS 113 AR	Rechnung von der gesamten Geldhebung	1712
LAS 113 AR	Rechnung von der gesamten Geldhebung	1713
LAS 113 AR	Haupt-Einnahme-Register	1714
LAS 113 AR	Rechnung der Grafschaft	1715
LAS 113 AR	Haupt-Einnahme-Register	1715
LAS 113 AR	Beilagen zur Rechnung	1715
LAS 113 AR	Haupt-Einnahme-Register	1716
LAS 113 AR	Haupt-Einnahme-Register	1717
LAS 113 AR	Haupt-Einnahme-Register	1718
LAS 113 AR	Haupt-Einnahme-Register	1719
LAS 113 AR	Haupt-Einnahme-Register	1720
LAS 113 AR	Haupt-Einnahme-Register	1721
LAS 113 AR	Haupt-Einnahme-Register	1722
LAS 113 AR	Haupt-Einnahme-Register	1723
LAS 113 AR	Geld-Rechnung	1724
LAS 113 AR	Haupt-Rechnung	1725
LAS 113 AR	Haupt-Rechnung	1726
LAS 113 AR	Haupt-Rechnung	1727
LAS 113 AR	Haupt-Rechnung	1728
LAS 113 AR	Haupt-Rechnung	1729
LAS 113 AR	Haupt-Rechnung	1730
LAS 113 AR	Haupt-Rechnung	1731
LAS 113 AR	Haupt-Rechnung	1732
LAS 113 AR	Haupt-Rechnung	1733

LAS 113 AR	Haupt-Rechnung	1734
LAS 113 AR	Haupt-Rechnung	1735
LAS 113 AR	Haupt-Rechnung	1736
LAS 113 AR	Haupt-Rechnung	1737
LAS 113 AR	Haupt-Rechnung	1738
LAS 113 AR	Haupt-Rechnung	1739
LAS 113 AR	Haupt-Rechnung	1740
LAS 113 AR	Haupt-Rechnung	1741
LAS 113 AR	Haupt-Rechnung	1742
LAS 113 AR	Haupt-Rechnung	1743
LAS 113 AR	Haupt-Rechnung	1744
LAS 113 AR	Haupt-Rechnung	1745
LAS 113 AR	Haupt-Rechnung	1746
LAS 113 AR	Haupt-Rechnung	1747
LAS 113 AR	Haupt-Rechnung	1748
LAS 113 AR	Haupt-Rechnung	1749
LAS 113 AR	Haupt-Rechnung	1750
LAS 113 AR	Haupt-Rechnung	1751
LAS 113 AR	Haupt-Rechnung	1752
LAS 113 AR	Haupt-Rechnung	1753
LAS 113 AR	Haupt-Rechnung	1754
LAS 113 AR	Haupt-Rechnung	1755
LAS 113 AR	Haupt-Rechnung	1756
LAS 113 AR	Haupt-Rechnung	1757
LAS 113 AR	Haupt-Rechnung	1758
LAS 113 AR	Haupt-Rechnung	1759
LAS 113 AR	Haupt-Rechnung	1760
LAS 113 AR	Haupt-Rechnung	1761
LAS 113 AR	Haupt-Rechnung	1762
LAS 113 AR	Haupt-Rechnung	1763
LAS 113 AR	Haupt-Rechnung	1764
LAS 113 AR	Haupt-Rechnung	1765
LAS 113 AR	Haupt-Einnahme-Register	1766
LAS 113 AR	Haupt-Einnahme-Register	1767
LAS 113 AR	Haupt-Einnahme-Register	1768
LAS 113 AR	Haupt-Einnahme-Register	1769
LAS 113 AR	Haupt-Einnahme-Register	1770
LAS 113 AR	Haupt-Einnahme-Register	1771
LAS 113 AR	Haupt-Einnahme-Register	1772
LAS 113 AR	Haupt-Einnahme-Register	1773
LAS 113 AR	Haupt-Einnahme-Register	1774
LAS 113 AR	Haupt-Einnahme-Register	1775
LAS 113 AR	Haupt-Einnahme-Register	1776
LAS 113 AR	Haupt-Einnahme-Register	1777
LAS 113 AR	Haupt-Einnahme-Register	1778

LAS 113 AR	Haupt-Einnahme-Register	1779
LAS 113 AR	Haupt-Einnahme-Register	1780
LAS 113 AR	Haupt-Einnahme-Register	1781
LAS 113 AR	Haupt-Einnahme-Register	1782
LAS 113 AR	Haupt-Einnahme-Register	1783
LAS 113 AR	Haupt-Einnahme-Register	1784
LAS 113 AR	Haupt-Einnahme-Register	1785
LAS 113 AR	Haupt-Einnahme-Register	1786
LAS 113 AR	Haupt-Einnahme-Register	1787
LAS 113 AR	Haupt-Einnahme-Register	1788
LAS 113 AR	Haupt-Einnahme-Register	1789
LAS 113 AR	Haupt-Einnahme-Register	1790
LAS 113 AR	Haupt-Einnahme-Register	1791
LAS 113 AR	Haupt-Einnahme-Register	1792
LAS 113 AR	Haupt-Einnahme-Register	1793
LAS 113 AR	Haupt-Einnahme-Register	1794
LAS 113 AR	Haupt-Einnahme-Register	1795
LAS 113 AR	Haupt-Einnahme-Register	1796
LAS 113 AR	Haupt-Einnahme-Register	1797
LAS 113 AR	Haupt-Einnahme-Register	1798
LAS 113 AR	Haupt-Einnahme-Register	1799
LAS 113 AR	Haupt-Einnahme-Register	1800
LAS 113 AR	Haupt-Einnahme-Register	1801
LAS 113 AR	Haupt-Einnahme-Register	1802
LAS 113 AR	Haupt-Einnahme-Register	1803
LAS 113 AR	Haupt-Einnahme-Register	1804
LAS 113 AR	Haupt-Einnahme-Register	1805
LAS 113 AR	Haupt-Einnahme-Register	1806
LAS 113 AR	Haupt-Einnahme-Register	1807
LAS 113 AR	Haupt-Einnahme-Register	1808
LAS 113 AR	Haupt-Einnahme-Register	1809
LAS 113 AR	Haupt-Einnahme-Register	1810
LAS 113 AR	Haupt-Einnahme-Register	1811
LAS 113 AR	Haupt-Einnahme-Register	1812
LAS 113 AR	Haupt-Einnahme-Register	1813
LAS 113 AR	Haupt-Einnahme-Register	1814
LAS 113 AR	Haupt-Einnahme-Register	1815
LAS 113 AR	Haupt-Einnahme-Register	1816
LAS 113 AR	Haupt-Einnahme-Register	1817
LAS 113 AR	Haupt-Einnahme-Register	1818
LAS 113 AR	Haupt-Einnahme-Register	1819
LAS 113 AR	Haupt-Einnahme-Register	1820
LAS 113 AR	Haupt-Einnahme-Register	1821
LAS 113 AR	Haupt-Einnahme-Register	1822
LAS 113 AR	Haupt-Einnahme-Register	1823

LAS 113 AR	Haupt-Einnahme-Register	1824
LAS 113 AR	Haupt-Einnahme-Register	1825
LAS 113 AR	Haupt-Einnahme-Register	1826
LAS 113 AR	Haupt-Einnahme-Register	1827
LAS 113 AR	Haupt-Einnahme-Register	1828
LAS 113 AR	Haupt-Einnahme-Register	1829
LAS 113 AR	Haupt-Einnahme-Register	1830
LAS 113 AR	Haupt-Einnahme-Register	1831
LAS 113 AR	Haupt-Einnahme-Register	1832
LAS 113 AR	Haupt-Einnahme-Register	1833
LAS 113 AR	Haupt-Einnahme-Register	1834
LAS 113 AR	Haupt-Einnahme-Register	1835
LAS 113 AR	Haupt-Einnahme-Register	1836
LAS 113 AR	Haupt-Einnahme-Register	1837
LAS 113 AR	Haupt-Einnahme-Register	1838
LAS 113 AR	Haupt-Rechnung	1839
LAS 113 AR	Haupt-Rechnung	1840
LAS 113 AR	Haupt-Rechnung	1841
LAS 113 AR	Haupt-Rechnung	1842
LAS 113 AR	Haupt-Rechnung	1843
LAS 113 AR	Haupt-Rechnung	1844
LAS 113 AR	Haupt-Rechnung	1845
LAS 113 AR	Haupt-Rechnung	1846
LAS 113 AR	Haupt-Rechnung	1847
LAS 113 AR	Haupt-Rechnung	1848
LAS 113 AR	Haupt-Rechnung	1849
LAS 113 AR	Haupt-Rechnung	1850
LAS 113 AR	Haupt-Rechnung	1851
LAS 113 AR	Haupt-Rechnung	1852
LAS 113 AR	Haupt-Rechnung	1853-1854
LAS 113 AR	Haupt-Rechnung	1854-1855
LAS 113 AR	Haupt-Rechnung	1855-1856
LAS 113 AR	Haupt-Rechnung	1856-1857
LAS 113 AR	Haupt-Rechnung	1857-1858
LAS 113 AR	Haupt-Rechnung	1858-1859
LAS 113 AR	Haupt-Rechnung	1859-1860
LAS 113 AR	Haupt-Rechnung	1860-1861
LAS 113 AR	Haupt-Rechnung	1861-1862
LAS 113 AR	Haupt-Rechnung	1862-1863
LAS 113 AR	Haupt-Rechnung	1863-1864
LAS 113 AR	Haupt-Rechnung	1864-1865
LAS 113 AR	Haupt-Rechnung	1865-1866
LAS 113 AR	Haupt-Rechnung	1866-1867

LAS 3, 602	Register der dreijährigen Bede	1512
LAS 3, 603	Barmstedter Amtsregister und Ausgabenregister	um 1560
LAS 3, 612	Barmstedter Kornregisterextrakte	1592-1600
LAS 3, 609	Barmstedter Einnahmeregister über die dreijährige Bede	1593
LAS 3, 610	Barmstedter Amtsregister	1595-1596
LAS 3, 611	Barmstedter Amtsregister mit Extrakt	1600-1601
LAS 3, 613	Barmstedter Kornregister	1600-1601
LAS 3, 614	Barmstedter Vehme- und Mahlschweine-register	1600-1601
LAS 3, 616	Barmstedter Amtsregister	1601
LAS 3, 617	Barmstedter Kornregister	1601
LAS 3, 618	Barmstedter Viehregister	1601
LAS 3, 752	Barmstedter Register der Bauleute und Kätner, die Herrendienst leisten, und deren Verköstigung gemeinsam mit den Armen	1601-1608
LAS 3, 628	Barmstedter Wolfsgarnregister	1602
LAS 3, 625	Barmstedter Amtsregister mit Extrakt und Beilagen	1602-1603
LAS 3, 626	Barmstedter Kornregister mit Extrakt	1602-1603
LAS 3, 629	Barmstedter Hühnerregister	1602-1603
LAS 3, 638	Barmstedter Register der fünfjährigen Bede	1603
LAS 3, 636	Barmstedter Amtsregister mit Extrakt	1603-1604
LAS 3, 637	Barmstedter Kornregister mit Extrakt	1603-1604
LAS 3, 753	Barmstedter Dienstgeldregister	1603-1636
LAS 3, 642	Barmstedter Amtsregister mit Extrakt	1604-1605
LAS 3, 643	Barmstedter Kornregister	1604-1605
LAS 3, 645	Barmstedter Register der fünfjährigen Bede	1605
LAS 3, 653	Barmstedter Vehmeregister	1605
LAS 3, 651	Barmstedter Amtsregister mit Extrakt	1605-1606
LAS 3, 652	Barmstedter Kornregister	1605-1606
LAS 3, 658	Barmstedter Amtsregister	1606-1607
LAS 3, 659	Barmstedter Kornregister	1606-1607
LAS 3, 750	Barmstedter Vehme- und Mahlschweine-register	1606-1624
LAS 3, 660	Barmstedter Vehme- und Mahlschweine-register	1607
LAS 3, 664	Barmstedter Amtsregister mit Extrakt	1607-1608
LAS 3, 665	Barmstedter Kornregister	1607-1608
LAS 3, 667	Barmstedter Vehmeregister	1607-1608
LAS 3, 672	Barmstedter Kornregister	1608-1609
LAS 3, 676	Barmstedter Amtsregister mit Extrakt	1609-1610
LAS 3, 677	Barmstedter Kornregister	1609-1610

LAS 3, 684	Barmstedter Vehmeregister	1609-1611
LAS 3, 678	Barmstedter Register der fünfjährigen Bede	1610
LAS 3, 83	Barmstedter Dienstgeldregister	um 1610
LAS 3, 682	Barmstedter Amtsregister	1610-1611
LAS 3, 683	Barmstedter Kornregister	1610-1611
LAS 3, 694	Barmstedter Vehmeregister	1610-1614
LAS 3, 686	Barmstedter Amtsregister mit Extrakt	1611-1612
LAS 3, 687	Barmstedter Kornregister	1611-1612
LAS 3, 689	Barmstedter Amtsregister, Extrakt	1612-1613
LAS 3, 690	Barmstedter Kornregister	1612-1613
LAS 3, 693	Barmstedter Kornregister mit Extrakt	1613-1614
LAS 3, 699	Barmstedter Kornregister	1614-1615
LAS 3, 714	Barmstedter Vehmeregister	1614-1615
LAS 3, 700	Barmstedter Register der fünfjährigen Bede	1615
LAS 3, 703	Barmstedter Kornregister	1615-1616
LAS 3, 704	Barmstedter Register der dreijährigen Bede	1615-1616
LAS 3, 706	Barmstedter Amtsregister mit Extrakt	1616-1617
LAS 3, 707	Barmstedter Kornregister mit Extrakt	1616-1617
LAS 3, 715	Barmstedter Vehmeregister	1616-1617
LAS 3, 712	Barmstedter Kornregister mit Extrakt	1617-1618
LAS 3, 713	Barmstedter Kornregister, Extrakt	1618-1619
LAS 3, 716	Barmstedter Vehmeregister	1618-1619
LAS 3, 719	Barmstedter Amtsregister und Kornregister	1618-1620
LAS 3, 717	Barmstedter Vehmeregister	17. Jh.
LAS 3, 720	Barmstedter Kornregister, Extrakt	1620-1621
LAS 3, 722	Barmstedter Hühnerregister	1620-1621
LAS 3, 723	Barmstedter Verbittelsgeldregister	1620-1621
LAS 3, 725	Barmstedter Register über den dritten Teil der fünfjährigen Bede	1621
LAS 3, 727	Barmstedter Hühnerregister	1621-1622
LAS 3, 728	Barmstedter Verbittelsgeldregister	1621-1622
LAS 3, 730	Barmstedter Kornregister	1622-1623
LAS 3, 731	Barmstedter Hühnerregister	1623-1624
LAS 3, 732	Barmstedter Hühnerregister	1625-1626
LAS 3, 733	Barmstedter Verbittelsgeldregister	1626-1627
LAS 3, 741	Barmstedter Ausgabenregister	1638-1639
LAS 3, 747	Extrakte der Einnahmen und Ausgaben	1639-1640
LAS 3, 380	Barmstedter Amtsregister	17. Jh.
LAS 66, 5506	Allerhand nachrichtliche Sachen, welche die Rechnungs-Angelegenheit concerniren; u. a. Eierregister, Hebungen, Rauchhuhngelder	1724-1751

LAS 3, 751	Barmstedter Register der Bauleute und Kätner	1602
LAS 66, 4531	Erbpachten und Konfirmationen	1605-1845
LAS 113, 308	Veräußerung von Ländereien	1647-1825
LAS 113, 342	Freihäuser und -höfe	1663-1696
LAS 113, 310	Kaufkontrakte	1670-1729
LAS 113, 128	Erbabteilungen	1682-1827
LAS 113, 129	Güterinventare	1687-1782
LAS 66, 7056	Pachtverzeichnisse	1723-1737
LAS 66, 5827	Grundheuer-Register	1726-1743
LAS 66, 5725	Hufen-Register	1726-1747
LAS 66, 612	Landausweisungen	1766-1798
LAS 113, 329	Landvermessungsregister	1772-1797
LAS 66, 361	Aufteilung der Gemeinheiten	1779-1822
LAS 25.5, 4111	Verteilung und Bonitierung der Gemeinheiten	1790-1833
LAS 66, 8025	Landveräußerungen (Journale Lw A-S)	1799-1835
LAS 66, 8031	Landüberlassungen (Journale Lw E-Q)	1811-1832
LAS 66, 4970	Pachtstücke und Konzessionen	1819-1847
LAS 25.5, 4112	Akten der Landkommissare betr. Gemeinheits- und Moorsachen der Grafschaft Rantzau	1827-1872
LAS 66, 8032	Landüberlassungen (Journal Lw R)	1832-1833
LAS 66, 8033	Landüberlassungen (Journale Lw S-W)	1835-1846
LAS 66, 8026	Landveräußerungen (Journale Lw T-W)	1836-1840
LAS 66, 8027	Landveräußerungen	1841-1844
LAS 66, 6217	Landveräußerungen (Rev. Journal)	1841-1845
LAS 66, 5501	Landüberlassungen und -veräußerungen	1841-1846
LAS 66, 5138	Landveräußerungen	1844-1848
LAS 66, 8028	Landveräußerungen	1845
LAS 66, 8029	Landveräußerungen	1846-1847
LAS 66, 6218	Landveräußerungen	1846-1848
LAS 66, 8030	Landveräußerungen	1848

LAS 3, 121	Einkünfte und Steuerverhältnisse	1613-1640
LAS 3, 737	Kontributionsregister	1638-1639
LAS 3, 127	Abgabenverzeichnis von Häuerlingen	1639
LAS 7, 3746	Kammer- und Abgabensachen	1641-1649
LAS 113, 504	Hebungs- und Rechnungssachen	1647-1827
LAS 65.1, 1477	Kontributionspflicht der Eingesessenen	1652
LAS 113, 260	Kontributionsrechnung	1657-1664
LAS 113, 252	Hebungsregister und Register der Untertanen	1666-1670
LAS 113, 254	Einnahmeregister	1677-1678

LAS 113, 254a	Setzung und Abgabenerhöhung der neuen Zubauern	1681
LAS 113, 255	Einnahmeregister	1682
LAS 113, 256	Einnahmeregister	1684
LAS 113, 261	Kontributionsregister	1684-1705
LAS 113, 257	Einnahmeregister	1691
LAS 113, 263	Viehschatzregister	1691
LAS 66, 7054	Hebungsregister	1718-1720
LAS 66, 5746	Hebungsregister der registerlichen Gefälle	1718-1720
LAS 66, 5747	Hebungsregister der registerlichen Gefälle	1721-1723
LAS 113, 259	Einnahmeregister	1723-1724
LAS 66, 5748	Hebungsregister der registerlichen Gefälle	1724
LAS 66, 6302	Extrakte der eingekommenen und rückständigen Gefälle	1761-1763
LAS 66, 5322	Haussteuer	1762-1848
LAS 66, 179	Kopf- und Rangsteuerrechnungen mit Beilagen	1763
LAS 66, 6303	Extrakte der eingekommenen und rückständigen Gefälle	1764-1767
LAS 66, 3872	Fundamental-Extrakte aus dem SchuPfPr für die Viertelprozent-Kapitaliensteuer	1781
LAS 66, 3873	Fundamental-Extrakte aus dem SchuPfPr für die Viertelprozent-Kapitaliensteuer	1781
LAS 66, 180	Kopf- und Rangsteuerrechnungen mit Beilagen	1800
LAS 66, 427	Steuersachen	1803-1822
LAS 66, 6034	Landsteuer-Register	1803-1805
LAS 66, 7143	Mannzahl- und Schatzprotokolle zur Vermögenssteuer	1809
LAS 66, 7144	Mannzahl- und Schatzprotokolle zur Vermögenssteuer	1809-1813
LAS 66, 7145	Mannzahl- und Schatzprotokolle zur Vermögenssteuer	1810-1815
LAS 66, 3854	Zwei-Prozent-Kapitalsteuer	1810-1818
LAS 66, 7116	Halbprozentsteuer-Verzeichnisse von Erbschaften und Immobilienübertragungen	1810-1811
LAS 66, 5947	Landsteuer-Register	1813-1840
LAS 66, 2654	Hebungsextrakte über die Kopf- und Rangsteuer	1824
LAS 66, 4035	Hebungsextrakte über die Kopf- und Rangsteuer mit Beilagen	1825
LAS 66, 4004	Hebungsextrakte	1825-1829
LAS 66, 4036	Hebungsextrakte über die Kopf- und Rangsteuer mit Beilagen	1826

LAS 66, 4037	Hebungsextrakte über die Kopf- und Rangsteuer mit Beilagen	1827
LAS 66, 4038	Hebungsextrakte über die Kopf- und Rangsteuer mit Beilagen	1828
LAS 66, 4039	Hebungsextrakte über die Kopf- und Rangsteuer mit Beilagen	1829
LAS 66, 4040	Hebungsextrakte über die Kopf- und Rangsteuer mit Beilagen	1830
LAS 66, 4005	Hebungsextrakte	1830-1836
LAS 66, 4041	Hebungsextrakte über die Kopf- und Rangsteuer mit Beilagen	1831
LAS 66, 4042	Hebungsextrakte über die Kopf- und Rangsteuer mit Beilagen	1832
LAS 66, 4044	Hebungsextrakte über Kopf- und Rangsteuer sowie die Restanten-Untersuchungen	1833-1838
LAS 66, 4006	Hebungsextrakte	1837-1838
LAS 66, 5135	Haussteuer	1843-1848
LAS 66, 181	Kopf- und Rangsteuerrechnungen mit Beilagen	1845
LAS 309, 37654	Verzeichnis stehender Gefälle	1845
LAS 309, 37655	Verzeichnis stehender Gefälle	1851
LAS 309, 37656	Verzeichnis stehender Gefälle	1855
LAS 309, 37657	Verzeichnis stehender Gefälle	1860-1861
LAS 309, 2515	verschiedene Abgaben, darunter Grundheuer, Erbpacht	1869-1872
LAS 309, 2516	verschiedene Abgaben, darunter Grundheuer, Erbpacht	1869-1873
LAS 309, 2517	verschiedene Abgaben, darunter Grundheuer, Erbpacht	1869-1873
LAS 309, 2518	verschiedene Abgaben, darunter Grundheuer, Erbpacht	1869-1873
LAS 113, 280a	Landsteuerregister, Band 1	1846
LAS 113, 280b	Landsteuerregister, Band 2	1846
LAS 66, 936	Halbprozent-Steuerfälle von Erbschaften, Verkäufen und Auktionen	1838
LAS 66, 949	Halbprozent-Steuerlisten	1840
LAS 66, 952	Halbprozent- und Vierprozent-Steuerlisten	1840
LAS 66, 951	Halbprozent- und Vierprozent-Steuerlisten	1841
LAS 66, 944	Halbprozent- und Kollateralsteuerlisten	1842-1843
LAS 66, 6157	Verzeichnisse der Halbprozent-Steuerfälle und der Vierprozent-(Kollateral)steuerfälle	1843

LAS 66, 945.9	Verzeichnisse der Halbprozent-Steuerfälle und der Vierprozent-(Kollateral)steuerfälle	1844
LAS 113, 568	Vormundschaftsrechnungenprotokoll	o. J.
LAS 113, 569	Vormundschaftsrechnungenprotokoll	o. J.
LAS 113, 570	Vormundschaftsrechnungenprotokoll	o. J.
LAS 113, 571	Vormundschaftsrechnungenprotokoll	o. J.
LAS 113, 572	Vormundschaftsrechnungenprotokoll	o. J.
LAS 7, 1768	Verschiedene Erb- und Vormundschaftssachen	1636-1649
LAS 113, 495	Vormundschaftsrechnungen	1648-1671
LAS 113, 130	Verschiedene Erbsachen	1700-1751
LAS 113, 131	Testamente	1704-1826
LAS 113, 688	Testamentenprotokoll, Bd.1	1807-1818
LAS 113, 689	Testamentenprotokoll, Bd.2	1818-1834
LAS 113, 690	Testamentenprotokoll, Bd.3	1830-1838
LAS 400.5, 1083	Brandversicherungsregister	1790
LAS 400.5, 1082	Brandversicherungsregister	1800
LAS 400.5, 1084	Brandversicherungsregister	1810
LAS 400.5, 1086	Brandversicherungsregister	1813
LAS 400.5, 1085	Brandversicherungsregister	1820
LAS 355.10, 1720	Erbhöferolle	1934-1942

Kirchspielvogtei Barmstedt

LAS 412, 301	Volkszählregister	1803
LAS 415, 5414	Volkszähllisten	1835
LAS 415, 5439	Volkszähllisten	1840
LAS 415, 5468	Volkszähllisten	1845
LAS 415, 5534	Volkszähllisten	1855
LAS 412, 599	Volkszählregister	1860
LAS 412, 1000	Volkszählregister	1864

Kirchspiel Barmstedt

LAS 113, 326	Landvermessungsregister	1713-1737
LAS 113, 331	Gemeine Weide	1724-1786
LAS 66, 5725	Hufen-Register	1726-1747

LAS 66, 713	Regulierung der Nahrungssteuer mit den Nahrungssteuerregistern	1735-1764
LAS 309, 14906	Ablösung der Reallasten im Landdistrikt	1876
LAS 112, 1521	Sterberegister mit Verzeichnis der Erben	1810-1823
LAS 112, 1524	Sterberegister mit Verzeichnis der Erben	1823-1833
LAS 112, 1525	Sterberegister mit Verzeichnis der Erben	1833-1842
LAS 112, 1526	Sterberegister mit Verzeichnis der Erben	1842-1849
LAS 112, 1527	Sterberegister mit Verzeichnis der Erben	1850-1857
LAS 112, 1528	Sterberegister mit Verzeichnis der Erben	1857-1865
LAS 112, 1529	Sterberegister mit Verzeichnis der Erben	1865-1867

Aspern
- Hanredder **- Steineck**

LAS 3, 627	Vehme- und Mahlschweineregister	1602
LAS 66, 364	Ansetzung der Gemeinheitsländereien zu Abgaben, 4 Karten	1797-1832
LAS 399.40, 2	Nachlass Mohr: Die Geschichte der Bauernhöfe der Grafschaft Rantzau mit den Familien ihrer Besitzer von Ernst Christian Mohr; Bokholt-Hanredder, Hof-Nr. 175–201 und Groß Offenseth-Aspern, Hof-Nr. 265–290	1959
LAS 309 Geb. St., 833	Gebäudesteuer	1867
LAS 309 Flur (11), 2	Flurbuch	1877
LAS 309, 14879	Ablösung der Reallasten	1874
LAS 309, 14880	Ablösung der Reallasten	1890-1892
LAS 355.10, 1725	Namensregister der Grundeigentümer	1890
LAS 355.10, 1697	Erbhöferolle	1934-1940
LAS 402 A 16, 1b	Karte von dem Gemeinheitsland	1829

Barmstedt (Stadt seit 1895)
- Auf dem Schloss

LAS 3, 328	Akten des Domkapitels Hamburg betr. den Verkauf des Dorfes (mit Hufnerverzeichnis)	1564
LAS 309, 16262	Landumsätze	1868-1871
LAS 309, 16263	Landumsätze	1874-1876
LAS 66, 5326	Nahrungssteuer	1816-1848
LAS 66, 798	Vermessungs-, Aufteilungs- und Bonitierungsinstrumente nebst Abgabeberechnungen über die parzellenweise veräußerte Gemeinheit	1844-1849

LAS 309 Geb. St., 24	Gebäudesteuer	1867
LAS 309 Flur (11), 4	Flurbuch	1877
LAS 309, 14903	Ablösung der Reallasten	1875-1881
LAS 309, 14904	Ablösung der Reallasten	1881-1888
LAS 355.10, 1726	Namensregister der Grundeigentümer	1890

LAS 415, 5439	Volkszähllisten	1840
LAS 415, 5468	Volkszähllisten	1845
LAS 415, 5534	Volkszähllisten	1855
LAS 412, 598	Volkszählregister	1860
LAS 412, 999	Volkszählregister	1864

Bevern

- Barkhörn **- Bentkrögen** **- Beverndamm**
- Dannesch **- Nettellohe** **- Steinfurth**

LAS 66, 799	Vermessungsinstrument von den verteilten Gemeinheitsgründen (Bentkrögen)	1801-1802
LAS 399.40, 4	Nachlass Mohr: Die Geschichte der Bauernhöfe der Grafschaft Rantzau mit den Familien ihrer Besitzer von Ernst Christian Mohr; Bevern, Hof-Nr. 427–461	1959

LAS 309 Geb. St., 834	Gebäudesteuer	1867
LAS 309 Flur (11), 5	Flurbuch	1877
LAS 309, 14929	Ablösung der Reallasten	1877-1887
LAS 355.10, 1727	Namensregister der Grundeigentümer	1890
LAS 355.10, 1690	Erbhöferolle	1934-1940

Bokholt

- Alt-Voßloch **- Hanredder** **- Kortenhagen**
- Neu-Voßloch **- Offenau**

LAS 66, 5505	Aufteilung der Gemeinheitsgründe mit Karte	1833-1836
LAS 399.40	Nachlass Mohr: Die Geschichte der Bauernhöfe der Grafschaft Rantzau mit den Familien ihrer Besitzer von Ernst Christian Mohr; Band 2: Bokholt-Hanredder, Hof-Nr. 175–201	1959

LAS 309 Geb. St., 838	Gebäudesteuer	1867
LAS 309, 14879	Ablösung der Reallasten	1874
LAS 309, 14880	Ablösung der Reallasten	1890-1892

LAS 355.10, 1731	Namensregister der Grundeigentümer	1890
LAS 355.10, 1685	Erbhöferolle	1934-1937

Bullenkuhlen
- Billhorn

LAS 67, 49	Gesuchte Aufteilung der Gemeinheit	1771
LAS 309, 3754	Die Erbpachtstelle der Witwe Elisabeth Pingel	1867-1869
LAS 399.40, 4	Nachlass Mohr: Die Geschichte der Bauernhöfe der Grafschaft Rantzau mit den Familien ihrer Besitzer von Ernst Christian Mohr; Bullenkuhlen, Hof-Nr. 401–426	1959
LAS 309 Geb. St., 840	Gebäudesteuer	1867
LAS 309 Flur (11), 14	Flurbuch	1877
LAS 320.12, 352	Reallastenablösung	1873-1889
LAS 309, 14915	Ablösung der Reallasten	1875-1889
LAS 355.10, 1733	Namensregister der Grundeigentümer	1890
LAS 355.10, 1684	Erbhöferolle	1934-1940

Ellerhoop
- Missen **- Oha** **- Ranzel**
- Thiensen **- Wohld**

LAS 113, 340	Aufteilung der Gemeinheit	1787-1794
LAS 113, 358a	Vermessung, Bonitierung und Kartierung der Gemeinheitsgründe	1797-1809
LAS 66, 799	Vermessungsinstrument von den verteilten Gemeinheitsgründen	1801-1802
LAS 66, 7861	Aufteilung und Besteuerung verschiedener Gemeinheiten	1803-1806
LAS 399.40, 4	Nachlass Mohr: Die Geschichte der Bauernhöfe der Grafschaft Rantzau mit den Familien ihrer Besitzer von Ernst Christian Mohr; Ellerhoop, Thiensen, Hof-Nr. 462–500	1959
LAS 309 Geb. St., 841	Gebäudesteuer	1867
LAS 309 Flur (11), 20	Flurbuch	1877
LAS 309, 14912	Ablösung der Reallasten	1875-1894
LAS 355.10, 1735	Namensregister der Grundeigentümer	1890
LAS 355.10, 1692	Erbhöferolle	1934-1943
LAS 415, 1585	6 Risse	1801

Großendorf

- Großendorfer Heide **- Höltenklinken** **-Kleverknüll**
- Nappenhorn **- Ohkate** **- Redderloh**
- Sandkuhl **- Spitzerfurth**

LAS 66, 798	Vermessungs-, Aufteilungs- und Bonitierungsinstrumente nebst Abgabeberechnungen über die parzellenweise veräußerte Gemeinheit	1844-1849
LAS 113, 267	Erdbuch über die verkoppelten Feldländereien	1857
LAS 309, 3762	Die früher mit dem Hofe Rantzau verbunden gewesenen Erbpachtsländereien des Claus Tiede	1866-1872
LAS 399.40, 1	Nachlass Mohr: Die Geschichte der Bauernhöfe der Grafschaft Rantzau mit den Familien ihrer Besitzer von Ernst Christian Mohr; Barmstedt-Großendorf, Hof-Nr. 1–174	1959
LAS 309 Geb. St., 843	Gebäudesteuer	1867
LAS 309 Flur (11), 4	Flurbuch	1877
LAS 320.12, 353	Reallastenablösung	1875-1889
LAS 309, 14886	Ablösung der Reallasten	1875
LAS 309, 14887	Ablösung der Reallasten	1879
LAS 309, 14888	Ablösung der Reallasten	1890-1906
LAS 355.10, 1737	Namensregister der Grundeigentümer	1890
LAS 355.10, 1687	Erbhöferolle	1934-1941
LAS 402 A 16, 7-9	3 Blatt Feldrisse über die Gemeinheitsländereien	1844
LAS 402 A 16, 10-13	Karten über die verkoppelten Feldländereien	1855
LAS 402 A 16, 14	Karte über den Landplatz Krützkamp	1856

Groß Offenseth

- Barkenbusch **- Dannhörn** **- Großenkamp**
- Hütten **- Schiereeken**

LAS 66, 5504	Aufteilung der Gemeinheitsgründe	1834-1836
LAS 399.40	Nachlass Mohr: Die Geschichte der Bauernhöfe der Grafschaft Rantzau mit den Familien ihrer Besitzer von Ernst Christian Mohr Band 2: Groß Offenseth-Aspern, Hof-Nr. 265–290	1959

LAS 309 Geb. St., 833	Gebäudesteuer	1867
LAS 309 Flur (11), 27	Flurbuch	1877
LAS 320.12, 354	Reallastenablösung	1875-1886
LAS 355.10, 1736	Namensregister der Grundeigentümer	1890
LAS 355.10, 1697	Erbhöferolle	1934-1940
LAS 402 A 16, 20	Karte von den Gemeinheitsgründen	1835

Heede

- Grasmoor **- Höhenböken** **- Lohrbek**
- Riehloh **- Sandkampsche Hufe** **- Schöttelhorn**

LAS 66, 362	Ansetzung der Gemeinheitsländereien zu Abgaben	1790-1832
LAS 113, 358a	Vermessung, Bonitierung und Kartierung der Gemeinheitsgründe	1797-1809
LAS 66, 4973	Sandkampsche Hufe	1815-1847
LAS 399.40, 5	Nachlass Mohr: Die Geschichte der Bauernhöfe der Grafschaft Rantzau mit den Familien ihrer Besitzer von Ernst Christian Mohr; Heede, Hof-Nr. 501–552	1959
LAS 309 Geb. St., 845	Gebäudesteuer	1867
LAS 309 Flur (11), 33	Flurbuch	1877
LAS 309, 14909	Ablösung der Reallasten	1875
LAS 309, 14910	Ablösung der Reallasten	1882
LAS 355.10, 1738	Namensregister der Grundeigentümer	1890
LAS 355.10, 1702	Erbhöferolle	1934-1940
LAS 402 A 16, 15	Karte über die Gemeinheitsgründe	1801
LAS 415, 1585	10 Risse	1801

Hemdingen

- Hohenmoorsheide **- Mullendisch** **- Silberberg**
- Westerkamp

LAS 66, 362	Ansetzung der Gemeinheitsländereien zu Abgaben	1790-1832
LAS 113, 358a	Vermessung, Bonitierung und Kartierung der Gemeinheitsgründe	1797-1809
LAS 399.40, 6	Nachlass Mohr: Die Geschichte der Bauernhöfe der Grafschaft Rantzau mit den Familien ihrer Besitzer von Ernst Christian Mohr; Hemdingen, Hof-Nr. 580–646	1959

LAS 309 Geb. St., 847	Gebäudesteuer	1867
LAS 309 Flur (11), 36	Flurbuch	1877
LAS 309, 14881	Ablösung der Reallasten	1874
LAS 309, 14882	Ablösung der Reallasten	1892-1894
LAS 355.10, 1739	Namensregister der Grundeigentümer	1890
LAS 355.10, 1706	Erbhöferolle	1934-1942
LAS 402 A 16, 16	Karte von den Gemeinheitsländereien sowie auch von den mit denselben verbundenen alten aufgenommenen Gründen	1801-1802
LAS 415, 1585	10 Risse	1801

Klein Offenseth

- Am Damm **- Auf dem Berg** **- Auf dem Schloss**
- Im Holz **- In der Heide** **- In der Langenhörn**

LAS 66, 7863	Aufteilung der Gemeinheit	1809-1844
LAS 399.40, 2	Nachlass Mohr: Die Geschichte der Bauernhöfe der Grafschaft Rantzau mit den Familien ihrer Besitzer von Ernst Christian Mohr Klein Offenseth-Sparrieshoop, Hof-Nr. 202–264	1959
LAS 309 Geb. St., 855	Gebäudesteuer	1867
LAS 309 Flur (11), 44	Flurbuch	1877
LAS 309, 14914	Ablösung der Reallasten	1875-1883
LAS 355.10, 1698	Erbhöferolle	1934-1940
LAS 402 A 16, 21-22	2 Risse von den Torfmooren und der gemeinen Weide	1842

Kölln

- Altenmühlen **- Glasenberg** **- Grauer Esel**
- Lauenberg **- Ramskamp** **- Reisiek**

LAS 66, 799	Vermessungsinstrument von den aufgemessenen Mooren und Gemeinheiten	1801-1802
LAS 66, 5502	Aufteilung des Moores	1834-1842
LAS 399.40, 3	Nachlass Mohr: Die Geschichte der Bauernhöfe der Grafschaft Rantzau mit den Familien ihrer Besitzer von Ernst Christian Mohr Kölln-Reisiek, Hof-Nr. 380–400	1959

LAS 309 Geb. St., 852	Gebäudesteuer	1867
LAS 309 Flur (11), 48	Flurbuch	1877
LAS 309, 14905	Ablösung der Reallasten	1876-1890
LAS 355.10, 1700	Erbhöferolle	1934-1940
LAS 402 A 16, 19b	Grundriss von dem königlichen Gehege Eckernhof nebst dem daran liegenden königlichen Pachtlande	o. J.

Langeln

- Heidekaten
- Hohenufer
- Kahlendorfermarsch
- Schäferei

LAS 66, 362	Ansetzung der Gemeinheitsländereien zu Abgaben	1790-1832
LAS 399.40, 5	Nachlass Mohr: Die Geschichte der Bauernhöfe der Grafschaft Rantzau mit den Familien ihrer Besitzer von Ernst Christian Mohr; Langeln, Hof-Nr. 553–579	1959
LAS 309 Geb. St., 853	Gebäudesteuer	1867
LAS 309 Flur (11), 50	Flurbuch	1877
LAS 309, 14924	Ablösung der Reallasten	1876-1888
LAS 355.10, 1741	Namensregister der Grundeigentümer	1890
LAS 355.10, 1699	Erbhöferolle	1934-1941
LAS 415, 1585	9 Risse	1801

Lutzhorn

- Butzwegen
- Eichen
- Einhorn
- Grenzhöhe
- Hinterm Holz
- Höllen
- Höllenbek
- Hollwisch
- Hühnerberg
- Im Grund
- Im Holz
- Kanthorst
- Krummdeich
- Kuhhagen
- Matzhagen
- Otterkuhl
- Pahlhorn
- Schmiedeberg
- Segen
- Überstör
- Wahrenberg
- Wendlohe

LAS 66, 362	Ansetzung der Gemeinheitsländereien zu Abgaben	1790-1832
LAS 66, 7861	Aufteilung und Besteuerung verschiedener Gemeinheiten	1803-1806
LAS 399.40, 3	Nachlass Mohr: Die Geschichte der Bauernhöfe der Grafschaft Rantzau mit den Familien ihrer Besitzer von Ernst Christian Mohr; Lutzhorn, Hof-Nr. 291–352	1959

LAS 309 Geb. St., 854	Gebäudesteuer	1867
LAS 309 Flur (11), 53	Flurbuch	1877
LAS 320.12, 355	Reallastenablösung	1874-1889
LAS 309, 14913	Ablösung der Reallasten	1875-1889
LAS 355.10, 1742	Namensregister der Grundeigentümer	1890
LAS 355.10, 1719	Erbhöferolle	1934-1942
LAS 415, 1581	Risse	1801

Seeth

- Beklohe **- Ekholt**

LAS 113, 439	Professionsprotokoll	o. J.
LAS 66, 799	Vermessungsinstrument von den aufgemessenen Mooren und Gemeinheiten	1801-1802
LAS 399.40, 3	Nachlass Mohr: Die Geschichte der Bauernhöfe der Grafschaft Rantzau mit den Familien ihrer Besitzer von Ernst Christian Mohr; Seeth-Ekholt, Hof-Nr. 353–379	1959
LAS 309 Geb. St., 859	Gebäudesteuer	1867
LAS 309 Flur (11), 16	Flurbuch	1877
LAS 309, 14916	Ablösung der Reallasten [Ekholt]	1876-1889
LAS 355.10, 1708	Erbhöferolle	1934-1941
LAS 402 A3, 477	Risse	1808
LAS 415, 1581	Risse	1808

Sparrieshoop

LAS 66, 7863	Aufteilung der Gemeinheit	1809-1844
LAS 399.40, 2	Nachlass Mohr: Die Geschichte der Bauernhöfe der Grafschaft Rantzau mit den Familien ihrer Besitzer von Ernst Christian Mohr Klein Offenseth-Sparrieshoop, Hof-Nr. 202–264	1959
LAS 309 Geb. St., 861	Gebäudesteuer	1867
LAS 309, 14914	Ablösung der Reallasten	1875-1883
LAS 355.10, 1698	Erbhöferolle	1934-1940
LAS 402 A 16, 21-22	2 Risse von den Torfmooren und der gemeinen Weide	1842
LAS 402 A 16, 24-26	3 Feldrisse von der Heide	1842

Kirchspiel Hörnerkirchen

LAS 113, 332	Gemeine Weide	1766-1792
LAS 309, 14906	Ablösung der Reallasten im Landdistrikt	1876
LAS 412, 301	Volkszählregister	1803
LAS 415, 5439	Volkszähllisten	1840
LAS 415, 5468	Volkszähllisten	1845
LAS 415, 5534	Volkszähllisten	1855
LAS 412, 602	Volkszählregister	1860
LAS 412, 1003	Volkszählregister	1864

Bokel
- Post **- Quickborn**

LAS 113, 335	Betr. das von den Eingesessenen aufgenommene Land sowie die Aufteilung der Bokeler und Westerhorner Gemeinheiten	1735-1775
LAS 113, 275a	Reduzierung der Dorfschaft auf sieben Heuerpflüge	1854
LAS 399.40, 7	Nachlass Mohr: Die Geschichte der Bauernhöfe der Grafschaft Rantzau mit den Familien ihrer Besitzer von Ernst Christian Mohr; Bokel, Hof-Nr. 704–747	1959
LAS 112, 1652	Erdbuch	1808
LAS 309 Geb. St., 836	Gebäudesteuer	1867
LAS 309 Flur (11), 9	Flurbuch	1877
LAS 309, 14889	Ablösung der Reallasten	1875
LAS 309, 14890	Ablösung der Reallasten	1879-1883
LAS 355.10, 1729	Namensregister der Grundeigentümer	1890
LAS 355.10, 1688	Erbhöferolle	1934-1947
LAS 402 A 16, 3	Karte über die verkoppelten Feldländereien	1854
LAS 402 A 16, 4	Karte über die verkauften Gemeinheitsländereien	1857

Bokelseß
- Langenheide

LAS 113, 338	Aufteilung der Gemeinheiten	1772-1778
LAS 25.1, 436	Feldverteilung	1795

LAS 399.40, 6	Nachlass Mohr: Die Geschichte der Bauernhöfe der Grafschaft Rantzau mit den Familien ihrer Besitzer von Ernst Christian Mohr; Bokelseß, Hof-Nr. 671–681	1959
LAS 309 Geb. St., 837	Gebäudesteuer	1867
LAS 309 Flur (11), 10	Flurbuch	1877
LAS 309, 14883	Ablösung der Reallasten	1874
LAS 355.10, 1730	Namensregister der Grundeigentümer	1890
LAS 355.10, 1686	Erbhöferolle	1934-1939
LAS 415, 1450	2 Karten und 3 Feldrisse der Gemeinheitsgründe	1795

Brande

- Achterkamp
- Brückendamm
- Schierenhöhe
- Auf der Höhe
- Krähenkamp
- Trennefurth
- Blocksberg
- Krusenbaum
- Wunderberg

LAS 309 Geb. St., 839	Gebäudesteuer	1867
LAS 309, 14911	Ablösung der Reallasten	1875-1880
LAS 355.10, 1732	Namensregister der Grundeigentümer	1890
LAS 355.10, 1691	Erbhöferolle	1934-1939
LAS 402 A 15, 4-5	Zwei Feldrisse von Teilen der Gemeinheitsgründe	1842-1843

Hörnerkirchen

LAS 399.40, 7	Nachlass Mohr: Die Geschichte der Bauernhöfe der Grafschaft Rantzau mit den Familien ihrer Besitzer von Ernst Christian Mohr; Hörnerkirchen, Hof-Nr. 821–847	1959
LAS 309 Geb. St., 849	Gebäudesteuer	1867
LAS 309 Flur (11), 40	Flurbuch	1877
LAS 309, 14911	Ablösung der Reallasten	1875-1880
LAS 355.10, 1740	Namensregister der Grundeigentümer	1890
LAS 355.10, 1691	Erbhöferolle	1934-1939

Osterhorn
- Moorkate

LAS 113, 438	Professionsprotokoll	o. J.
LAS 113, 338	Aufteilung der Gemeinheiten	1772-1778
LAS 66, 6027	Gemeinheitsaufteilung	1777-1819
LAS 131 Osterhorn, 3	Landaufteilung	1777-1805
LAS 25.1, 435	Feldverteilung	1795
LAS 131 Osterhorn, 7	Befriedigung von Ländereien	1833
LAS 399.40, 6	Nachlass Mohr: Die Geschichte der Bauernhöfe der Grafschaft Rantzau mit den Familien ihrer Besitzer von Ernst Christian Mohr; Osterhorn, Hof-Nr. 682–703	1959
LAS 309 Geb. St., 856	Gebäudesteuer	1867
LAS 309 Flur (11), 59	Flurbuch	1877
LAS 320.12, 356	Reallastenablösung	1875-1879
LAS 309, 14899	Ablösung der Reallasten	1875-1879
LAS 355.10, 1743	Namensregister der Grundeigentümer	1890
LAS 355.10, 1711	Erbhöferolle	1934-1940
LAS 402 A 16, 23	Karte über die verkoppelten Felder	1853
LAS 415, 1590	Karte von den Gemeinheitsgründen und Feldrisse dazu	1795

Westerhorn
- Kreuzweg **- Kuhweg** **- Matzhave**
- Mölberg **- Ölberg** **- Scharfeneck**
- Winsel

LAS 399.40, 7	Nachlass Mohr: Die Geschichte der Bauernhöfe der Grafschaft Rantzau mit den Familien ihrer Besitzer von Ernst Christian Mohr; Westerhorn, Hof-Nr. 748–789	1959
LAS 309 Geb. St., 863	Gebäudesteuer	1867
LAS 309 Flur (11), 85	Flurbuch	1877
LAS 309, 14898	Ablösung der Reallasten	1875-1882
LAS 355.10, 1745	Namensregister der Grundeigentümer	1890
LAS 355.10, 1714	Erbhöferolle	1934-1939
LAS 402 A 16, 30	Karte über die verkoppelten Feldländereien	1854

Kirchspielvogtei Elmshorn

LAS 309, 2526	verschiedene Abgaben, darunter Grundheuer, Erbpacht	1871-1872
LAS 412, 303	Volkszählregister	1803
LAS 415, 5414	Volkszähllisten	1835
LAS 415, 5439	Volkszähllisten	1840
LAS 415, 5468	Volkszähllisten	1845
LAS 415, 5534	Volkszähllisten	1855
LAS 412, 593	Volkszählregister	1860
LAS 412, 601	Volkszählregister	1860
LAS 412, 994	Volkszählregister	1864
LAS 412, 1002	Volkszählregister	1864

Kirchspiel Elmshorn

LAS 113, 437	SchuPfPr	o. J.
LAS 113, 695	SchuPfPr	bis 1789
LAS 113, 696	SchuPfPr, fol. 1-357	1789-1885
LAS 113, 697	SchuPfPr, fol. 358-702	1789-1885
LAS 113, 698	SchuPfPr, fol. 711-1001	1854-1885
LAS 113, 699	SchuPfPr, fol. 1002-1362	1877-1885
LAS 113, 700	Namenregister	19. Jh.
LAS 113, 346	Häuser- und Ländereien-Register	1701-1702
LAS 66, 5725	Hufen-Register	1726-1747
LAS 66, 713	Regulierung der Nahrungssteuer mit den Nahrungssteuerregistern	1735-1764
LAS 113, 712	Vormünderbuch	1744-1753

Besenbek

- Auf dem Sandberge **- Kruck**

LAS 309 Geb. St., 857	Gebäudesteuer	1867
LAS 309, 14877	Ablösung der Reallasten	1874-1881
LAS 309, 14878	Ablösung der Reallasten	1884-1892
LAS 355.10, 1710	Erbhöferolle	1934-1941

Elmshorn (Stadt seit 1870)

- Alt-Elmshorn	**- Bauerweg**	**- Flammwege**
- Fuchsberg	**- Hasenbusch**	**- Kaltenhof**
- Kaltenweide	**- Landscheide**	**- Lehmkuhl**
- Mühlenkamp	**- Papenhof**	**- Pfahlkrug**
- Sandberg	**- Spiekerhörn**	**- Wedenkamp**

LAS 309, 16262	Landumsätze	1868-1871
LAS 309, 16263	Landumsätze	1874-1876
LAS 309, 3758	Hof Papenhof	1868
LAS 399.40, 7	Nachlass Mohr: Die Geschichte der Bauernhöfe der Grafschaft Rantzau mit den Familien ihrer Besitzer von Ernst Christian Mohr Kaltenweider Distrikt, Hof-Nr. 848–899	1959
LAS 309 Flur (11), 21	Flurbuch	1877
LAS 309 Geb. St., 26	Gebäudesteuer	1867
LAS 309, 6854	Gebäudesteuer	1867
LAS 309, 6855	Gebäudesteuer	1867
LAS 309, 6856	Gebäudesteuer	1867
LAS 309, 6857	Gebäudesteuer	1867
LAS 309, 14884	Ablösung der Reallasten	1874
LAS 309, 14885	Ablösung der Reallasten	1877-1912
LAS 355.10, 1693	Erbhöferolle	1934-1942
LAS 355.10, 1694	Erbhöferolle	1934-1943
LAS 355.10, 1695	Erbhöferolle	1934-1944
LAS 412, 302	Volkszählregister	1803
LAS 415, 5468	Volkszähllisten	1845
LAS 415, 5534	Volkszähllisten	1855
LAS 412, 600	Volkszählregister	1860
LAS 412, 1001	Volkszählregister	1864
LAS 66, 607	Karte von Papenhof und Lehmkuhlen	1698-1791
LAS 402 A 16, 18	Karte von der Kaltenweider Heide	1842

Elmshorn-Klostersande siehe Klostervogtei Uetersen, S. 89

Elmshorn-Vormstegen siehe Amtsvogtei Uetersen, Nordender Distrikt, S. 85

Raa

- Altendeich **- Kruck** **- Spiekerhörn**

LAS 309 Geb. St., 857	Gebäudesteuer	1867
LAS 309 Flur (11), 66	Flurbuch	1877
LAS 309, 14877	Ablösung der Reallasten	1874-1881
LAS 309, 14878	Ablösung der Reallasten	1884-1892
LAS 355.10, 1710	Erbhöferolle	1934-1941

Herzogtum Schleswig

(bis 1867, danach preußische Provinz Schleswig-Holstein)

LAS 66, 6608.1	Generaltabelle sowie Einzeltabellen der Volkszählung vom 15. August 1769	1769
LAS 309, 8325	Übersichten und Zusammenstellungen über die Volkszählungen 1803, 1867, 1871, 1885, 1890, 1895	1803-1895
LAS 66, 6611.3	Verschiedene Statistiken und Tabellen	1775-1813

Landschaft und britische Kronkolonie Helgoland

(1807–1890 britische Kronkolonie)

LAS 174, 57	SchuPfPr	1705-1773
LAS 174, 407	SchuPfPr	1775-1861
LAS 174, 408	SchuPfPr	1853-1868
LAS 174, 410	SchuPfPr	1868-1886
LAS 174, 411	SchuPfPr	1887-1903
LAS 174, 412	Register der SchuPfPr	1821-1902
LAS 174, 58	SchuPfPr, Nebenbuch	1705-1744
LAS 174, 59	SchuPfPr, Nebenbuch	1745-1782
LAS 174, 409	SchuPfPr, Nebenbuch	1836-1868
LAS 174, 400	Schuldverschreibungen	1734-1857
LAS 320.22, 30	Anlegung des Katasters und des Grundbuchs	1896-1904
LAS 320.22, 31	Nebenkatasteramt auf Helgoland	1901-1925
LAS 174, 2	Gerichtsprotokoll; u. a. Abschrift der Landesbeliebung von 1618	1618-1692
LAS 400.5, 332	Gerichtsprotokoll	1684-1689
LAS 174, 3	Gerichtsprotokoll	1693-1704
LAS 174, 4	Gerichtsprotokoll; u. a. Verordnung zum Ehedispens	1704-1705
LAS 174, 5	Gerichtsprotokoll	1718-1719
LAS 174, 6	Gerichtsprotokoll	1719-1727
LAS 174, 7	Gerichtsprotokoll	1732-1743
LAS 174, 10	Gerichtsprotokoll	1732-1824
LAS 174, 8	Gerichtsprotokoll	1746-1755
LAS 174, 9	Gerichtsprotokoll	1756-1768
LAS 174, 11	Gerichtsprotokoll	1770-1777
LAS 174, 46	Konzepte zum Gerichtsprotokoll	1774-1857

LAS 174, 12	Gerichtsprotokoll	1777-1783
LAS 174, 13	Gerichtsprotokoll	1783-1788
LAS 174, 14	Gerichtsprotokoll	1789-1799
LAS 174, 15	Gerichtsprotokoll; u. a. Register	1799-1840
LAS 174, 16	Gerichtsprotokoll; u. a. Register	1809-1818
LAS 174, 17	Gerichtsprotokoll; u. a. Register	1809-1811
LAS 174, 40	Gerichtsprotokoll; u. a. Register	1809-1864
LAS 174, 406	Polizeigerichtsprotokoll; u. a. Wirtschaftsabrechnungen	1809-1872
LAS 174, 18	Gerichtsprotokoll	1810-1811
LAS 174, 19	Gerichtsprotokoll; u. a. Verzeichnis enteigneten und entschädigten Grundbesitzes, 1817	1810-1817
LAS 174, 20	Gerichtsprotokoll	1811
LAS 174, 21	Gerichtsprotokoll	1811
LAS 174, 22	Gerichtsprotokoll	1811-1812
LAS 174, 23	Gerichtsprotokoll; u. a. Register	1812-1822
LAS 174, 24	Gerichtsprotokoll	1812-1813
LAS 174, 25	Gerichtsprotokoll	1813
LAS 174, 45	Konzepte zum Gerichtsprotokoll; u. a. Kreditabrechnungen	1813-1856
LAS 174, 26	Gerichtsprotokoll	1814
LAS 174, 27	Gerichtsprotokoll	1814-1815
LAS 174, 28	Gerichtsprotokoll	1816-1820
LAS 174, 29	Gerichtsprotokoll	1820-1822
LAS 174, 30	Beilagen zum Gerichtsprotokoll	1822-1823
LAS 174, 31	Gerichtsprotokoll	1822-1826
LAS 174, 32	Gerichtsprotokoll	1826-1828
LAS 174, 33	Gerichtsprotokoll	1828-1832
LAS 174, 35	Gerichtsprotokoll	1840-1845
LAS 174, 36	Gerichtsprotokoll	1845-1847
LAS 174, 37	Gerichtsprotokoll; u. a. Register	1847-1850
LAS 174, 38	Gerichtsprotokoll; u. a. Register	1850-1854
LAS 174, 47	Gerichtsprotokoll zu Testamenten und Erbschaften	1853-1868
LAS 174, 48	Strandungsgerichtsprotokoll; u. a. Register	1853-1866
LAS 174, 39	Gerichtsprotokoll; u. a. Register	1854-1857
LAS 174, 41	Gerichtsprotokoll; u. a. Register	1864-1868
LAS 174, 42	Polizeigerichtsprotokoll; u. a. Register	1865-1881
LAS 174, 50	Obergerichtsprotokolle; u. a. Register	1865-1884
LAS 174, 49	Strandungsgerichtsprotokoll; u. a. Bergelohntarife	1866-1890
LAS 174, 43	Polizeigerichtsprotokoll; u. a. Register	1868-1883
LAS 174, 44	Polizeigerichtsprotokoll	1883-1889
LAS 174, 51	Obergerichtsprotokoll; u. a. Register	1884-1890

LAS 174, 52	Obergerichtsprotokolle, Beeidigungen	1889-1890
LAS 174, 237	Rechnung der Vogtei Helgoland	um 1500
LAS 174, 238	Registrum negels Ruthen van wegen der Hilgelande reise	1501
LAS 174, 239	Rechnung der Vogtei Helgoland	1513
LAS 174, 240	Rechnung der Vogtei Helgoland	1520
LAS 174, 241	Rechnung der Vogtei Helgoland	1522
LAS 174, 242	Beilagen zu Helgoländer Rechnungen	1657-1659
LAS 174, 243	Helgoländer Rechnung	1680-1681
LAS 174, 244	Helgoländer Rechnung	1681-1682
LAS 174, 245	Helgoländer Rechnung	1683-1684
LAS 174, 246	Helgoländer Rechnung	1684-1685
LAS 174, 247	Helgoländer Rechnung	1685-1686
LAS 174, 248	Helgoländer Rechnung	1686-1687
LAS 174, 249	Helgoländer Rechnung	1687-1688
LAS 174, 250	Helgoländer Rechnung	1688-1689
LAS 174, 251	Helgoländer Rechnung	1706
LAS 174, 252	Helgoländer Rechnung	1707
LAS 174, 253	Helgoländer Rechnung	1708
LAS 174, 254	Helgoländer Rechnung	1709
LAS 174, 255	Helgoländer Rechnung	1710
LAS 174, 256	Helgoländer Rechnung	1711
LAS 174, 257	Helgoländer Rechnung	1714-1715
LAS 174, 258	Helgoländer Rechnung	1716
LAS 174, 259	Helgoländer Rechnung	1717
LAS 174, 260	Helgoländer Rechnung	1718
LAS 174, 261	Helgoländer Rechnung	1719
LAS 174, 262	Helgoländer Rechnung	1720
LAS 174, 263	Helgoländer Rechnung	1721
LAS 174, 264	Helgoländer Rechnung	1722
LAS 174, 265	Helgoländer Rechnung	1723
LAS 174, 266	Helgoländer Rechnung	1724
LAS 174, 267	Helgoländer Rechnung	1725
LAS 174, 268	Helgoländer Rechnung	1726
LAS 174, 269	Helgoländer Rechnung	1727
LAS 174, 270	Helgoländer Rechnung	1727-1728
LAS 174, 271	Helgoländer Rechnung	1728
LAS 174, 272	Helgoländer Rechnung	1729
LAS 174, 273	Helgoländer Rechnung	1730
LAS 174, 274	Helgoländer Rechnung	1731
LAS 174, 275	Helgoländer Rechnung	1732
LAS 174, 276	Helgoländer Rechnung	1733
LAS 174, 277	Helgoländer Rechnung	1734
LAS 174, 278	Helgoländer Rechnung	1735
LAS 174, 279	Helgoländer Rechnung	1736

LAS 174, 280	Helgoländer Rechnung	1737
LAS 174, 281	Helgoländer Rechnung	1738
LAS 174, 282	Helgoländer Rechnung	1739
LAS 174, 283	Helgoländer Rechnung	1740
LAS 174, 284	Helgoländer Rechnung	1741
LAS 174, 285	Helgoländer Rechnung	1742
LAS 174, 286	Helgoländer Rechnung	1743
LAS 174, 287	Helgoländer Rechnung	1744
LAS 174, 288	Helgoländer Rechnung	1745
LAS 174, 289	Helgoländer Rechnung	1746
LAS 174, 290	Helgoländer Rechnung	1747
LAS 174, 291	Helgoländer Rechnung	1748
LAS 174, 292	Helgoländer Rechnung	1749
LAS 174, 293	Helgoländer Rechnung	1750
LAS 174, 294	Helgoländer Rechnung	1751
LAS 174, 295	Helgoländer Rechnung	1752
LAS 174, 296	Helgoländer Rechnung	1753
LAS 174, 297	Helgoländer Rechnung	1754
LAS 174, 298	Helgoländer Rechnung	1755
LAS 174, 299	Helgoländer Rechnung	1756
LAS 174, 300	Helgoländer Rechnung	1757
LAS 174, 301	Helgoländer Rechnung	1758
LAS 174, 302	Helgoländer Rechnung	1759
LAS 174, 303	Helgoländer Rechnung	1760
LAS 174, 304	Helgoländer Rechnung	1761
LAS 174, 305	Helgoländer Rechnung	1762
LAS 174, 306	Helgoländer Rechnung	1763
LAS 174, 307	Helgoländer Rechnung	1764
LAS 174, 308	Helgoländer Rechnung	1765
LAS 174, 309	Helgoländer Rechnung	1766
LAS 174, 310	Helgoländer Rechnung	1767
LAS 174, 311	Helgoländer Rechnung	1768
LAS 174, 312	Helgoländer Rechnung	1769
LAS 174, 313	Helgoländer Rechnung	1770
LAS 174, 314	Helgoländer Rechnung	1771
LAS 174, 315	Helgoländer Rechnung	1772
LAS 174, 316	Helgoländer Rechnung	1773
LAS 174, 317	Helgoländer Rechnung	1774
LAS 174, 318	Helgoländer Rechnung	1775
LAS 174, 319	Helgoländer Rechnung	1776
LAS 174, 320	Helgoländer Rechnung	1777
LAS 174, 321	Helgoländer Rechnung	1778
LAS 174, 322	Helgoländer Rechnung	1779
LAS 174, 323	Helgoländer Rechnung	1780
LAS 174, 324	Helgoländer Rechnung	1781

LAS 174, 325	Helgoländer Rechnung	1782
LAS 174, 326	Helgoländer Rechnung	1783
LAS 174, 327	Helgoländer Rechnung	1784
LAS 174, 328	Helgoländer Rechnung	1785
LAS 174, 329	Helgoländer Rechnung	1786
LAS 174, 330	Helgoländer Rechnung	1787
LAS 174, 331	Helgoländer Rechnung	1788
LAS 174, 332	Helgoländer Rechnung	1789
LAS 174, 333	Helgoländer Rechnung	1790
LAS 174, 334	Helgoländer Rechnung	1791
LAS 174, 335	Helgoländer Rechnung	1792
LAS 174, 336	Helgoländer Rechnung	1793
LAS 174, 337	Helgoländer Rechnung	1794
LAS 174, 338	Helgoländer Rechnung	1795
LAS 174, 339	Helgoländer Rechnung	1796
LAS 174, 340	Helgoländer Rechnung	1797
LAS 174, 341	Helgoländer Rechnung	1798
LAS 174, 342	Helgoländer Rechnung	1799
LAS 174, 343	Helgoländer Rechnung	1800
LAS 174, 344	Helgoländer Rechnung	1801
LAS 174, 345	Helgoländer Rechnung	1802
LAS 174, 346	Helgoländer Rechnung	1803
LAS 174, 347	Helgoländer Rechnung	1804
LAS 174, 348	Helgoländer Rechnung	1805
LAS 174, 349	Helgoländer Rechnung	1806
LAS 174, 350	Helgoländer Rechnung	1807
LAS 66, 264	Helgoländer Landesrechnung und -schulden	1735-1806
LAS 174, 69	Einnahmen- und Ausgabenjournal der Kommunen-Kasse	1846-1856
LAS 174, 70	Einnahmen- und Ausgabenjournal der Landschaft	1846-1868
LAS 174, 79	Kassenbuch des Gouverneurs	1850-1868
LAS 174, 71	Landeskassenbuch	1865-1870
LAS 174, 72	Einnahmen- und Ausgabenjournal der Landschaft	1866-1867
LAS 174, 73	Landeskassenbuch	1871-1874
LAS 174, 80	Kassenbuch des Gouverneurs	1871-1880
LAS 174, 74	Landeskassenbuch	1875-1880
LAS 174, 75	Landeskassenbuch	1881
LAS 174, 147	Gras- und Ackerland, Nutzung und Vermietung	1818-1849
LAS 174, 405	Pachtverzeichnis	1840-1931

LAS 174, 109	Renteneinnahmen des staatlichen Grundbesitzes	1843-1856
LAS 174, 132	Bergelohn bei gestrandeten Schiffen und Seezeichen	1695-1829
LAS 174, 135	Hummer- und Austernfang	1720-1878
LAS 7, 4664	Hebungs- und Rechnungssachen	1652-1712
LAS 174, 399	Finanzwesen	1730-1888
LAS 174, 149	Steuern und Lebensverhältnisse	1754-1880
LAS 174, 351	Helgoländer Rechnung der außerordentlichen Kopfsteuer	1762
LAS 174, 352	Helgoländer Rechnung der außerordentlichen Kopfsteuer	1763
LAS 174, 353	Helgoländer Rechnung der außerordentlichen Kopf- und Rangsteuer	1764
LAS 174, 354	Helgoländer Rechnung der außerordentlichen Kopf- und Rangsteuer	1765
LAS 174, 355	Helgoländer Rechnung der außerordentlichen Kopf- und Rangsteuer	1766
LAS 174, 356	Helgoländer Rechnung der außerordentlichen Kopf- und Rangsteuer	1767
LAS 174, 357	Helgoländer Rechnung der außerordentlichen Kopf- und Rangsteuer	1768
LAS 174, 358	Helgoländer Rechnung der außerordentlichen Kopf- und Rangsteuer	1769
LAS 174, 359	Helgoländer Rechnung der außerordentlichen Kopf- und Rangsteuer	1770
LAS 174, 360	Helgoländer Rechnung der außerordentlichen Kopf- und Rangsteuer	1771
LAS 174, 361	Helgoländer Rechnung der außerordentlichen Kopf- und Rangsteuer	1772
LAS 174, 362	Helgoländer Rechnung der außerordentlichen Kopf- und Rangsteuer	1773
LAS 174, 363	Helgoländer Rechnung der außerordentlichen Kopf- und Rangsteuer	1774
LAS 174, 364	Helgoländer Rechnung der außerordentlichen Kopf- und Rangsteuer	1775
LAS 174, 365	Helgoländer Rechnung der außerordentlichen Kopf- und Rangsteuer	1776
LAS 174, 366	Helgoländer Rechnung der außerordentlichen Kopf- und Rangsteuer	1777
LAS 174, 367	Helgoländer Rechnung der außerordentlichen Kopf- und Rangsteuer	1778

LAS 174, 368	Helgoländer Rechnung der außerordentlichen Kopf- und Rangsteuer	1779
LAS 174, 369	Helgoländer Rechnung der außerordentlichen Kopf- und Rangsteuer	1780
LAS 174, 370	Helgoländer Rechnung der außerordentlichen Kopf- und Rangsteuer	1781
LAS 174, 371	Helgoländer Rechnung der außerordentlichen Kopf- und Rangsteuer	1782
LAS 174, 372	Helgoländer Rechnung der außerordentlichen Kopf- und Rangsteuer	1783
LAS 174, 373	Helgoländer Rechnung der außerordentlichen Kopf- und Rangsteuer	1784
LAS 174, 374	Helgoländer Rechnung der außerordentlichen Kopf- und Rangsteuer	1785
LAS 174, 375	Helgoländer Rechnung der außerordentlichen Kopf- und Rangsteuer	1786
LAS 174, 376	Helgoländer Rechnung der außerordentlichen Kopf- und Rangsteuer	1787
LAS 174, 377	Helgoländer Rechnung der außerordentlichen Kopf- und Rangsteuer	1788
LAS 174, 378	Helgoländer Rechnung der außerordentlichen Kopf- und Rangsteuer	1789
LAS 174, 379	Helgoländer Rechnung der außerordentlichen Kopf- und Rangsteuer	1790
LAS 174, 380	Helgoländer Rechnung der außerordentlichen Kopf- und Rangsteuer	1791
LAS 174, 381	Helgoländer Rechnung der außerordentlichen Kopf- und Rangsteuer	1792
LAS 174, 382	Helgoländer Rechnung der außerordentlichen Kopf- und Rangsteuer	1793
LAS 174, 383	Helgoländer Rechnung der außerordentlichen Kopf- und Rangsteuer	1794
LAS 174, 384	Helgoländer Rechnung der außerordentlichen Kopf- und Rangsteuer	1795
LAS 174, 385	Helgoländer Rechnung der außerordentlichen Kopf- und Rangsteuer	1796
LAS 174, 386	Helgoländer Rechnung der außerordentlichen Kopf- und Rangsteuer	1797
LAS 174, 387	Helgoländer Rechnung der außerordentlichen Kopf- und Rangsteuer	1798
LAS 174, 388	Helgoländer Rechnung der außerordentlichen Kopf- und Rangsteuer	1799
LAS 174, 389	Helgoländer Rechnung der außerordentlichen Kopf- und Rangsteuer	1800

LAS 174, 390	Helgoländer Rechnung der außerordentlichen Kopf- und Rangsteuer	1801
LAS 174, 391	Helgoländer Rechnung der außerordentlichen Kopf- und Rangsteuer	1802
LAS 174, 392	Helgoländer Rechnung der außerordentlichen Kopf- und Rangsteuer	1803
LAS 174, 393	Helgoländer Rechnung der außerordentlichen Kopf- und Rangsteuer	1804
LAS 174, 394	Helgoländer Rechnung der außerordentlichen Kopf- und Rangsteuer	1805
LAS 174, 395	Helgoländer Rechnung der außerordentlichen Kopf- und Rangsteuer	1806
LAS 174, 396	Helgoländer Rechnung der außerordentlichen Kopf- und Rangsteuer	1807
LAS 174, 68	Register der Steuerleistungen und der freiwilligen Beträge	1841-1863
LAS 309 Flur (11), 87	Flurbuch	1877
LAS 174, 60	Professionsprotokoll über Konkurse und Nachlässe	1818-1829
LAS 174, 34	Nachlassprotokoll	1833-1852
LAS 174, 63	Vormünderbuch	1772-1859
LAS 174, 64	Vormünderbuch	1784-1847
LAS 174, 126	Flethföhrungsverträge (Unterschutzstellung einer Person mit ihrem Vermögen bei einer anderen Person)	1879
LAS 174, 83	Hauptbrandversicherungskataster	1805-1809
LAS 174, 84	Register zum Brandversicherungskataster	1805-1846
LAS 66, 268	Brandversicherung, mit Brandversicherungs-Register	1805-1807
LAS 415, 5393	Volkszähllisten	1803
LAS 309, 22254	Statistische Nachrichten	1891-1926
LAS 320.22, 109	Viehzählung	1906-1917
LAS 402 A 20, 7	Plan von Helgoland	1708
LAS 174, 151	Zeichnung der vermuteten Ausdehnung Helgolands im 8., 13. und 17. Jahrhundert	19. Jh.

Niedersächsisches Staatsarchiv in Stade

Handschriften, Nr. 6	*Geographische Beschreibung u. a. der Insel Helgoland*	*1718*

Adelige Güterdistrikte

LAS 129.10, 10	Einführung von SchuPfPr in sämtliche Güter	1813
LAS 50b, 422	Obergerichtliches SchuPfPr, Band 1 mit Register	1801-1886
LAS 50b, 423	Obergerichtliches SchuPfPr, Band 2 mit Register	1837-1886
LAS 50b, 424	Obergerichtliches SchuPfPr (Nebenbuch) Band 1	1801-1886
LAS 50b, 425	Obergerichtliches SchuPfPr (Nebenbuch) Band 2	1829-1886
LAS 50b, 426	Obergerichtliches SchuPfPr (Nebenbuch) Band 3	1856-1886
LAS 400.5, 434	Alphabetisches Verzeichnis der adeligen Güter mit Angaben über Größe, Zubehör, Besitzer, Preise etc.	um 1825
LAS 309, 19461	Auflösung der Gutsbezirke	1928
LAS 66, 6031	Güter und privilegierte Grundstücke	1765-1774
LAS 66, 2328	Fuhrregister	1801-1805
LAS 66, 2326	Fuhrregister	1801-1802
LAS 66, 679.3	Landumsätze	1809-1817
LAS 60, 534	Landumsätze	1848-1865
LAS 309, 7288	Besitzwechsel der adeligen Güter	1868
LAS 309, 17377	Zerteilung von Grundstücken und Gründung neuer Ansiedelungen, sowie Eingehen solcher Stellen. Erbbaurecht	1868-1907
LAS 309, 16264	Landumsätze	1869-1877
LAS 309, 17411	Regelung der Besitzverhältnisse der in Zeitpacht befindlichen bäuerlichen Grundstücke auf den adeligen Gütern	1873
LAS 309, 17376	Regelung der Besitzverhältnisse der in Zeitpacht befindlichen bäuerlichen Grundstücke auf den holsteinischen adeligen Gütern	1873-1921
LAS 199, 6	Pflugzahlregister (Güter, Klöster)	1739
LAS 66, 5239-5240	Pflugzahl der adeligen Güter und Meierhöfe	1784-1822
LAS 66, 1999	Landsteuer-Register	1802-1808
LAS 66, 5324	Haussteuer	1803-1844

LAS 199, 9	Ansetzung der unter die Zahl der adeligen Güter aufgenommenen vormaligen Meierhöfe zu einer verhältnismäßigen Pflugzahl	1808-1817
LAS 66, 8446	Einstweilige Ansetzung einiger abgetrennter Meierhöfe zur Pflugzahl	1813
LAS 66, 942.1-942.3	Halbprozent-Steuerlisten	1838-1840
LAS 66, 942.4-942.5	Halbprozent-Steuerlisten	1841-1842
LAS 66, 948.1	Halbprozent-Steuerlisten	1843
LAS 66, 948.2	Halbprozent-Steuerlisten	1843
LAS 66, 6135	Verzeichnisse der Halbprozent-Steuerfälle	1844
LAS 66, 7343	Halbprozent-Steuerlisten	1846-1847

Combiniertes Adeliges Gutsgericht zu Oldesloe:

LAS 127.32, 1	Gerichtsprotokoll, Tom. I	1806-1814
LAS 127.32, 2	Gerichtsprotokoll, Tom. II	1814-1821
LAS 127.32, 3	Gerichtsprotokoll, Tom. III	1821-1826
LAS 127.32, 4	Gerichtsprotokoll, Tom. IV	1826-1829
LAS 127.32, 5	Gerichtsprotokoll, Tom. V	1829-1833
LAS 127.32, 6	Gerichtsprotokoll, Tom. VI	1833-1837
LAS 127.32, 7	Gerichtsprotokoll, Tom. VII	1837-1842
LAS 127.32, 8	Gerichtsprotokoll, Tom. VIII	1842-1846
LAS 127.32, 9	Gerichtsprotokoll, Tom. IX	1846-1850
LAS 127.32, 10	Gerichtsprotokoll, Tom. X	1850-1854
LAS 127.32, 11	Gerichtsprotokoll, Tom. XI	1854-1859
LAS 127.32, 12	Gerichtsprotokoll, Tom. XII	1859-1866
LAS 127.32, 13	Gerichtsprotokoll, Tom. XIII	1866-1867

Itzehoer Güterdistrikt

LAS 50b, 382	SchuPfPr mit Register	1796-1820
LAS 50b, 384	SchuPfPr, Band I, Teil 2 mit Register	1820-1886
LAS 50b, 399	SchuPfPr, IV. Distrikt, 2. Band mit Register	1809-1886
LAS 50b, 400	SchuPfPr, IV. Distrikt, 3. Band mit Register	1814-1886
LAS 50b, 401	SchuPfPr, IV. Distrikt, 4. Band	1814-1886
LAS 50b, 402	SchuPfPr des Landgerichts, Nebenbuch Bd. 1, pag. 1-1567	1796-1807
LAS 50b, 403	SchuPfPr des Landgerichts, Nebenbuch Bd. 2, pag. 1568-2520	1807-1811
LAS 50b, 404	SchuPfPr des Landgerichts, Nebenbuch Bd. 3, pag. 2521-3378	1811-1812
LAS 50b, 405	SchuPfPr des Landgerichts, Nebenbuch Bd. 4, pag. 3379-4513	1812-1814

LAS 50b, 406	SchuPfPr des Landgerichts, Nebenbuch Bd. 5, pag. 4514-5664	1814-1817
LAS 50b, 407	SchuPfPr des Landgerichts, Nebenbuch Bd. 6, pag. 5665-6664	1817-1821
LAS 50b, 408	SchuPfPr des Landgerichts, Nebenbuch Bd. 7, pag. 6665-8088	1821-1827
LAS 50b, 409	SchuPfPr des Landgerichts, Nebenbuch Bd. 8, pag. 8089-9030	1827-1830
LAS 50b, 410	SchuPfPr des Landgerichts, Nebenbuch Bd. 9, pag. 9031-10130	1830-1833
LAS 50b, 411	SchuPfPr des Landgerichts, Nebenbuch Bd. 10, pag. 10131-11181	1833-1839
LAS 50b, 412	SchuPfPr des Landgerichts, Nebenbuch Bd. 11, pag. 11182-12230	1839-1844
LAS 50b, 413	SchuPfPr des Landgerichts, Nebenbuch Bd. 12, pag. 12231-13096	1844-1851
LAS 50b, 414	SchuPfPr des Landgerichts, Nebenbuch Bd. 13, pag. 13097-14021	1851-1857
LAS 50b, 415	SchuPfPr des Landgerichts, Nebenbuch Bd. 14, pag. 14022-14947	1857-1861
LAS 50b, 416	SchuPfPr des Landgerichts, Nebenbuch Bd. 15, pag. 14948-15907	1861-1867
LAS 50b, 417	SchuPfPr des Landgerichts, Nebenbuch Bd. 16, pag. 15908-16886	1867-1871
LAS 50b, 418	SchuPfPr des Landgerichts, Nebenbuch Bd. 17, pag. 16887-17900	1871-1875
LAS 50b, 419	SchuPfPr des Landgerichts, Nebenbuch Bd. 18, pag. 17901-18625	1875-1879
LAS 50b, 420	SchuPfPr des Landgerichts, Nebenbuch Bd. 19, pag. 18626-19390	1879-1885
LAS 50b, 421	SchuPfPr des Landgerichts, Nebenbuch Bd. 20, pag. 19391-19492	1885-1886
LAS 50b, 422	Obergerichtliches SchuPfPr, Band 1	1801-1886
LAS 50b, 423	Obergerichtliches SchuPfPr, Band 2	1837-1886
LAS 50b, 424	Obergerichtliches SchuPfPr, Nebenbuch, Band 1	1801-1886
LAS 50b, 425	Obergerichtliches SchuPfPr, Nebenbuch, Band 2	1829-1886
LAS 50b, 426	Obergerichtliches SchuPfPr, Nebenbuch, Band 3	1856-1886
LAS 66, 5932	Landsteuerregister	1803
LAS 66, 5324	Haussteuer	1803-1844
LAS 152, 17-19	Steuerregulierung	1803-1804

LAS 152, 20	Steuerregister	1804
LAS 66, 7160	Mannzahl- und Schatzprotokolle	1810
LAS 66, 7161	Mannzahl- und Schatzprotokolle	1811
LAS 152, 50	Mannzahl- und Schatzprotokoll	1811-1813
LAS 66, 7162	Mannzahl- und Schatzprotokolle	1812-1813
LAS 66, 5930	Landsteuerregister	1813
LAS 66, 7163	Mannzahl- und Schatzprotokolle	1814
LAS 152, 51	Mannzahl- und Schatzprotokoll	1814
LAS 415, 5415	Volkszähllisten	1835
LAS 415, 5440	Volkszähllisten	1840
LAS 415, 5472	Volkszähllisten	1845

Gut Haselau

LAS 127.14, 1	SchuPfPr	18./19. Jh.
LAS 127.14, 2	SchuPfPr (Nebenbuch)	1882-1884
LAS 127.14, 3	Kontraktenprotokoll	1789-1811
LAS 127.14, 3a	Kontraktenprotokoll	1811-1828
LAS 127.14, 4	Kontraktenprotokoll	1828-1845
LAS 127.14, 5	Kontraktenprotokoll	1845-1867
LAS 127.14, 6	Kontraktenprotokoll	1868-1882
LAS 400.5, 445	Gutsrechnung	1740-1741
LAS 65.1, 603	Haselau und Haseldorf	1694-1728
LAS 66, 6263	Beilagen zum Mannzahl- und Schatzprotokoll (Nr. 1-199)	1789
LAS 66, 6264	Beilagen zum Mannzahl- und Schatzprotokoll (Nr. 200-350)	1789
LAS 66, 6265	Beilagen zum Mannzahl- und Schatzprotokoll (Nr. 351-492)	1789
LAS 309 Flur (11), 30	Flurbuch	1877
LAS 412, 416	Volkszählregister	1803
LAS 412, 730	Volkszählregister	1860
LAS 412, 1130	Volkszählregister	1864
LAS 402 A 54, 178	Karte	18. Jh.
LAS 402 A 47, 40	Kartenausschnitte	o. J.

Gutsarchiv:

LAS 127.7 Gutsarchiv, 1372	Einführung eines SchuPfPr	1809-1813
LAS 127.7 Gutsarchiv Anhang, 36	Eigentumsprotokoll	1758-1805
LAS 127.7 Gutsarchiv Anhang, 37	SchuPfPr	1806
LAS 127.7 Gutsarchiv, 1852	Vergleichsprotokoll	1715
LAS 127.7 Gutsarchiv, 1855	Pfand- und Löschungsprotokoll	1722
LAS 127.7 Gutsarchiv, 1957	Rechnungsbücher	1610-1682
LAS 127.7 Gutsarchiv, 1958	Rechnungsbücher	1726-1734
LAS 127.7 Gutsarchiv, 1959	Rechnungsbücher	1735-1763
LAS 127.7 Gutsarchiv, 1960	Rechnungsbücher	1758-1763
LAS 127.7 Gutsarchiv, 1961	Rechnungsbücher	1764-1770
LAS 127.7 Gutsarchiv, 1962	Rechnungsbücher	1817-1824
LAS 127.7 Gutsarchiv, 1963	Rechnungsbücher	1824-1832
LAS 127.7 Gutsarchiv, 1964	Rechnungsbücher	1832-1836
LAS 127.7 Gutsarchiv, 1965	Rechnungsbücher	1836-1840
LAS 127.7 Gutsarchiv, 1966	Rechnungsbücher	1840-1844
LAS 127.7 Gutsarchiv, 1967	Rechnungsbücher	1844-1847
LAS 127.7 Gutsarchiv Anhang, 238	Kassabuch	1739
LAS 127.7 Gutsarchiv Anhang, 239	Kassabuch	1740
LAS 127.7 Gutsarchiv Anhang, 240	Kassabuch	1741
LAS 127.7 Gutsarchiv Anhang, 241	Kassabuch	1742
LAS 127.7 Gutsarchiv Anhang, 242	Kassabuch	1743
LAS 127.7 Gutsarchiv Anhang, 243	Kassabuch	1744
LAS 127.7 Gutsarchiv Anhang, 244	Kassabuch	1745
LAS 127.7 Gutsarchiv Anhang, 245	Kassabuch	1746
LAS 127.7 Gutsarchiv Anhang, 246	Kassabuch	1747
LAS 127.7 Gutsarchiv Anhang, 251	Kassabuch	1748
LAS 127.7 Gutsarchiv Anhang, 252	Hebungsregister	1749-1750
LAS 127.7 Gutsarchiv Anhang, 253	Kassabuch	1749
LAS 127.7 Gutsarchiv Anhang, 254	Hebungsregister	1750-1751
LAS 127.7 Gutsarchiv Anhang, 255	Kassabuch	1751
LAS 127.7 Gutsarchiv Anhang, 256	Kassabuch	1752
LAS 127.7 Gutsarchiv Anhang, 257	Kassabuch	1753
LAS 127.7 Gutsarchiv Anhang, 258	Kassabuch	1754
LAS 127.7 Gutsarchiv Anhang, 259	Kassabuch	1757
LAS 127.7 Gutsarchiv Anhang, 260	Kassabuch	1758
LAS 127.7 Gutsarchiv Anhang, 261	Kassabuch	1759
LAS 127.7 Gutsarchiv Anhang, 262	Kassabuch	1760
LAS 127.7 Gutsarchiv Anhang, 263	Kassabuch	1761
LAS 127.7 Gutsarchiv Anhang, 264	Kassabuch	1762
LAS 127.7 Gutsarchiv Anhang, 265	Kassabuch	1763
LAS 127.7 Gutsarchiv Anhang, 266	Kassabuch	1764

LAS 127.7 Gutsarchiv Anhang, 267	Kassabuch	1765
LAS 127.7 Gutsarchiv Anhang, 268	Kassabuch	1766
LAS 127.7 Gutsarchiv Anhang, 269	Kassabuch	1767
LAS 127.7 Gutsarchiv Anhang, 270	Kassabuch	1768
LAS 127.7 Gutsarchiv Anhang, 271	Kassabuch	1769
LAS 127.7 Gutsarchiv Anhang, 272	Kassabuch	1770
LAS 127.7 Gutsarchiv Anhang, 273	Kassabuch	1771
LAS 127.7 Gutsarchiv Anhang, 274	Kassabuch	1772
LAS 127.7 Gutsarchiv Anhang, 275	Kassabuch	1773
LAS 127.7 Gutsarchiv Anhang, 276	Kassabuch	1774
LAS 127.7 Gutsarchiv Anhang, 277	Kassabuch	1775
LAS 127.7 Gutsarchiv Anhang, 278	Kassabuch	1776
LAS 127.7 Gutsarchiv Anhang, 279	Kassabuch	1777
LAS 127.7 Gutsarchiv Anhang, 280	Kassabuch	1778
LAS 127.7 Gutsarchiv Anhang, 281	Kassabuch	1779
LAS 127.7 Gutsarchiv Anhang, 282	Kassabuch	1780
LAS 127.7 Gutsarchiv Anhang, 283	Kassabuch	1781
LAS 127.7 Gutsarchiv Anhang, 284	Kassabuch	1782
LAS 127.7 Gutsarchiv Anhang, 285	Kassabuch	1783
LAS 127.7 Gutsarchiv Anhang, 286	Kassabuch	1784
LAS 127.7 Gutsarchiv Anhang, 287	Kassabuch	1785
LAS 127.7 Gutsarchiv Anhang, 288	Kassabuch	1786
LAS 127.7 Gutsarchiv Anhang, 289	Kassabuch	1787
LAS 127.7 Gutsarchiv Anhang, 290	Kassabuch	1788
LAS 127.7 Gutsarchiv Anhang, 291	Kassabuch	1789
LAS 127.7 Gutsarchiv Anhang, 292	Kassabuch	1790
LAS 127.7 Gutsarchiv Anhang, 293	Kassabuch	1791
LAS 127.7 Gutsarchiv Anhang, 294	Kassabuch	1792
LAS 127.7 Gutsarchiv Anhang, 295	Kassabuch	1793
LAS 127.7 Gutsarchiv Anhang, 296	Kassabuch	1794
LAS 127.7 Gutsarchiv Anhang, 297	Kassabuch	1795
LAS 127.7 Gutsarchiv Anhang, 298	Kassabuch	1796
LAS 127.7 Gutsarchiv Anhang, 299	Kassabuch	1797
LAS 127.7 Gutsarchiv Anhang, 300	Kassabuch	1799
LAS 127.7 Gutsarchiv Anhang, 301	Kassabuch	1800
LAS 127.7 Gutsarchiv Anhang, 302	Kassabuch	1801
LAS 127.7 Gutsarchiv Anhang, 303	Kassabuch	1802
LAS 127.7 Gutsarchiv Anhang, 304	Kassabuch	1803
LAS 127.7 Gutsarchiv Anhang, 305	Kassabuch	1803
LAS 127.7 Gutsarchiv Anhang, 306	Kassabuch	1804
LAS 127.7 Gutsarchiv Anhang, 307	Kassabuch	1805
LAS 127.7 Gutsarchiv Anhang, 308	Kassabuch	1806
LAS 127.7 Gutsarchiv Anhang, 309	Kassabuch	1807
LAS 127.7 Gutsarchiv Anhang, 310	Kassabuch	1808
LAS 127.7 Gutsarchiv Anhang, 311	Kassabuch	1809

LAS 127.7 Gutsarchiv Anhang, 312	Kassabuch	1810
LAS 127.7 Gutsarchiv Anhang, 313	Kassabuch	1811
LAS 127.7 Gutsarchiv Anhang, 314	Kassabuch	1812
LAS 127.7 Gutsarchiv Anhang, 315	Kassabuch	1813
LAS 127.7 Gutsarchiv Anhang, 316	Kassabuch	1814
LAS 127.7 Gutsarchiv Anhang, 317	Kassabuch	1815
LAS 127.7 Gutsarchiv Anhang, 318	Kassabuch	1816
LAS 127.7 Gutsarchiv Anhang, 319	Kassabuch	1817
LAS 127.7 Gutsarchiv Anhang, 320	Kassabuch	1819
LAS 127.7 Gutsarchiv Anhang, 321	Kassabuch	1820
LAS 127.7 Gutsarchiv Anhang, 322	Kassabuch	1821
LAS 127.7 Gutsarchiv Anhang, 323	Kassabuch	1822
LAS 127.7 Gutsarchiv Anhang, 324	Kassabuch	1823
LAS 127.7 Gutsarchiv Anhang, 325	Kassabuch	1824
LAS 127.7 Gutsarchiv Anhang, 326	Kassabuch	1825
LAS 127.7 Gutsarchiv Anhang, 327	Kassabuch	1826
LAS 127.7 Gutsarchiv Anhang, 328	Kassabuch	1827
LAS 127.7 Gutsarchiv Anhang, 329	Kassabuch	1828
LAS 127.7 Gutsarchiv Anhang, 330	Kassabuch	1829
LAS 127.7 Gutsarchiv Anhang, 331	Kassabuch	1840
LAS 127.7 Gutsarchiv Anhang, 332	Kassabuch	1848
LAS 127.7 Gutsarchiv Anhang, 333	Kassabuch	1849
LAS 127.7 Gutsarchiv Anhang, 334	Kassabuch	1850
LAS 127.7 Gutsarchiv Anhang, 335	Kassabuch	1851
LAS 127.7 Gutsarchiv Anhang, 336	Kassabuch	1852
LAS 127.7 Gutsarchiv Anhang, 337	Kassabuch	1853
LAS 127.7 Gutsarchiv Anhang, 338	Kassabuch	1854
LAS 127.7 Gutsarchiv Anhang, 339	Kassabuch	1855
LAS 127.7 Gutsarchiv Anhang, 340	Kassabuch	1856
LAS 127.7 Gutsarchiv Anhang, 341	Kassabuch	1857
LAS 127.7 Gutsarchiv Anhang, 342	Kassabuch	1858
LAS 127.7 Gutsarchiv Anhang, 343	Kassabuch	1859
LAS 127.7 Gutsarchiv Anhang, 344	Kassabuch	1860
LAS 127.7 Gutsarchiv Anhang, 345	Kassabuch	1861
LAS 127.7 Gutsarchiv Anhang, 346	Kassabuch	1862
LAS 127.7 Gutsarchiv Anhang, 347	Kassabuch	1863
LAS 127.7 Gutsarchiv Anhang, 348	Kassabuch	1864
LAS 127.7 Gutsarchiv Anhang, 349	Kassabuch	1865
LAS 127.7 Gutsarchiv Anhang, 350	Kassabuch	1866
LAS 127.7 Gutsarchiv Anhang, 351	Kassabuch	1867
LAS 127.7 Gutsarchiv Anhang, 352	Kassabuch	1868
LAS 127.7 Gutsarchiv Anhang, 353	Kassabuch	1869
LAS 127.7 Gutsarchiv Anhang, 354	Kassabuch	1870
LAS 127.7 Gutsarchiv Anhang, 355	Kassabuch	1871
LAS 127.7 Gutsarchiv Anhang, 356	Kassabuch	1872

LAS 127.7 Gutsarchiv Anhang, 357	Kassabuch	1873
LAS 127.7 Gutsarchiv Anhang, 358	Kassabuch	1874
LAS 127.7 Gutsarchiv Anhang, 359	Kassabuch	1875
LAS 127.7 Gutsarchiv Anhang, 360	Kassabuch	1876
LAS 127.7 Gutsarchiv Anhang, 361	Kassabuch	1877
LAS 127.7 Gutsarchiv Anhang, 362	Kassabuch	1878
LAS 127.7 Gutsarchiv Anhang, 363	Kassabuch	1879
LAS 127.7 Gutsarchiv Anhang, 364	Kassabuch	1880
LAS 127.7 Gutsarchiv Anhang, 365	Kassabuch	1881
LAS 127.7 Gutsarchiv Anhang, 366	Kassabuch	1882
LAS 127.7 Gutsarchiv Anhang, 367	Kassabuch	1883
LAS 127.7 Gutsarchiv Anhang, 368	Kassabuch	1884
LAS 127.7 Gutsarchiv Anhang, 369	Kassabuch	1885
LAS 127.7 Gutsarchiv Anhang, 370	Kassabuch	1886
LAS 127.7 Gutsarchiv Anhang, 371	Kassabuch	1887
LAS 127.7 Gutsarchiv Anhang, 372	Kassabuch	1888
LAS 127.7 Gutsarchiv Anhang, 373	Kassabuch	1889
LAS 127.7 Gutsarchiv Anhang, 374	Kassabuch	1890
LAS 127.7 Gutsarchiv Anhang, 375	Kassabuch	1891
LAS 127.7 Gutsarchiv Anhang, 376	Kassabuch	1892
LAS 127.7 Gutsarchiv Anhang, 377	Kassabuch	1893
LAS 127.7 Gutsarchiv Anhang, 378	Kassabuch	1894
LAS 127.7 Gutsarchiv Anhang, 379	Kassabuch	1895
LAS 127.7 Gutsarchiv Anhang, 380	Kassabuch	1896
LAS 127.7 Gutsarchiv Anhang, 381	Kassabuch	1897
LAS 127.7 Gutsarchiv Anhang, 382	Kassabuch	1898
LAS 127.7 Gutsarchiv Anhang, 383	Kassabuch	1899
LAS 127.7 Gutsarchiv Anhang, 384	Kassabuch	1900
LAS 127.7 Gutsarchiv Anhang, 385	Kassabuch	1901
LAS 127.7 Gutsarchiv Anhang, 386	Kassabuch	1902
LAS 127.7 Gutsarchiv Anhang, 387	Kassabuch	1903
LAS 127.7 Gutsarchiv Anhang, 388	Kassabuch	1904

LAS 127.7 Gutsarchiv, 1428	Die Untergehörigen	1600-1646
LAS 127.7 Gutsarchiv, 1429	Die Untergehörigen	1648-1870

LAS 127.7 Gutsarchiv, 1431-1465	Nachrichten über die Gutsuntergehörigen in alphabetischer Reihenfolge	1650-1863

Hierzu bitte Findbuch Abt. 127.7 Gut Haseldorf, S. 260-438 heranziehen!

LAS 127.7 Gutsarchiv, 1423	Streit mit den Untertanen	1664
LAS 127.7 Gutsarchiv, 1365	Hauptbuch der Untertanenstellen	1679
LAS 127.7 Gutsarchiv, 1366	Landregister	1697-1750
LAS 127.7 Gutsarchiv, 1367	Landregister	1715

LAS 127.7 Gutsarchiv, 1371	Verpachtungsprotokolle	1769-1771
LAS 127.7 Gutsarchiv Anhang, 42	Verpachtungsprotokoll	1861-1901
LAS 127.7 Gutsarchiv, 1385	Die sogenannte Gemeindeweide	1870-1881
LAS 127.7 Gutsarchiv, 1920	Anlagen zu den Hebungsregistern	1616-1667
LAS 127.7 Gutsarchiv, 1921	Hebungsregister	1631-1677
LAS 127.7 Gutsarchiv, 1922	Hebungsregister	1677-1681
LAS 127.7 Gutsarchiv, 1923	Hebungsregister	1682-1691
LAS 127.7 Gutsarchiv, 1924	Hebungsregister	1692-1719
LAS 127.7 Gutsarchiv, 1925	Hebungsregister	1720-1729
LAS 127.7 Gutsarchiv, 1926	Hebungsregister	1729-1741
LAS 127.7 Gutsarchiv, 1927	Hebungsregister	1741-1750
LAS 127.7 Gutsarchiv Anhang, 477	Hebungsjournal	1883
LAS 127.7 Gutsarchiv Anhang, 478	Hebungsjournal	1883
LAS 127.7 Gutsarchiv Anhang, 479	Hebungsjournal	1884
LAS 127.7 Gutsarchiv Anhang, 480	Hebungsjournal	1885
LAS 127.7 Gutsarchiv Anhang, 481	Hebungsjournal	1886
LAS 127.7 Gutsarchiv Anhang, 506	Hebungsregister	1910
LAS 127.7 Gutsarchiv Anhang, 507	Hebungsregister	1911
LAS 127.7 Gutsarchiv Anhang, 508	Hebungsregister	1912
LAS 127.7 Gutsarchiv Anhang, 509	Hebungsregister	1913
LAS 127.7 Gutsarchiv Anhang, 510	Hebungsregister	1914
LAS 127.7 Gutsarchiv Anhang, 511	Hebungsregister	1915
LAS 127.7 Gutsarchiv Anhang, 512	Hebungsregister	1916
LAS 127.7 Gutsarchiv Anhang, 513	Hebungsregister	1917
LAS 127.7 Gutsarchiv Anhang, 514	Hebungsregister	1918
LAS 127.7 Gutsarchiv Anhang, 515	Hebungsregister	1919
LAS 127.7 Gutsarchiv Anhang, 516	Hebungsregister	1920
LAS 127.7 Gutsarchiv Anhang, 517	Hebungsregister	1921
LAS 127.7 Gutsarchiv Anhang, 518	Hebungsregister	1922
LAS 127.7 Gutsarchiv, 1902	Die mit Reallasten belasteten Ländereien sowie Ablösung derselben	1873
LAS 127.7 Gutsarchiv, 1307	Karte	1707
LAS 127.7 Gutsarchiv, 1305	Karte	1794

Altendeich
- Bishorst

LAS 415, 2410	Karte von Bishorst	o. J.
LAS 415, 2411	Karte von Bishorst	o. J.
LAS 415, 2412	Karte von Bishorst	o. J.

LAS 415, 2413	Karte von Bishorst	o. J.
LAS 415, 2414	Karte von Bishorst	o. J.
LAS 415, 2415	Karte von Bishorst	o. J.
LAS „Fremde Archive“ 93, 153	*Den Hof Bishorst betreffend*	*1745*

Audeich
- Kreuzdeich

Haselau
- Bullenkuhlen **- Haselauer Kamperrege** **- Heisterfeld**

LAS 309 Geb. St., 669	Gebäudesteuer	1867
LAS 309 Flur (11), 30	Flurbuch	1877
LAS 309, 14934	Ablösung der Reallasten	1877-1880
LAS 355.61, 127	Erbhofakten	1933-1940
LAS 355.10, 1704	Erbhöferolle	1934-1940
LAS 402 A 47, 38-39	Auszug aus der Grundsteuer-Gemarkungskarte	1878
LAS 415, 2515	Auszug aus der Gemarkungskarte, Blatt 2	1878
LAS 415, 2516	Auszug aus der Gemarkungskarte, Blatt 3	1878
LAS 415, 2517	Auszug aus der Gemarkungskarte, Blatt 4	1878
LAS 415, 2518	Auszug aus der Gemarkungskarte, Blatt 5 und 14	1878
LAS 415, 2519	Auszug aus der Gemarkungskarte, Blatt 6	1878
LAS 415, 2520	Auszug aus der Gemarkungskarte, Blatt 8,11,12	1878
LAS 415, 2521	Auszug aus der Gemarkungskarte, Blatt 9 und 16	1878
LAS 415, 2522	Auszug aus der Gemarkungskarte, Blatt 13	1878
LAS 415, 2523	Auszug aus der Gemarkungskarte, Blatt 15	1878

Hohenhorst
- Haselauer Mühlenwurth

Gut Haseldorf

LAS 127.7, 10	SchuPfPr, Bd. I	18./19. Jh.
LAS 127.7, 11	SchuPfPr, Bd. II	18./19. Jh.
LAS 127.7, 8	Dem Eigentumsprotokoll inserierte Originale von Verkaufs- und Überlassungsurkunden	1749-1799
LAS 127.7, 12	Kontraktenprotokoll	1759-1794
LAS 127.7, 13	Kontraktenprotokoll	1794-1814
LAS 127.7, 14	Kontraktenprotokoll	1760-1818
LAS 127.7, 16	Kontraktenprotokoll	1814-1832
LAS 127.7, 17	Kontraktenprotokoll	1832-1863
LAS 127.7, 18	Kontraktenprotokoll	1859-1877
LAS 127.7, 19	Kontraktenprotokoll	1878-1885
LAS 127.7, 20	Kontraktenprotokoll	1881-1885
LAS 127.7, 1	Gerichtsprotokoll	1787-1796
LAS 127.7, 2	Gerichtsprotokoll	1793-1797
LAS 127.7, 3	Gerichtsprotokoll	1797-1807
LAS 127.7, 4	Gerichtsprotokoll	1807-1811
LAS 127.7, 5	Gerichtsprotokoll	1819-1827
LAS 127.7, 6	Gerichtsprotokoll	1827-1837
LAS 127.7, 7	Gerichtsprotokoll	1837-1861
LAS 65.1, 603	Haselau und Haseldorf	1694-1728
LAS 66, 6263	Beilagen zum Mannzahl- und Schatzprotokoll (Nr. 1-199)	1789
LAS 66, 6264	Beilagen zum Mannzahl- und Schatzprotokoll (Nr. 200-350)	1789
LAS 66, 6265	Beilagen zum Mannzahl- und Schatzprotokoll (Nr. 351-492)	1789
LAS 309 Flur (11), 31	Flurbuch	1877
LAS 127.7, 24	Testamente	18. Jh.-1867
LAS 412, 417	Volkszählregister	1803
LAS 412, 731	Volkszählregister	1860
LAS 412, 1131	Volkszählregister	1864

LAS 402 A 54, 153	Karte	18. Jh.
LAS 415, 2338	Auszug aus dem Messtischblatt 2323	1878
LAS 402 A 47, 41-42	Auszug aus der Grundsteuer-Gemarkungskarte	1878
LAS 402 A 47, 43-44	Auszug aus der Grundsteuer-Gemarkungskarte	1878

Gutsarchiv:

LAS 127.7 Gutsarchiv, 1850	Landbuch oder SchuPfPr	1636-1652
LAS 127.7 Gutsarchiv, 1850a	Landbuch oder SchuPfPr	1654-1691
LAS 127.7 Gutsarchiv, 1422	Obligation der Großkätner	1664
LAS 127.7 Gutsarchiv, 1851	Pfand- und Löschungsprotokoll	1690
LAS 127.7 Gutsarchiv Anhang, 35	SchuPfPr	1802
LAS 127.7 Gutsarchiv, 1372	Einführung eines SchuPfPr	1809-1813
LAS 127.7 Gutsarchiv Anhang, 32	Landbuch	1780
LAS 127.7 Gutsarchiv Anhang, 33	Eigentumsprotokoll	1758-1798
LAS 127.7 Gutsarchiv Anhang, 34	Erbpachtsfälle	1810
LAS 127.7 Gutsarchiv, 1929	Umschlagsrechnungen	1612-1625
LAS 127.7 Gutsarchiv, 1930	Umschlagsrechnungen	1670-1731
LAS 127.7 Gutsarchiv, 1931	Anlagen zu den Umschlags-rechnungen	1494-1629
LAS 127.7 Gutsarchiv, 1932	Anlagen zu den Umschlags-rechnungen	1630-1637
LAS 127.7 Gutsarchiv, 1933	Anlagen zu den Umschlags-rechnungen	1638-1642
LAS 127.7 Gutsarchiv, 1934	Anlagen zu den Umschlags-rechnungen	1643-1647
LAS 127.7 Gutsarchiv, 1935	Anlagen zu den Umschlags-rechnungen	1648-1651
LAS 127.7 Gutsarchiv, 1936	Anlagen zu den Umschlags-rechnungen	1652-1661
LAS 127.7 Gutsarchiv, 1937	Anlagen zu den Umschlags-rechnungen	1661-1667
LAS 127.7 Gutsarchiv, 1938	Anlagen zu den Umschlags-rechnungen	1668-1674
LAS 127.7 Gutsarchiv, 1939	Anlagen zu den Umschlags-rechnungen	1675-1709
LAS 127.7 Gutsarchiv, 1940	Anlagen zu den Umschlags-rechnungen	1710-1721
LAS 127.7 Gutsarchiv, 1941	Anlagen zu den Umschlags-rechnungen	1722-1735

LAS 127.7 Gutsarchiv, 1942	Anlagen zu den Umschlags-rechnungen	1736-1793
LAS 127.7 Gutsarchiv, 1943	Rechnungsbücher	1599-1637
LAS 127.7 Gutsarchiv, 1944	Rechnungsbücher	1637-1664
LAS 127.7 Gutsarchiv, 1945	Rechnungsbücher	1709-1727
LAS 127.7 Gutsarchiv, 1946	Rechnungsbücher	1756-1810
LAS 127.7 Gutsarchiv, 1947	Rechnungsbücher	1811-1814
LAS 127.7 Gutsarchiv, 1948	Rechnungsbücher	1815-1817
LAS 127.7 Gutsarchiv, 1949	Rechnungsbücher	1818-1823
LAS 127.7 Gutsarchiv, 1950	Rechnungsbücher	1824-1827
LAS 127.7 Gutsarchiv, 1951	Rechnungsbücher	1828-1830
LAS 127.7 Gutsarchiv, 1952	Rechnungsbücher	1831-1833
LAS 127.7 Gutsarchiv, 1953	Rechnungsbücher	1834-1837
LAS 127.7 Gutsarchiv, 1954	Rechnungsbücher	1837-1840
LAS 127.7 Gutsarchiv, 1955	Rechnungsbücher	1840-1843
LAS 127.7 Gutsarchiv, 1956	Rechnungsbücher	1843-1847
LAS 127.7 Gutsarchiv, 1979	Belege zu den Rechnungen	1861-1871
LAS 127.7 Gutsarchiv, 1980	Belege zu den Rechnungen	1832-1872
LAS 127.7 Gutsarchiv, 1981	Belege zu den Rechnungen	1873-1880
LAS 127.7 Gutsarchiv, 1982	Belege zu den Rechnungen	1883-1886
LAS 127.7 Gutsarchiv, 1983	Belege zu den Rechnungen	1886-1893
LAS 127.7 Gutsarchiv, 1984	Belege zu den Rechnungen	1899-1900
LAS 127.7 Gutsarchiv, 1985	Belege zu den Rechnungen	1900-1901
LAS 127.7 Gutsarchiv, 1986	Belege zu den Rechnungen	1901-1902
LAS 127.7 Gutsarchiv, 1987	Belege zu den Rechnungen	1902
LAS 127.7 Gutsarchiv, 1988	Belege zu den Rechnungen	1902-1903
LAS 127.7 Gutsarchiv, 1989	Belege zu den Rechnungen	1903
LAS 127.7 Gutsarchiv, 1990	Belege zu den Rechnungen	1903-1904
LAS 127.7 Gutsarchiv, 1991	Belege zu den Rechnungen	1904
LAS 127.7 Gutsarchiv, 1992	Belege zu den Rechnungen	1904-1905
LAS 127.7 Gutsarchiv, 1993	Belege zu den Rechnungen	1905-1906
LAS 127.7 Gutsarchiv, 1994	Belege zu den Rechnungen	1906-1907
LAS 127.7 Gutsarchiv, 1995	Belege zu den Rechnungen	1907-1908
LAS 127.7 Gutsarchiv, 1996	Belege zu den Rechnungen	1908-1909
LAS 127.7 Gutsarchiv, 1997	Belege zu den Rechnungen	1909-1910
LAS 127.7 Gutsarchiv, 1998	Belege zu den Rechnungen	1910-1911
LAS 127.7 Gutsarchiv, 1999	Belege zu den Rechnungen	1910-1911
LAS 127.7 Gutsarchiv, 2000	Belege zu den Rechnungen	1911-1912
LAS 127.7 Gutsarchiv, 2001	Belege zu den Rechnungen	1912-1913
LAS 127.7 Gutsarchiv, 2002	Belege zu den Rechnungen	1913
LAS 127.7 Gutsarchiv, 2003	Belege zu den Rechnungen	1913-1914
LAS 127.7 Gutsarchiv, 2004	Belege zu den Rechnungen	1914-1915
LAS 127.7 Gutsarchiv, 2005	Belege zu den Rechnungen	1915-1916

LAS 127.7 Gutsarchiv, 2006	Belege zu den Rechnungen	1916-1917
LAS 127.7 Gutsarchiv, 2007	Belege zu den Rechnungen	1917-1918
LAS 127.7 Gutsarchiv, 2008	Belege zu den Rechnungen	1918-1919
LAS 127.7 Gutsarchiv, 2008a	Belege zu den Rechnungen	1918-1919
LAS 127.7 Gutsarchiv, 2009	Belege zu den Rechnungen	1919-1920
LAS 127.7 Gutsarchiv, 2010	Belege zu den Rechnungen	1920-1921
LAS 127.7 Gutsarchiv, 2011	Belege zu den Rechnungen	1921-1922
LAS 127.7 Gutsarchiv Anhang, 451	Anlagen zu den Rechnungen	1884-1885
LAS 127.7 Gutsarchiv Anhang, 452	Anlagen zu den Rechnungen	1885-1886
LAS 127.7 Gutsarchiv Anhang, 453	Anlagen zu den Rechnungen	1886-1887
LAS 127.7 Gutsarchiv Anhang, 454	Anlagen zu den Rechnungen	1887-1888
LAS 127.7 Gutsarchiv Anhang, 455	Anlagen zu den Rechnungen	1888-1889
LAS 127.7 Gutsarchiv Anhang, 456	Anlagen zu den Rechnungen	1889-1890
LAS 127.7 Gutsarchiv Anhang, 457	Anlagen zu den Rechnungen	1890-1891
LAS 127.7 Gutsarchiv Anhang, 458	Anlagen zu den Rechnungen	1891-1892
LAS 127.7 Gutsarchiv Anhang, 459	Anlagen zu den Rechnungen	1892-1893
LAS 127.7 Gutsarchiv Anhang, 460	Anlagen zu den Rechnungen	1893-1894
LAS 127.7 Gutsarchiv Anhang, 461	Anlagen zu den Rechnungen	1894-1895
LAS 127.7 Gutsarchiv Anhang, 462	Anlagen zu den Rechnungen	1895-1897
LAS 127.7 Gutsarchiv Anhang, 463	Anlagen zu den Rechnungen	1897-1898
LAS 127.7 Gutsarchiv, 1393	Kornregister	1594-1619
LAS 127.7 Gutsarchiv, 1394	Kornregister	1620-1644
LAS 127.7 Gutsarchiv, 1395	Kornregister	1644-1710
LAS 127.7 Gutsarchiv, 1396	Kornregister	1710-1720
LAS 127.7 Gutsarchiv, 1397	Kornregister	1721-1744
LAS 127.7 Gutsarchiv, 1398	Verzeichnis der Kornlieferung	1689-1690
LAS 127.7 Gutsarchiv, 1399	Verzeichnis der Kornlieferung	1690
LAS 127.7 Gutsarchiv Anhang, 49	Kassabuch	1681
LAS 127.7 Gutsarchiv Anhang, 50	Kassabuch	1683
LAS 127.7 Gutsarchiv Anhang, 51	Kassabuch	1684
LAS 127.7 Gutsarchiv Anhang, 52	Kassabuch	1685
LAS 127.7 Gutsarchiv Anhang, 53	Kassabuch	1686
LAS 127.7 Gutsarchiv Anhang, 54	Kassabuch	1687
LAS 127.7 Gutsarchiv Anhang, 55	Kassabuch	1688
LAS 127.7 Gutsarchiv Anhang, 56	Kassabuch	1690
LAS 127.7 Gutsarchiv Anhang, 57	Kassabuch	1691
LAS 127.7 Gutsarchiv Anhang, 58	Kassabuch	1692
LAS 127.7 Gutsarchiv Anhang, 59	Kassabuch	1693
LAS 127.7 Gutsarchiv Anhang, 60	Kassabuch	1694
LAS 127.7 Gutsarchiv Anhang, 61	Kassabuch	1695
LAS 127.7 Gutsarchiv Anhang, 62	Kassabuch	1696

LAS 127.7 Gutsarchiv Anhang, 63	Kassabuch	1697
LAS 127.7 Gutsarchiv Anhang, 64	Kassabuch	1699
LAS 127.7 Gutsarchiv Anhang, 65	Kassabuch	1700
LAS 127.7 Gutsarchiv Anhang, 66	Kassabuch	1701
LAS 127.7 Gutsarchiv Anhang, 67	Kassabuch	1703
LAS 127.7 Gutsarchiv Anhang, 68	Kassabuch	1705
LAS 127.7 Gutsarchiv Anhang, 69	Kassabuch	1706
LAS 127.7 Gutsarchiv Anhang, 70	Kassabuch	1707
LAS 127.7 Gutsarchiv Anhang, 71	Kassabuch	1708
LAS 127.7 Gutsarchiv Anhang, 72	Kassabuch	1709
LAS 127.7 Gutsarchiv Anhang, 73	Kassabuch	1710
LAS 127.7 Gutsarchiv Anhang, 74	Kassabuch	1711
LAS 127.7 Gutsarchiv Anhang, 75	Kassabuch	1712
LAS 127.7 Gutsarchiv Anhang, 76	Kassabuch	1713
LAS 127.7 Gutsarchiv Anhang, 77	Kassabuch	1714
LAS 127.7 Gutsarchiv Anhang, 78	Kassabuch	1715
LAS 127.7 Gutsarchiv Anhang, 79	Kassabuch	1716
LAS 127.7 Gutsarchiv Anhang, 80	Kassabuch	1717
LAS 127.7 Gutsarchiv Anhang, 81	Kassabuch	1718
LAS 127.7 Gutsarchiv Anhang, 82	Kassabuch	1719
LAS 127.7 Gutsarchiv Anhang, 83	Kassabuch	1720
LAS 127.7 Gutsarchiv Anhang, 84	Kassabuch	1721
LAS 127.7 Gutsarchiv Anhang, 85	Kassabuch	1722
LAS 127.7 Gutsarchiv Anhang, 86	Kassabuch	1723
LAS 127.7 Gutsarchiv Anhang, 87	Kassabuch	1724
LAS 127.7 Gutsarchiv Anhang, 88	Kassabuch	1725
LAS 127.7 Gutsarchiv Anhang, 89	Kassabuch	1726
LAS 127.7 Gutsarchiv Anhang, 90	Kassabuch	1727
LAS 127.7 Gutsarchiv Anhang, 91	Kassabuch	1728
LAS 127.7 Gutsarchiv Anhang, 92	Kassabuch	1729
LAS 127.7 Gutsarchiv Anhang, 93	Kassabuch	1730
LAS 127.7 Gutsarchiv Anhang, 94	Kassabuch	1731
LAS 127.7 Gutsarchiv Anhang, 95	Kassabuch	1732
LAS 127.7 Gutsarchiv Anhang, 96	Kassabuch	1733
LAS 127.7 Gutsarchiv Anhang, 97	Kassabuch	1734
LAS 127.7 Gutsarchiv Anhang, 98	Kassabuch	1735
LAS 127.7 Gutsarchiv Anhang, 99	Kassabuch	1736
LAS 127.7 Gutsarchiv Anhang, 100	Kassabuch	1737
LAS 127.7 Gutsarchiv Anhang, 101	Kassabuch	1738
LAS 127.7 Gutsarchiv Anhang, 102	Kassabuch	1739
LAS 127.7 Gutsarchiv Anhang, 103	Kassabuch	1740
LAS 127.7 Gutsarchiv Anhang, 104	Kassabuch	1741
LAS 127.7 Gutsarchiv Anhang, 105	Kassabuch	1742
LAS 127.7 Gutsarchiv Anhang, 106	Kassabuch	1743
LAS 127.7 Gutsarchiv Anhang, 107	Kassabuch	1744

LAS 127.7 Gutsarchiv Anhang, 108	Kassabuch	1745
LAS 127.7 Gutsarchiv Anhang, 109	Kassabuch	1746
LAS 127.7 Gutsarchiv Anhang, 110	Kassabuch	1747
LAS 127.7 Gutsarchiv Anhang, 111	Kassabuch	1748
LAS 127.7 Gutsarchiv Anhang, 112	Kassabuch	1749
LAS 127.7 Gutsarchiv Anhang, 113	Kassabuch	1750
LAS 127.7 Gutsarchiv Anhang, 114	Kassabuch	1751
LAS 127.7 Gutsarchiv Anhang, 115	Kassabuch	1752
LAS 127.7 Gutsarchiv Anhang, 116	Kassabuch	1753
LAS 127.7 Gutsarchiv Anhang, 117	Kassabuch	1754
LAS 127.7 Gutsarchiv Anhang, 118	Kassabuch	1755
LAS 127.7 Gutsarchiv Anhang, 119	Kassabuch	1758
LAS 127.7 Gutsarchiv Anhang, 120	Kassabuch	1759
LAS 127.7 Gutsarchiv Anhang, 121	Kassabuch	1760
LAS 127.7 Gutsarchiv Anhang, 122	Kassabuch	1761
LAS 127.7 Gutsarchiv Anhang, 123	Kassabuch	1762
LAS 127.7 Gutsarchiv Anhang, 124	Kassabuch	1763
LAS 127.7 Gutsarchiv Anhang, 125	Kassabuch	1764
LAS 127.7 Gutsarchiv Anhang, 126	Kassabuch	1765
LAS 127.7 Gutsarchiv Anhang, 127	Kassabuch	1766
LAS 127.7 Gutsarchiv Anhang, 128	Kassabuch	1767
LAS 127.7 Gutsarchiv Anhang, 129	Kassabuch	1768
LAS 127.7 Gutsarchiv Anhang, 130	Kassabuch	1768
LAS 127.7 Gutsarchiv Anhang, 131	Kassabuch	1769
LAS 127.7 Gutsarchiv Anhang, 132	Kassabuch	1770
LAS 127.7 Gutsarchiv Anhang, 133	Kassabuch	1771
LAS 127.7 Gutsarchiv Anhang, 134	Kassabuch	1772
LAS 127.7 Gutsarchiv Anhang, 135	Kassabuch	1773
LAS 127.7 Gutsarchiv Anhang, 136	Kassabuch	1774
LAS 127.7 Gutsarchiv Anhang, 137	Kassabuch	1775
LAS 127.7 Gutsarchiv Anhang, 138	Kassabuch	1776
LAS 127.7 Gutsarchiv Anhang, 139	Kassabuch	1777
LAS 127.7 Gutsarchiv Anhang, 140	Kassabuch	1778
LAS 127.7 Gutsarchiv Anhang, 141	Kassabuch	1779
LAS 127.7 Gutsarchiv Anhang, 142	Kassabuch	1780
LAS 127.7 Gutsarchiv Anhang, 143	Kassabuch	1781
LAS 127.7 Gutsarchiv Anhang, 144	Kassabuch	1782
LAS 127.7 Gutsarchiv Anhang, 145	Kassabuch	1783
LAS 127.7 Gutsarchiv Anhang, 146	Kassabuch	1784
LAS 127.7 Gutsarchiv Anhang, 147	Kassabuch	1785
LAS 127.7 Gutsarchiv Anhang, 148	Kassabuch	1786
LAS 127.7 Gutsarchiv Anhang, 149	Kassabuch	1787
LAS 127.7 Gutsarchiv Anhang, 150	Kassabuch	1788
LAS 127.7 Gutsarchiv Anhang, 151	Kassabuch	1789
LAS 127.7 Gutsarchiv Anhang, 152	Kassabuch	1790

LAS 127.7 Gutsarchiv Anhang, 153	Kassabuch	1791
LAS 127.7 Gutsarchiv Anhang, 154	Kassabuch	1792
LAS 127.7 Gutsarchiv Anhang, 155	Kassabuch	1793
LAS 127.7 Gutsarchiv Anhang, 156	Kassabuch	1794
LAS 127.7 Gutsarchiv Anhang, 157	Kassabuch	1795
LAS 127.7 Gutsarchiv Anhang, 158	Kassabuch	1796
LAS 127.7 Gutsarchiv Anhang, 159	Kassabuch	1797
LAS 127.7 Gutsarchiv Anhang, 160	Kassabuch	1798
LAS 127.7 Gutsarchiv Anhang, 161	Kassabuch	1799
LAS 127.7 Gutsarchiv Anhang, 162	Kassabuch	1800
LAS 127.7 Gutsarchiv Anhang, 163	Kassabuch	1801
LAS 127.7 Gutsarchiv Anhang, 164	Kassabuch	1802
LAS 127.7 Gutsarchiv Anhang, 165	Kassabuch	1803
LAS 127.7 Gutsarchiv Anhang, 166	Kassabuch	1804
LAS 127.7 Gutsarchiv Anhang, 167	Kassabuch	1805
LAS 127.7 Gutsarchiv Anhang, 168	Kassabuch	1806
LAS 127.7 Gutsarchiv Anhang, 169	Kassabuch	1807
LAS 127.7 Gutsarchiv Anhang, 170	Kassabuch	1808
LAS 127.7 Gutsarchiv Anhang, 171	Kassabuch	1809
LAS 127.7 Gutsarchiv Anhang, 172	Kassabuch	1810
LAS 127.7 Gutsarchiv Anhang, 173	Kassabuch	1819
LAS 127.7 Gutsarchiv Anhang, 174	Kassabuch	1820
LAS 127.7 Gutsarchiv Anhang, 176	Kassabuch	1847
LAS 127.7 Gutsarchiv Anhang, 177	Kassabuch	1848
LAS 127.7 Gutsarchiv Anhang, 178	Kassabuch	1849
LAS 127.7 Gutsarchiv Anhang, 179	Kassabuch	1850
LAS 127.7 Gutsarchiv Anhang, 180	Kassabuch	1851
LAS 127.7 Gutsarchiv Anhang, 181	Kassabuch	1852
LAS 127.7 Gutsarchiv Anhang, 182	Kassabuch	1853
LAS 127.7 Gutsarchiv Anhang, 183	Kassabuch	1854
LAS 127.7 Gutsarchiv Anhang, 184	Kassabuch	1855
LAS 127.7 Gutsarchiv Anhang, 185	Kassabuch	1856
LAS 127.7 Gutsarchiv Anhang, 186	Kassabuch	1857
LAS 127.7 Gutsarchiv Anhang, 187	Kassabuch	1858
LAS 127.7 Gutsarchiv Anhang, 188	Kassabuch	1859
LAS 127.7 Gutsarchiv Anhang, 189	Kassabuch	1860
LAS 127.7 Gutsarchiv Anhang, 190	Kassabuch	1861
LAS 127.7 Gutsarchiv Anhang, 191	Kassabuch	1862
LAS 127.7 Gutsarchiv Anhang, 192	Kassabuch	1863
LAS 127.7 Gutsarchiv Anhang, 193	Kassabuch	1864
LAS 127.7 Gutsarchiv Anhang, 194	Kassabuch	1865
LAS 127.7 Gutsarchiv Anhang, 195	Kassabuch	1866
LAS 127.7 Gutsarchiv Anhang, 196	Kassabuch	1867
LAS 127.7 Gutsarchiv Anhang, 197	Kassabuch	1868
LAS 127.7 Gutsarchiv Anhang, 198	Kassabuch	1869

LAS 127.7 Gutsarchiv Anhang, 199	Kassabuch	1870
LAS 127.7 Gutsarchiv Anhang, 200	Kassabuch	1871
LAS 127.7 Gutsarchiv Anhang, 201	Kassabuch	1872
LAS 127.7 Gutsarchiv Anhang, 202	Kassabuch	1873
LAS 127.7 Gutsarchiv Anhang, 203	Einnahmen- und Ausgabenbuch	1873-1886
LAS 127.7 Gutsarchiv Anhang, 204	Kassabuch	1874
LAS 127.7 Gutsarchiv Anhang, 205	Kassabuch	1875
LAS 127.7 Gutsarchiv Anhang, 206	Kassabuch	1876
LAS 127.7 Gutsarchiv Anhang, 207	Kassabuch	1877
LAS 127.7 Gutsarchiv Anhang, 208	Kassabuch	1878
LAS 127.7 Gutsarchiv Anhang, 209	Kassabuch	1879
LAS 127.7 Gutsarchiv Anhang, 210	Kassabuch	1880
LAS 127.7 Gutsarchiv Anhang, 211	Einnahmen- und Ausgabenbuch	1880-1888
LAS 127.7 Gutsarchiv Anhang, 212	Kassabuch	1881
LAS 127.7 Gutsarchiv Anhang, 213	Kassabuch	1882
LAS 127.7 Gutsarchiv Anhang, 214	Kassabuch	1883
LAS 127.7 Gutsarchiv Anhang, 215	Kassabuch	1884
LAS 127.7 Gutsarchiv Anhang, 216	Kassabuch	1885
LAS 127.7 Gutsarchiv Anhang, 217	Kassabuch	1886
LAS 127.7 Gutsarchiv Anhang, 218	Kassabuch	1887
LAS 127.7 Gutsarchiv Anhang, 219	Kassabuch	1888
LAS 127.7 Gutsarchiv Anhang, 220	Einnahmen- und Ausgabenbuch	1888-1895
LAS 127.7 Gutsarchiv Anhang, 221	Kassabuch	1889
LAS 127.7 Gutsarchiv Anhang, 222	Kassabuch	1890
LAS 127.7 Gutsarchiv Anhang, 223	Kassabuch	1891
LAS 127.7 Gutsarchiv Anhang, 224	Kassabuch	1892
LAS 127.7 Gutsarchiv Anhang, 225	Kassabuch	1893
LAS 127.7 Gutsarchiv Anhang, 226	Kassabuch	1894
LAS 127.7 Gutsarchiv Anhang, 227	Kassabuch	1895
LAS 127.7 Gutsarchiv Anhang, 228	Kassabuch	1896
LAS 127.7 Gutsarchiv Anhang, 229	Kassabuch	1897
LAS 127.7 Gutsarchiv Anhang, 230	Kassabuch	1898
LAS 127.7 Gutsarchiv Anhang, 231	Kassabuch	1899
LAS 127.7 Gutsarchiv Anhang, 232	Einnahmen- und Ausgabenbuch	1899-1904
LAS 127.7 Gutsarchiv Anhang, 233	Kassabuch	1900
LAS 127.7 Gutsarchiv Anhang, 234	Kassabuch	1901
LAS 127.7 Gutsarchiv Anhang, 235	Kassabuch	1902
LAS 127.7 Gutsarchiv Anhang, 236	Kassabuch	1903
LAS 127.7 Gutsarchiv Anhang, 237	Kassabuch	1904
LAS 127.7 Gutsarchiv, 1428	Die Untergehörigen	1600-1646

LAS 127.7 Gutsarchiv, 1431-1465		
	Nachrichten über die Gutsuntergehörigen in alphabetischer Reihenfolge	1650-1863

Hierzu bitte Findbuch Abt. 127.7 Gut Haseldorf, S. 260-438 heranziehen!

LAS 127.7 Gutsarchiv, 1400	Register der Herrenhufe	1658
LAS 127.7 Gutsarchiv, 1370	Verpachtungsprotokolle	1749-1770
LAS 127.7 Gutsarchiv, 1420	Heuerverzeichnis der Untergehörigen	1758
LAS 127.7 Gutsarchiv, 1369	Verzeichnis sämtlicher Ländereien	1770
LAS 127.7 Gutsarchiv, 1421	Verzeichnis der Kleinkätner und Insten	1796
LAS 127.7 Gutsarchiv, 1430	Verordnungen wegen Aufhebung der Leibeigenschaft	1805-1806
LAS 127.7 Gutsarchiv Anhang, 3	Leistungen der Untertanen	1805
LAS 127.7 Gutsarchiv Anhang, 41	Verpachtungsprotokoll	1861-1901
LAS 127.7 Gutsarchiv, 1385	Die sogenannte Gemeindeweide	1870-1881
LAS 127.7 Gutsarchiv Anhang, 5	Pachtverträge	1889-1900
LAS 127.7 Gutsarchiv Anhang, 6	Pachtverträge	1885-1901
LAS 127.7 Gutsarchiv Anhang, 7	Pachtverträge	1898-1905
LAS 127.7 Gutsarchiv Anhang, 8	Pachtverträge	1900-1904
LAS 127.7 Gutsarchiv Anhang, 9	Pachtverträge	1902-1907
LAS 127.7 Gutsarchiv Anhang, 10	Pachtverträge	1904-1909
LAS 127.7 Gutsarchiv Anhang, 11	Pachtverträge	1907-1912
LAS 127.7 Gutsarchiv Anhang, 12	Pachtverträge	1911-1917

LAS 127.7 Gutsarchiv, 1909	Hebungsregister	1602-1609
LAS 127.7 Gutsarchiv, 1910	Hebungsregister	1610-1616
LAS 127.7 Gutsarchiv, 1911	Hebungsregister	1617-1620
LAS 127.7 Gutsarchiv, 1912	Hebungsregister	1621-1630
LAS 127.7 Gutsarchiv, 1913	Hebungsregister	1631-1642
LAS 127.7 Gutsarchiv, 1914	Hebungsregister	1642-1650
LAS 127.7 Gutsarchiv, 1915	Hebungsregister	1650-1656
LAS 127.7 Gutsarchiv, 1916	Hebungsregister	1656-1663
LAS 127.7 Gutsarchiv, 1917	Hebungsregister	1664-1675
LAS 127.7 Gutsarchiv, 1918	Hebungsregister	1676-1683
LAS 127.7 Gutsarchiv, 1919	Hebungsregister	1691-1692

LAS 127.7 Gutsarchiv, 1882	Hausregister	1602-1669
LAS 127.7 Gutsarchiv, 1877	Kontributionsrechnungen	1650-1710
LAS 127.7 Gutsarchiv, 1878	Kontributionsrechnungen	1675-1714
LAS 127.7 Gutsarchiv, 1883	Hausregister	1687-1737
LAS 127.7 Gutsarchiv, 1880	Ansetzung der Pflugzahl	1753
LAS 127.7 Gutsarchiv, 1885	Grund- und Benutzungssteuer	1803

LAS 127.7 Gutsarchiv, 1886	Landsteuer	1815
LAS 127.7 Gutsarchiv, 1894	Pflugzahlanlage	1820-1869
LAS 127.7 Gutsarchiv, 1881	Abgaben der Gutsuntergehörigen für ihre Ländereien	1870-1878
LAS 127.7 Gutsarchiv, 1888	Grundsteuer	1875
LAS 127.7 Gutsarchiv, 1902	Die mit Reallasten belasteten Ländereien sowie Ablösung derselben	1873
LAS 127.7 Gutsarchiv Anhang, 29	Ablösung der Reallasten	1904
LAS 127.7 Gutsarchiv Anhang, 477	Hebungsjournal	1883
LAS 127.7 Gutsarchiv Anhang, 478	Hebungsjournal	1883
LAS 127.7 Gutsarchiv Anhang, 479	Hebungsjournal	1884
LAS 127.7 Gutsarchiv Anhang, 480	Hebungsjournal	1885
LAS 127.7 Gutsarchiv Anhang, 481	Hebungsjournal	1886
LAS 127.7 Gutsarchiv Anhang, 506	Hebungsregister	1910
LAS 127.7 Gutsarchiv Anhang, 507	Hebungsregister	1911
LAS 127.7 Gutsarchiv Anhang, 508	Hebungsregister	1912
LAS 127.7 Gutsarchiv Anhang, 509	Hebungsregister	1913
LAS 127.7 Gutsarchiv Anhang, 510	Hebungsregister	1914
LAS 127.7 Gutsarchiv Anhang, 511	Hebungsregister	1915
LAS 127.7 Gutsarchiv Anhang, 512	Hebungsregister	1916
LAS 127.7 Gutsarchiv Anhang, 513	Hebungsregister	1917
LAS 127.7 Gutsarchiv Anhang, 514	Hebungsregister	1918
LAS 127.7 Gutsarchiv Anhang, 515	Hebungsregister	1919
LAS 127.7 Gutsarchiv Anhang, 516	Hebungsregister	1920
LAS 127.7 Gutsarchiv Anhang, 517	Hebungsregister	1921
LAS 127.7 Gutsarchiv Anhang, 518	Hebungsregister	1922
LAS 127.7 Gutsarchiv, 1904	Steuerrestanten	1595-1674
LAS 127.7 Gutsarchiv, 1905	Steuerrestanten	1677-1799
LAS 127.7 Gutsarchiv, 1906	Steuerrestanten	1674
LAS 127.7 Gutsarchiv, 1907	Steuerrestanten	1680-1694
LAS 127.7 Gutsarchiv, 1908	Steuerrestanten	1880-1894
LAS 127.7 Gutsarchiv, 1306	Karte vom Herrenland	1707
LAS 127.7 Gutsarchiv, 1305	Karte	1794

Altenfeldsdeich

- Butendiek **- Galgenberg**

Deichreihe

Haseldorf

LAS 309 Geb. St., 670	Gebäudesteuer	1867
LAS 309 Flur (11), 31	Flurbuch	1877
LAS 309, 14934	Ablösung der Reallasten	1877-1880
LAS 355.10, 1703	Erbhöferolle	1934-1944
LAS 355.61, 128	Erbhofakten	1934-1942
LAS 415, 2490	Auszug aus der Gemarkungskarte, Blatt 1,2,3,5	1878
LAS 415, 2491	Auszug aus der Gemarkungskarte, Blatt 4	1878
LAS 415, 2492	Auszug aus der Gemarkungskarte, Blatt 7,9	1878
LAS 415, 2493	Auszug aus der Gemarkungskarte, Blatt 8	1878
LAS 415, 2494	Auszug aus der Gemarkungskarte, Blatt 10	1878
LAS 415, 2495	Auszug aus der Gemarkungskarte, Blatt 11	1878
LAS 415, 2496	Auszug aus der Gemarkungskarte, Blatt 12	1878
LAS 415, 2497	Auszug aus der Gemarkungskarte, Blatt 13	1878
LAS 415, 2498	Auszug aus der Gemarkungskarte, Blatt 14	1878
LAS 415, 2499	Auszug aus der Gemarkungskarte, Blatt 15	1878
LAS 415, 2500	Auszug aus der Gemarkungskarte, Blatt 16	1878
LAS 415, 2501	Auszug aus der Gemarkungskarte, Blatt 17	1878
LAS 415, 2502	Auszug aus der Gemarkungskarte, Blatt 18	1878
LAS 415, 2503	Auszug aus der Gemarkungskarte, Blatt 19	1878
LAS 415, 2504	Auszug aus der Gemarkungskarte, Blatt 20	1878

Haseldorfer Altenkoog

LAS 402 A 54, 136	Karte	1792

Haseldorfer Kamperrege

- Im Busch **- Neu-Altenfelde**

LAS 402 A 54, 109	Karte	1770

Hetlinger Neuerkoog

Roßsteert

- Hetlingerdeich **- Knakenhörn**

Scholenfleth

- Haseldorfer Mühlenwurth

Gut Hetlingen

LAS 127.15, 1	SchuPfPr	18./19. Jh.
LAS 127.15, 2	SchuPfPr	1782-1867
LAS 127.15, 3	SchuPfPr (Nebenbuch)	1828-1857
LAS 127.15, 4	SchuPfPr (Nebenbuch)	1854-1875
LAS 127.15, 5	SchuPfPr (Nebenbuch)	1875-1884
LAS 412, 731	Volkszählregister	1860
LAS 412, 1131	Volkszählregister	1864
LAS 415, 2362	Karte	o. J.
LAS 415, 2363	Karte	o. J.
LAS 415, 2364	Karte	o. J.
LAS 415, 2365	Karte	o. J.
LAS 415, 2366	Karte	o. J.
LAS 415, 2367	Karte	o. J.
LAS 415, 2368	Karte	o. J.
LAS 415, 2369	Karte	o. J.
LAS 415, 2370	Karte	o. J.
LAS 415, 2371	Karte	o. J.
LAS 415, 2372	Karte	o. J.
LAS 415, 2373	Karte	o. J.
LAS 415, 2374	Karte	o. J.
LAS 415, 2378	Karte von einigen Ländereien	1729
LAS 415, 2379	Ländereien und ihre Besitzer	o. J.
LAS 415, 2380	Karte einiger Ländereien	o. J.
LAS 415, 2381	Karte von Ländereien	o. J.

LAS 415, 2382	Karte der Ländereien	o. J.
LAS 415, 2383	Karte der Ländereien	o. J.
LAS 415, 2384	Stück nördlich Hetlingen	o. J.
LAS 415, 2385	Stück nördlich Hetlingen	o. J.
LAS 415, 2386	Stück nördlich Hetlingen	o. J.
LAS 415, 2387	Stück nördlich Hetlingen	o. J.
LAS 415, 2388	Stück nördlich Hetlingen	o. J.

Gutsarchiv:

LAS 127.7 Gutsarchiv, 1851	Pfand- und Löschungsprotokoll	1690
LAS 127.7 Gutsarchiv Anhang, 38	Eigentumsprotokoll	1747-1811
LAS 127.7 Gutsarchiv Anhang, 39	Eigentumsprotokoll	1797-1811
LAS 127.7 Gutsarchiv Anhang, 40	SchuPfPr	1800
LAS 127.7 Gutsarchiv, 1968	Rechnungsbücher	1720-1727
LAS 127.7 Gutsarchiv, 1969	Rechnungsbücher	1727-1748
LAS 127.7 Gutsarchiv, 1970	Rechnungsbücher	1749-1767
LAS 127.7 Gutsarchiv, 1971	Rechnungsbücher	1768-1777
LAS 127.7 Gutsarchiv, 1972	Rechnungsbücher	1778-1792
LAS 127.7 Gutsarchiv, 1973	Rechnungsbücher	1793-1813
LAS 127.7 Gutsarchiv, 1974	Rechnungsbücher	1814-1821
LAS 127.7 Gutsarchiv, 1975	Rechnungsbücher	1822-1829
LAS 127.7 Gutsarchiv, 1976	Rechnungsbücher	1830-1839
LAS 127.7 Gutsarchiv, 1977	Rechnungsbücher	1839-1847
LAS 127.7 Gutsarchiv Anhang, 142	Kassabuch	1780
LAS 127.7 Gutsarchiv Anhang, 143	Kassabuch	1781
LAS 127.7 Gutsarchiv Anhang, 144	Kassabuch	1782
LAS 127.7 Gutsarchiv Anhang, 145	Kassabuch	1783
LAS 127.7 Gutsarchiv Anhang, 146	Kassabuch	1784
LAS 127.7 Gutsarchiv Anhang, 147	Kassabuch	1785
LAS 127.7 Gutsarchiv Anhang, 148	Kassabuch	1786
LAS 127.7 Gutsarchiv Anhang, 149	Kassabuch	1787
LAS 127.7 Gutsarchiv Anhang, 150	Kassabuch	1788
LAS 127.7 Gutsarchiv Anhang, 151	Kassabuch	1789
LAS 127.7 Gutsarchiv Anhang, 152	Kassabuch	1790
LAS 127.7 Gutsarchiv Anhang, 153	Kassabuch	1791
LAS 127.7 Gutsarchiv Anhang, 154	Kassabuch	1792
LAS 127.7 Gutsarchiv Anhang, 155	Kassabuch	1793
LAS 127.7 Gutsarchiv Anhang, 156	Kassabuch	1794
LAS 127.7 Gutsarchiv Anhang, 157	Kassabuch	1795
LAS 127.7 Gutsarchiv Anhang, 158	Kassabuch	1796
LAS 127.7 Gutsarchiv Anhang, 159	Kassabuch	1797
LAS 127.7 Gutsarchiv Anhang, 160	Kassabuch	1798
LAS 127.7 Gutsarchiv Anhang, 161	Kassabuch	1799

LAS 127.7 Gutsarchiv Anhang, 162	Kassabuch	1800
LAS 127.7 Gutsarchiv Anhang, 163	Kassabuch	1801
LAS 127.7 Gutsarchiv Anhang, 164	Kassabuch	1802
LAS 127.7 Gutsarchiv Anhang, 165	Kassabuch	1803
LAS 127.7 Gutsarchiv Anhang, 166	Kassabuch	1804
LAS 127.7 Gutsarchiv Anhang, 167	Kassabuch	1805
LAS 127.7 Gutsarchiv Anhang, 168	Kassabuch	1806
LAS 127.7 Gutsarchiv Anhang, 169	Kassabuch	1807
LAS 127.7 Gutsarchiv Anhang, 170	Kassabuch	1808
LAS 127.7 Gutsarchiv Anhang, 171	Kassabuch	1809
LAS 127.7 Gutsarchiv Anhang, 172	Kassabuch	1810
LAS 127.7 Gutsarchiv Anhang, 173	Kassabuch	1819
LAS 127.7 Gutsarchiv Anhang, 174	Kassabuch	1820
LAS 127.7 Gutsarchiv Anhang, 389	Kassabuch	1847
LAS 127.7 Gutsarchiv Anhang, 390	Kassabuch	1848
LAS 127.7 Gutsarchiv Anhang, 391	Kassabuch	1849
LAS 127.7 Gutsarchiv Anhang, 392	Kassabuch	1850
LAS 127.7 Gutsarchiv Anhang, 393	Kassabuch	1851
LAS 127.7 Gutsarchiv Anhang, 394	Kassabuch	1852
LAS 127.7 Gutsarchiv Anhang, 395	Kassabuch	1853
LAS 127.7 Gutsarchiv Anhang, 396	Kassabuch	1854
LAS 127.7 Gutsarchiv Anhang, 397	Kassabuch	1855
LAS 127.7 Gutsarchiv Anhang, 398	Kassabuch	1856
LAS 127.7 Gutsarchiv Anhang, 399	Kassabuch	1857
LAS 127.7 Gutsarchiv Anhang, 400	Kassabuch	1858
LAS 127.7 Gutsarchiv Anhang, 401	Kassabuch	1859
LAS 127.7 Gutsarchiv Anhang, 402	Kassabuch	1860
LAS 127.7 Gutsarchiv Anhang, 403	Kassabuch	1861
LAS 127.7 Gutsarchiv Anhang, 404	Kassabuch	1862
LAS 127.7 Gutsarchiv Anhang, 405	Kassabuch	1863
LAS 127.7 Gutsarchiv Anhang, 406	Kassabuch	1864
LAS 127.7 Gutsarchiv Anhang, 407	Kassabuch	1865
LAS 127.7 Gutsarchiv Anhang, 408	Kassabuch	1866
LAS 127.7 Gutsarchiv Anhang, 409	Kassabuch	1867
LAS 127.7 Gutsarchiv Anhang, 410	Kassabuch	1868
LAS 127.7 Gutsarchiv Anhang, 411	Kassabuch	1869
LAS 127.7 Gutsarchiv Anhang, 412	Kassabuch	1870
LAS 127.7 Gutsarchiv Anhang, 413	Kassabuch	1871
LAS 127.7 Gutsarchiv Anhang, 414	Kassabuch	1872
LAS 127.7 Gutsarchiv Anhang, 415	Kassabuch	1873
LAS 127.7 Gutsarchiv Anhang, 416	Kassabuch	1874
LAS 127.7 Gutsarchiv Anhang, 417	Kassabuch	1875
LAS 127.7 Gutsarchiv Anhang, 418	Kassabuch	1876
LAS 127.7 Gutsarchiv Anhang, 419	Kassabuch	1877
LAS 127.7 Gutsarchiv Anhang, 420	Kassabuch	1878

LAS 127.7 Gutsarchiv Anhang, 421	Kassabuch	1879
LAS 127.7 Gutsarchiv Anhang, 422	Kassabuch	1880
LAS 127.7 Gutsarchiv Anhang, 423	Kassabuch	1881
LAS 127.7 Gutsarchiv Anhang, 424	Kassabuch	1882
LAS 127.7 Gutsarchiv Anhang, 425	Kassabuch	1883
LAS 127.7 Gutsarchiv Anhang, 426	Kassabuch	1884
LAS 127.7 Gutsarchiv Anhang, 427	Kassabuch	1885
LAS 127.7 Gutsarchiv Anhang, 428	Kassabuch	1886
LAS 127.7 Gutsarchiv Anhang, 429	Kassabuch	1887
LAS 127.7 Gutsarchiv Anhang, 430	Kassabuch	1888
LAS 127.7 Gutsarchiv Anhang, 431	Kassabuch	1889
LAS 127.7 Gutsarchiv Anhang, 432	Kassabuch	1890
LAS 127.7 Gutsarchiv Anhang, 433	Kassabuch	1891
LAS 127.7 Gutsarchiv Anhang, 434	Kassabuch	1892
LAS 127.7 Gutsarchiv Anhang, 435	Kassabuch	1893
LAS 127.7 Gutsarchiv Anhang, 436	Kassabuch	1894
LAS 127.7 Gutsarchiv Anhang, 437	Kassabuch	1895
LAS 127.7 Gutsarchiv Anhang, 438	Kassabuch	1896
LAS 127.7 Gutsarchiv Anhang, 439	Kassabuch	1897
LAS 127.7 Gutsarchiv Anhang, 440	Kassabuch	1898
LAS 127.7 Gutsarchiv Anhang, 441	Kassabuch	1899
LAS 127.7 Gutsarchiv Anhang, 442	Kassabuch	1900
LAS 127.7 Gutsarchiv Anhang, 443	Kassabuch	1901
LAS 127.7 Gutsarchiv Anhang, 444	Kassabuch	1902
LAS 127.7 Gutsarchiv Anhang, 445	Kassabuch	1903
LAS 127.7 Gutsarchiv Anhang, 446	Kassabuch	1904

LAS 127.7 Gutsarchiv, 1342	Gutsinventare	1608;1742

LAS 127.7 Gutsarchiv, 1431-1465		
	Nachrichten über die Gutsuntergehörigen in alphabetischer Reihenfolge	1650-1863

Hierzu bitte Findbuch Abt. 127.7 Gut Haseldorf, S. 260-438 heranziehen!

LAS 127.7 Gutsarchiv, 1332	Einkünfte	1715
LAS 127.7 Gutsarchiv, 1369	Verzeichnis sämtlicher Ländereien	1770
LAS 127.7 Gutsarchiv Anhang, 44	Einnahmen von den verpachteten Ländereien	1856-1866
LAS 127.7 Gutsarchiv Anhang, 43	Verpachtungsprotokoll	1873-1897

LAS 127.7 Gutsarchiv, 1928	Hebungsregister	1665-1682
LAS 127.7 Gutsarchiv, 1902	Die mit Reallasten belasteten Ländereien sowie Ablösung derselben	1873

LAS 127.7 Gutsarchiv Anhang, 477	Hebungsjournal	1883
LAS 127.7 Gutsarchiv Anhang, 478	Hebungsjournal	1883
LAS 127.7 Gutsarchiv Anhang, 479	Hebungsjournal	1884
LAS 127.7 Gutsarchiv Anhang, 480	Hebungsjournal	1885
LAS 127.7 Gutsarchiv Anhang, 481	Hebungsjournal	1886
LAS 127.7 Gutsarchiv Anhang, 506	Hebungsregister	1910
LAS 127.7 Gutsarchiv Anhang, 507	Hebungsregister	1911
LAS 127.7 Gutsarchiv Anhang, 508	Hebungsregister	1912
LAS 127.7 Gutsarchiv Anhang, 509	Hebungsregister	1913
LAS 127.7 Gutsarchiv Anhang, 510	Hebungsregister	1914
LAS 127.7 Gutsarchiv Anhang, 511	Hebungsregister	1915
LAS 127.7 Gutsarchiv Anhang, 512	Hebungsregister	1916
LAS 127.7 Gutsarchiv Anhang, 513	Hebungsregister	1917
LAS 127.7 Gutsarchiv Anhang, 514	Hebungsregister	1918
LAS 127.7 Gutsarchiv Anhang, 515	Hebungsregister	1919
LAS 127.7 Gutsarchiv Anhang, 516	Hebungsregister	1920
LAS 127.7 Gutsarchiv Anhang, 517	Hebungsregister	1921
LAS 127.7 Gutsarchiv Anhang, 518	Hebungsregister	1922

Giesensand

LAS 309 Geb. St., 675	Gebäudesteuer	1867

Hetlingen
- Eckhorst **- Kranz**

LAS 309 Geb. St., 675	Gebäudesteuer	1867
LAS 309 Flur (11), 37	Flurbuch	1877
LAS 355.10, 1723	Erbhöferolle	1934-1941
LAS 402 A 47, 45-46	Auszug aus der Grundsteuer-Gemarkungskarte	1878
LAS 415, 2506	Auszug aus der Gemarkungskarte, Blatt 1	1878
LAS 415, 2507	Auszug aus der Gemarkungskarte, Blatt 4	1878
LAS 415, 2508	Auszug aus der Gemarkungskarte, Blatt 5	1878
LAS 415, 2509	Auszug aus der Gemarkungskarte, Blatt 6	1878
LAS 415, 2510	Auszug aus der Gemarkungskarte, Blatt 7	1878
LAS 415, 2511	Auszug aus der Gemarkungskarte, Blatt 8	1878
LAS 415, 2512	Auszug aus der Gemarkungskarte, Blatt 13	1878
LAS 415, 2513	Auszug aus der Gemarkungskarte, Blatt 14	1878
LAS 415, 2514	Auszug aus der Gemarkungskarte Hetlinger Schanze, Blatt 3 und 5	1878

Hetlinger Neuerkoog

LAS 127.7 Gutsarchiv, 1381	Kaufbrief über das Land	1769
LAS 127.7 Gutsarchiv, 1385	Die sogenannte Gemeindeweide	1870-1881

Idenburg (Meierhof)

LAS 127.7 Gutsarchiv Anhang, 447	Kassabuch	1855-1877
LAS 127.7 Gutsarchiv Anhang, 449	Kassabuch	1884
LAS 309 Geb. St., 675	Gebäudesteuer	1867
LAS 415. 2350	Karte	1770
LAS 415, 2351	Karte	1792
LAS 415, 2353	Karte	1792
LAS 415, 2354	Karte	1792
LAS 415, 2355	Grundriss über die Ländereien	1792
LAS 415, 2356	Karte von den Ländereien	1792

Gut Seestermühe

LAS 127.16, 1	SchuPfPr	18./19. Jh.
LAS 127.16, 2	SchuPfPr (Nebenbuch)	1820-1869
LAS 127.16, 3	SchuPfPr (Nebenbuch)	1882-1884
LAS 127.16, 4	SchuPfPr (Nebenbuch für Obligationen)	1809-1836
LAS 127.16, 5	SchuPfPr (Nebenbuch für Obligationen)	1837-1867
LAS 127.16, 6	Kontraktenprotokoll	1791-1817
LAS 127.16, 7	Kontraktenprotokoll	1869-1882
LAS 66, 6272	Beilagen zum Mannzahl- und Schatzprotokoll	1789
LAS 50b, 372	Verkauf des Gutes	1851
LAS 50b, 373	Über die abgeschlossenen Kaufhändel	1866
LAS 412, 431	Volkszählregister	1803
LAS 412, 749	Volkszählregister	1860
LAS 412, 1149	Volkszählregister	1864
LAS „Fremde Archive“ 93, 400	*SchuPfPr*	*1708-1760*
LAS „Fremde Archive“ 93, 394	*SchuPfPr*	*1797-1867*
LAS „Fremde Archive“ 93, 161	*SchuPfPr*	*1866-1872*

LAS „Fremde Archive" 93, 395	*Kontraktenprotokoll*	*1693-1701*
LAS „Fremde Archive" 93, 396	*Kontraktenprotokoll*	*1735*
LAS „Fremde Archive" 93, 397	*Kontraktenprotokoll*	*1736-1737*
LAS „Fremde Archive" 93, 398	*Kontraktenprotokoll*	*1752-1763*
LAS „Fremde Archive" 93, 399	*Kontraktenprotokoll*	*1764-1792*
LAS „Fremde Archive" 93	*Einnahme- und Ausgabenregister*	*1752-1753*
LAS „Fremde Archive" 93	*Einnahme- und Ausgabenregister*	*1755-1775*
LAS „Fremde Archive" 93	*Geldregister*	*1776-1902*
LAS „Fremde Archive" 93	*Schuldbuch und Pachtregister (auch Hauptbuch bzw. Hebungsregister genannt)*	*1817-1946*
LAS „Fremde Archive" 93	*Hauptbücher*	*1820-1843*
LAS „Fremde Archive" 93	*Hauptbücher*	*1845-1851*
LAS „Fremde Archive" 93	*Hauptbuch*	*1852-1950*
LAS „Fremde Archive" 93	*Gegenrechnung*	*1852-1914*
LAS „Fremde Archive" 93	*Ökonomierechnung*	*1838-1844*
LAS „Fremde Archive" 93	*Ökonomierechnung*	*1846-1897*
LAS „Fremde Archive" 93	*Ökonomierechnung*	*1899-1904*
LAS „Fremde Archive" 93	*Haushaltsrechnung*	*1819-1851*
LAS „Fremde Archive" 93, 364	*Häuerkontrakte über Katenstellen zur Niederlassung von Handwerkern*	*1557-1792*
LAS „Fremde Archive" 93, 175	*Liste über das zu weidende Vieh*	*1742*
LAS „Fremde Archive" 93, 174	*Ernteregister*	*1753-1761*
LAS „Fremde Archive" 93, 176	*Viehregister*	*1753-1817*
LAS „Fremde Archive" 93, 180	*Haushaltungsregister*	*1753-1763*
LAS „Fremde Archive" 93, 162	*Berechnung über die Erträge*	*1894-1899*
LAS „Fremde Archive" 93, 156	*Morgenzahlregister*	*1717*
LAS „Fremde Archive" 93, 171	*Die Kätnergilde betreffend*	*1731-1883*
LAS „Fremde Archive" 93, 215	*Pachtverträge*	*1791-1820*
LAS „Fremde Archive" 93, 216	*Pachtverträge*	*1821-1835*
LAS „Fremde Archive" 93, 217	*Pachtverträge*	*1835-1854*
LAS „Fremde Archive" 93, 218	*Pachtverträge*	*1866-1876*
LAS „Fremde Archive" 93, 219	*Pachtverträge*	*1877-1884*
LAS „Fremde Archive" 93, 220	*Pachtverträge*	*1885-1895*
LAS „Fremde Archive" 93, 221	*Pachtverträge*	*1896-1904*
LAS „Fremde Archive" 93, 222	*Pachtverträge*	*1905-1912*
LAS „Fremde Archive" 93, 223	*Pachtverträge*	*1913-1917*
LAS „Fremde Archive" 93, 224	*Pachtverträge*	*1918-1924*
LAS „Fremde Archive" 93, 225	*Listen über die Pachtverträge*	*1869-1922*

LAS „Fremde Archive" 93, 225a	*Taxationen zur Festlegung des Pachtgeldes*	*1812-1899*
LAS „Fremde Archive" 93, 158	*Vermögenszustand*	*1811*
LAS „Fremde Archive" 93, 154	*Güterauszug*	*1850*
LAS „Fremde Archive" 93, 155	*Verzeichnis sämtlicher Liegenschaften*	*1866*
LAS „Fremde Archive" 93, 344	*Fräuleinsteuer oder Damengeld*	*1650-1820*
LAS „Fremde Archive" 93, 345	*Die zu leistende Kontribution*	*1699-1801*
LAS „Fremde Archive" 93, 346	*Kontributionsregister*	*1752-1784*
LAS „Fremde Archive" 93, 349	*Kopf- und Rangsteuer*	*1781-1805*
LAS „Fremde Archive" 93, 350	*Kopf- und Rangsteuer*	*1805-1842*
LAS „Fremde Archive" 93, 352	*Die außerordentliche Kriegssteuer*	*1789*
LAS „Fremde Archive" 93, 353	*Mannzahl- und Schatzregister*	*1789-1809*
LAS „Fremde Archive" 93, 355	*Grund- und Benutzungssteuer*	*1802-1822*
LAS „Fremde Archive" 93, 160	*Restanten*	*1828-1863*
LAS „Fremde Archive" 93, 359	*Übersicht über die Natural-leistungen*	*1828*
LAS „Fremde Archive" 93, 361	*Viertelprozentsteuer vom Vermögen*	*1833-1835*
LAS „Fremde Archive" 93, 372	*Grund- und Hypothekensteuer*	*1848-1880*
LAS „Fremde Archive" 93, 373	*Verzeichnis der stehenden Grundabgaben, Naturallieferungen, Dienste und Bannrechte*	*1849-1850*
LAS „Fremde Archive" 93, 375	*Einkommensteuer vom Vermögen*	*1849-1851*
LAS „Fremde Archive" 93, 376	*Haussteuer*	*1856-1861*
LAS „Fremde Archive" 93, 378	*Register über die Kontributionen*	*1872*
LAS „Fremde Archive" 93, 379	*Einkommensteuer*	*1874-1918*
LAS „Fremde Archive" 93, 393	*Verzeichnis der Vormundschaften und Kuratelen*	*1819-1830*
LAS „Fremde Archive" 93, 172a	*Artikel der adligen oder ritter-schaftlichen Brandgilde*	*1760*
LAS „Fremde Archive" 93, 173	*Die Kielische adlige Brandgilde*	*1770-1865*
LAS „Fremde Archive" 93, 188	*Volkszahlregister*	*1821*
LAS „Fremde Archive" 93, 189	*Einwohnerzahl des Gutes*	*1860-1864*
LAS „Fremde Archive" 93, 395	*Kontraktenprotokoll*	*1693-1701*
LAS „Fremde Archive" 93	*Karte über die Gemarkung 1:50000*	*1880*
LAS „Fremde Archive" 93	*Messtischblätter (1:25000) Uetersen, Pinneberg, Barmstedt*	*1880*

Altenfeldsdeich

Esch (Koog)

Eschdeich

Neuenfeldsdeich

Seestermühe

LAS 309 Geb. St., 533	Gebäudesteuer	1867
LAS 309 Flur (11), 75	Flurbuch	1877
LAS 309, 14933	Ablösung der Reallasten	1877-1879
LAS 355.10, 1709	Erbhöferolle	1934-1944
LAS 355.61, 136	Erbhofakten	1934-1942

Störenhaus

Sudiek

Kloster Uetersen

- Heist	**- Köhnholz**	**- Kurzenmoor**
- Seester	**- Uetersen**	**- Wisch**

Siehe auch Herrschaft Pinneberg, Klostervogtei Uetersen, S. 88.

LAS 122, 82	SchuPfPr	1690-1730
LAS 122, 83	SchuPfPr	1728-1770
LAS 122, 84	SchuPfPr	1770-1780
LAS 122, 85	SchuPfPr, Nr. 1 (pag. 1-748)	19. Jh.
LAS 122, 86	SchuPfPr, Nr. 2 (pag. 749-1421)	19. Jh.
LAS 122, 87	SchuPfPr, Nr. 3 (pag. 1422-1754)	19. Jh.
LAS 7, 6148	Grundbesitz- und Jurisdiktionssachen	1620-1712
LAS 122, 99	Klosterbuch, Nr. 1 (Kaufbriefe etc.) [Heist]	1622-1708
LAS 122, 100	Klosterbuch, Nr. 2 (Kaufbriefe etc.) [Kurzenmoor]	1622-1659
LAS 122, 101	Klosterbuch, Nr. 3 (Kaufbriefe etc.) [Uetersen]	1662-1695
LAS 122, 103	Klosterbuch, Nr. 5 (Kaufbriefe etc.) [Kurzenmoor]	1662-1693

LAS 122, 52	Kontraktenprotokoll	1687-1705
LAS 122, 53	Kontraktenprotokoll	1706-1721
LAS 122, 54	Kontraktenprotokoll	1721-1728
LAS 122, 55	Kontraktenprotokoll	1728-1734
LAS 122, 56	Kontraktenprotokoll	1747-1752
LAS 122, 57	Kontraktenprotokoll	1753-1758
LAS 122, 58	Kontraktenprotokoll	1763-1767
LAS 122, 59	Kontraktenprotokoll	1778-1781
LAS 122, 60	Kontraktenprotokoll	1780-1784
LAS 122, 61	Neues Kontraktenprotokoll	1784-1788
LAS 122, 62	Neues Kontraktenprotokoll	1788-1791
LAS 122, 63	Neues Kontraktenprotokoll	1792-1799
LAS 122, 64	Neues Kontraktenprotokoll	1799-1804
LAS 122, 65	Neues Kontraktenprotokoll	1804-1816
LAS 122, 66	Neues Kontraktenprotokoll	1819-1823
LAS 122, 67	Neues Kontraktenprotokoll	1822-1829
LAS 122, 68	Neues Kontraktenprotokoll	1829-1836
LAS 122, 69	Neues Kontraktenprotokoll	1836-1844
LAS 122, 70	Neues Kontraktenprotokoll	1843-1851
LAS 122, 71	Neues Kontraktenprotokoll	1851-1857
LAS 122, 72	Neues Kontraktenprotokoll	1857-1866
LAS 122, 73	Neues Kontraktenprotokoll	1865-1872
LAS 122, 74	Neues Kontraktenprotokoll	1870-1874
LAS 122, 75	Neues Kontraktenprotokoll	1872-1875
LAS 122, 76	Neues Kontraktenprotokoll	1874-1881
LAS 122, 77	Neues Kontraktenprotokoll	1875-1876
LAS 122, 78	Neues Kontraktenprotokoll	1876-1879
LAS 122, 79	Neues Kontraktenprotokoll	1879-1881
LAS 122, 80	Neues Kontraktenprotokoll	1881-1884
LAS 122, 81	Neues Kontraktenprotokoll	1882-1884
LAS 122, 1	Gerichtsprotokolle	1621-1624
LAS 122, 3	Gerichtsprotokolle	1629-1630
LAS 122, 2	Gerichtsprotokolle	1630
LAS 122, 4	Gerichtsprotokolle	1630-1633
LAS 122, 5	Gerichtsprotokolle	1635
LAS 122, 6	Gerichtsprotokolle	1637-1640
LAS 122, 7	Gerichtsprotokolle	1655-1661
LAS 122, 8	Gerichtsprotokolle	1668
LAS 122, 9	Klostergerichtsprotokolle	1635-1637
LAS 122, 10	Klostergerichtsprotokolle	1650-1674
LAS 122, 11	Klostergerichtsprotokolle	1720-1722
LAS 122, 13	Klostergerichtsprotokolle	1728-1751
LAS 122, 12	Klostergerichtsprotokolle	1732-1737

LAS 122, 14	Klostergerichtsprotokolle	1747-1751
LAS 122, 15	Klostergerichtsprotokolle	1748-1752
LAS 122, 16	Klostergerichtsprotokolle	1751-1757
LAS 122, 17	Klostergerichtsprotokolle	1785-1787
LAS 122, 18	Klostergerichtsprotokolle	1788-1791
LAS 122, 19	Klostergerichtsprotokolle	1791-1798
LAS 122, 19a	Klostergerichtsprotokolle	1798-1805
LAS 122, 20	Klostergerichtsprotokolle	1805-1811
LAS 122, 21	Klostergerichtsprotokolle	1812-1818
LAS 122, 22	Klostergerichtsprotokolle	1818-1828
LAS 122, 23	Klostergerichtsprotokolle	1829-1836
LAS 122, 24	Klostergerichtsprotokolle	1836-1843
LAS 122, 25	Klostergerichtsprotokolle	1843-1846
LAS 122, 26	Klostergerichtsprotokolle	1846-1852
LAS 122, 27	Klostergerichtsprotokolle	1852-1859
LAS 122, 28	Klostergerichtsprotokolle	1859-1864
LAS 122, 29	Landgerichtsprotokolle	1671
LAS 122, 30	Landgerichtsprotokolle	1716-1727
LAS 122, 31	Landgerichtsprotokolle	1728-1729
LAS 122, 32	Landgerichtsprotokolle	1732
LAS 122, 33	Landgerichtsprotokolle	1736-1737
LAS 122, 34	Landgerichtsprotokolle	1738-1743
LAS 122, 35	Landgerichtsprotokolle	1745-1749
LAS 122, 36	Landgerichtsprotokolle	1751-1752
LAS 122, 37	Landgerichtsprotokolle	1765-1786
LAS 122, 38	Landgerichtsprotokolle	1786-1840
LAS 122, 39	Landgerichtsprotokolle	1840-1866
LAS 66, 7776	Kloster Uetersen	1636-1848
LAS 66, 4722	Kloster Uetersen	1639-1765
LAS 60, 534	Landumsätze	1848-1865
LAS 7, 6149	Rechnungs-, Hebungs-, Kontributions- und Einquartierungssachen	1623-1711
LAS 65.1, 355	Pflugzahl	1664-1690
LAS 66, 5932	Landsteuer-Register	1803
LAS 66, 5324	Haussteuer	1803-1844
LAS 152, 8	Steuerregulierung	1803-1804
LAS 152, 5	Steuerregulierung	1804-1812
LAS 66, 7174	Mannzahl- und Schatzprotokolle	1810-1814
LAS 152, 35	Mannzahl- und Schatzprotokoll	1811-1813
LAS 66, 2000	Hebungsregister der 1 1/3-Prozent-Steuer vom Wert urbarer Ländereien	1811-1812

LAS 66, 5930	Landsteuer-Register	1813
LAS 66, 942.1-942.3	Halbprozent-Steuerlisten	1838-1840
LAS 66, 942.4-942.5	Halbprozent-Steuerlisten	1841-1842
LAS 66, 948.2	Halbprozent-Steuerlisten	1843
LAS 66, 6135	Verzeichnisse der Halbprozent-Steuerfälle	1844
LAS 66, 7343	Halbprozent-Steuerlisten	1846-1847
LAS 309 Geb. St., 716	Gebäudesteuer	1867
LAS 309 Flur (11), 82	Flurbuch	1877
LAS 122, 88	Vormünderprotokoll	1811-1817
LAS 122, 89	Vormünderprotokoll	1822-1835
LAS 122, 90	Vormünderprotokoll	1852-1867
LAS 122, 91	Vormünderprotokoll	1864-1867
LAS 122, 92	Register betr. Vormundschaften	19. Jh.
LAS 122, 165	Testamentenprotokoll, Bd. 1	1829-1843
LAS 122, 166	Testamentenprotokoll, Bd. 2	1843-1858
LAS 122, 167	Testamentenprotokoll, Bd. 3	1858-1867
LAS 412, 314	Volkszählregister	1803
LAS 415, 5419	Volkszähllisten	1835
LAS 415, 5445	Volkszähllisten	1840
LAS 415, 5526	Volkszähllisten	1845
LAS 415, 5544	Volkszähllisten	1855
LAS 412, 613	Volkszählregister	1860
LAS 412, 1013	Volkszählregister	1864
LAS 309, 24605	Das adelige Kloster, Band 1	1864-1867
LAS 309, 24606	Das adelige Kloster, Band 2	1868-1887
LAS 309, 24607	Das adelige Kloster, Band 3	1887-1899
LAS 309, 24608	Das adelige Kloster, Band 4	1899-1912
LAS 309, 24609	Das adelige Kloster, Band 5	1912-1927
LAS 320.12, 517	Gutsbezirk Klosterhof Uetersen	1871-1923
LAS 309, 24605	Die adeligen Klöster	1864-1867
LAS 309, 24606	Die adeligen Klöster	1868-1887
LAS 309, 24607	Die adeligen Klöster	1887-1899
LAS 309, 24608	Die adeligen Klöster	1899-1912
LAS 309, 24609	Die adeligen Klöster	1912-1927

Hamburger Domkapitel

LAS 112, 1583	Domkapitelsprotokoll	1778-1781
LAS 112, 1584	Domkapitelsprotokoll	1781-1784
LAS 112, 1585	Domkapitelsprotokoll	1790-1803
LAS 112, 1586	Domkapitelsprotokoll	1798-1807
StaHH 512-1, 3	*Kopialbuch, Verzeichnis von Liegenschaften und Gebäuden*	*ab 1408*
StaHH 512-1, 325	*Grundbuchauszüge und Nachrichten über Versteigerungen*	*1587-1760*
StaHH 512-1, 330	*Aufstellung der Kapitelsgüter*	*1744*
StaHH 512-1, 334	*Notizen und Schreiben zu Liegenschaften*	*1763-1788*
StaHH 512-1, 260	*Verzeichnis von aus einzelnen Dörfern zu erwartenden Pachtsummen und Naturallieferungen*	*vor 1550*
StaHH 512-1, 259	*Verzeichnis der in verschiedenen Dörfern bei Bauern untergestellten Mastschweine, Abrechnung und Quittungen*	*1556-1557*
StaHH 512-1, 262	*Lieferung von Naturalien aus pinnebergischen und holsteinischen Dörfern*	*1604-1788*
StaHH 512-1, 270	*Hauptregister*	*1765-1791*
StaHH 512-1, 274	*Hauptregister*	*1787-1801*
StaHH 512-1, 276	*Einnahme- und Ausgabebuch*	*1803-1806*
StaHH 512-1, 279	*Rechnungsbuch über die Domgefälle*	*1810*
StaHH 512-1, 338	*Kartografische Aufnahme der Domgebäude und der Domländereien*	*1767-1781*

Spitzerdorf

LAS 112, 1441a	SchuPfPr	1740-1755
LAS 112, 1441c	SchuPfPr (Nebenbuch)	1787-1808
LAS 65.1, 1891	Ansprüche des Domkapitels	1621-1719
LAS 66, 4920	Hamburger Domkapitelsroggen	1769-1848
LAS 112, 1506	Vormundschaftsrechnungen	1805-1867
LAS 309 Geb. St., 712	Gebäudesteuer	1867
LAS 309, 14958	Ablösung der Reallasten	1877-1879
LAS 402 A 17, 3	Karte für Expropriation eines Landstreifens vom Grundstück der Witwe Drews	1882
LAS 415, 684	Das Domkapitel zu Hamburg und die Jurisdiktion über Spitzerdorf	1302-1725

StaHH 512-1, 233	*Schuld-, Liegenschafts- und Eheverträge*	*1599-1652*
StaHH 512-1, 244	*Aufteilung der Gemeinheit*	*1766-1796*
StaHH 512-1, 188	*Einziehung von Torfzehnten durch die Landdrostei Pinneberg*	*1745-1749*
StaHH 512-1, 189	*Erhebung von Prinzessinsteuer, außerordentlicher Kontribution und Landausschußgeld usw.*	*1756-1797*
StaHH 512-1, 245	*Vermietung und Verwaltung kapitelseigener Liegenschaften*	*1767-1790*
StaHH 512-1, 247	*Aufstellung der Erdbuch- und Herrengelderpflichtigen für 1753 und 1781*	*um 1781*
StaHH 512-1, 251	*Zahlungsverpflichtungen von Spitzerdorfer Einwohnern an die Wedeler Kirche*	*1786-1793*
StaHH 512-1, 198	*Aufstellung von Einkünften und Liegenschaften*	*1791*
StaHH 512-1, 235	*Vormundschaftsangelegenheiten*	*1650-1797*
StaHH 512-1, 187	*Beitragspflicht zur Pinneberger Brandkasse, Beitreibung von rückständigen Zahlungen*	*1743-1797*
StaHH 512-1, 193	*Volkszählung*	*1769*
StaHH 512-1, 249	*Aufstellung der verheirateten Männer*	*1784*

Kloster Sankt Johannis

StaHH 611-1, 24	*Buch mit Aufzeichnungen über Vermietung und Verpachtung von Häusern und Wohnungen in und außerhalb Hamburgs*	*1627-1736*
StaHH 611-1, 672	*Aufzeichnungen über Güter und Häuser*	*1631-1683*
StaHH 611-1, 25	*Kontraktenbuch*	*1711-1827*
StaHH 611-1, 15 a	*Alphabetisches Register zu Interessen, Grundbesitz, Verträgen, Pachtungen, Vorschriften*	*1821-1830*
StaHH 611-1, 695	*Verzeichnis über das private Eigentum, über Einkünfte und Ausgaben von bzw. für dasselbe*	*1826*
StaHH 611-1, 2284	*Inventar der Mobilien und sonstigen Gegenstände*	*ca. 1850*

StaHH 611-1	*Öffentliche Verkäufe von Mobilien und Effekten*	*1745-1833*

Hierzu bitte maschinengeschriebenes Findbuch heranziehen, S. 103-109!

StaHH 611-1	*Einnahme- und Ausgabebücher*	*1500-1911*

Hierzu bitte maschinengeschriebenes Findbuch heranziehen, S. 43-56!

StaHH 611-1, 407	*Kornregister*	*1537*
StaHH 611-1, 402	*Kornregister*	*1548-1564*
StaHH 611-1, 408	*Kornpacht- und Roggenpachtregister*	*1594-1595*
StaHH 611-1, 403	*Kornregister*	*1605-1626*
StaHH 611-1, 412	*Kornrestanten- und Böenregister*	*1624-1626*
StaHH 611-1, 411	*Kornregister*	*1624-1656*
StaHH 611-1, 405	*Korn- und Böenregister*	*1643-1647*
StaHH 611-1, 404	*Kornregister*	*1643-1652*
StaHH 611-1, 406	*Korn- und Böenregister*	*1674-1723*
StaHH 611-1, 1737	*Korn- und Geldabgabenrestanten*	*1811-1821*

StaHH 611-1, 421	*Zu leistende Hofedienste und ihre Geldablösung*	*1632-1775*
StaHH 611-1, 1849	*Kopfsteuererhebung*	*1709*
StaHH 611-1, 1040	*Kontribution und Steuern*	*1776-1824*
StaHH 611-1, 2335	*Erhebung von Grundsteuern von den Untertanen*	*1812-1830*
StaHH 611-1, 2102	*Steuerlisten*	*1815-1818*
StaHH 611-1, 2096	*Erhebung von Grundsteuern von den Untertanen*	*1815-1830*
StaHH 611-1, 2100	*Erhebung von Dezimationsgeld und Kollateralsteuern*	*1822*

StaHH 611-1, 1091	*Erhebung der Grundsteuer*	*1825-1826*
StaHH 611-1, 2214	*Kornlieferungen der Untertanen*	*1829*
StaHH 611-1, 334	*Aufnahme sämtlicher Grundstücke und deren Petinenzien zur Taxation für die Grundsteuer*	*1830*
StaHH 611-1, 1718	*Einwohnerverzeichnisse*	*1806-1827*
StaHH 611-1, 954	*Einwohnerlisten und Volkszählungen*	*1807-1811*
StaHH 611-1, 311	*Register der Eigentümer*	*1810*
StaHH 611-1, 929	*Kladden zu Abgaberegistern und Einwohnerlisten*	*1821-1825*
StaHH 611-1, 312	*Register der Eigentümer*	*1823-1826*
StaHH 611-1, 1050	*Einwohnerliste*	*1827*
StaHH 611-1, 1000	*Umschreibungslisten. Verzeichnisse der Grundeigentümer und Einwohner im Klostergebiet*	*1828-1830*
StaHH 611-1, 1001	*Umschreibungslisten. Verzeichnisse der Grundeigentümer und Einwohner im Klostergebiet*	*1828-1830*
StaHH 611-1, 1002	*Umschreibungslisten. Verzeichnisse der Grundeigentümer und Einwohner im Klostergebiet*	*1828-1830*
StaHH 611-1, 429	*Verzeichnis der Eigentümer und Einwohner des Klostergebiets*	*1830*
StaHH 611-1	*Testamente, Nachlaßangelegenheiten, Taxationen und Inventare*	*1600-1833*

Hierzu bitte maschinengeschriebenes Findbuch heranziehen, S. 79-101!

StaHH 611-1, 2033	*Verzeichnisse der Generalkarten und Risse über das Klostergebiet*	*1830*

Bilsen (bis 1803)

- Brandheide **- Hohenhorst** **- Tempel**
- Timmhoop **- Ziegenberg**

LAS 112, 1440	SchuPfPr	1803
LAS 112, 1441	SchuPfPr	1814
LAS 355.10, 1728	Namensregister der Grundeigentümer	1890
LAS 25.1, 296	Das Dorf Bilsen; verschiedene Landwesensachen	1780-1800

LAS 399.40, 6	Nachlass Mohr: Die Geschichte der Bauernhöfe der Grafschaft Rantzau mit den Familien ihrer Besitzer von Ernst Christian Mohr; Bilsen, Hof-Nr. 647–670	1959
LAS 309 Geb. St., 652	Gebäudesteuer	1867
LAS 309 Flur (11), 6	Flurbuch	1877
LAS 309, 14920	Ablösung der Reallasten	1876-1880
LAS 355.10, 1689	Erbhöferolle	1934-1943
LAS 112, 1506	Vormundschaftsrechnungen	1805-1867
LAS 412, 583	Volkszählregister	1860
LAS 412, 983	Volkszählregister	1864
LAS 415, 1488	Karte	1805
StaHH 611-1, 1780	*Auszug aus dem SchuPfPr*	*1803*
StaHH 611-1, 670	*Dorf Bilsen*	*1627-1662*
StaHH 611-1, 1071	*Register der Bilsener Holzfuhren*	*1772-1774*
StaHH 611-1, 1775	*Verfügungen, Abrechnungen und Verzeichnisse*	*o. J.*
StaHH 611-1, 1776	*Risse des Ackerlandes und der Gemeinweide*	*o. J.*
StaHH 611-1, 1782	*revidierte Flurkarte von 1794*	*1803*

Teil IV: Literaturverzeichnis

Geschichte, Landeskunde, Topografie, Übersichts- und Nachschlagewerke

Walter ASMUS, Andreas KUNZ und Ingwer E. MOMSEN (Hrsg.): Atlas zur Verkehrsgeschichte Schleswig-Holsteins im 19. Jahrhundert, Neumünster 1995.

Dieter BEIG: Zeittafel zur Geschichte des Kreises Pinneberg. In: JbPi 1992, S. 19–36.

Günther BOCK: Quellen und Methoden – Perspektiven der historischen Landeskunde. In: Natur- und Landeskunde 113 (2006), S. 43–54.

Franz BÖTTGER und Emil WASCHINSKI: Alte schleswig-holsteinische Maße und Gewichte, Neumünster 1952.

Otto BRANDT: Geschichte Schleswig-Holsteins, 8. Aufl. überarbeitet von Wilhelm Klüver, Kiel 1981.

Otto CLAUSEN: Flurnamen in Schleswig-Holstein, Rendsburg 1952.

Christian DEGN: Schleswig-Holstein – eine Landesgeschichte. Historischer Atlas, Neumünster 1994.

Christian DEGN und Uwe MUUSS: Topographischer Atlas Schleswig-Holsteins, 4. Aufl., Neumünster 1979.

Paul DOHM: Holsteinische Ortsnamen, die ältesten urkundlichen Belege gesammelt und erklärt, Kiel 1908.

Wilhelm EHLERS: Geschichte und Volkskunde des Kreises Pinneberg, Elmshorn 1922; Neudruck 1977.

Kai FUHRMANN: Die Auseinandersetzung zwischen königlicher und gottorfischer Linie in den Herzogtümern Schleswig und Holstein in der zweiten Hälfte des 17. Jahrhunderts, Frankfurt am Main/Bern/New York/Paris 1990.

A. C. GUDME: Schleswig-Holstein – Eine statistisch-geographisch-topographische Darstellung dieser Herzogtümer etc., 1. Band, Kiel 1833.

Hanswilhelm HAEFS: Ortsnamen und Ortsgeschichten in Schleswig-Holstein – zunebst dem reichhaltigen slawischen Ortsnamenmaterial und den dänischen Einflüssen auf Fehmarn und Lauenburg, Helgoland und Nordfriesland; woraus sich Anmerkungen zur Landesgeschichte ergeben, Norderstedt 2004.

Oswald HAUSER: Provinz im Königreich Preußen, Neumünster 1966 (Geschichte Schleswig-Holsteins, Band 8, 1. Lieferung).

Gottfried Ernst HOFFMANN, Klauspeter REUMANN und Hermann KELLENBENZ: Die Herzogtümer von der Landesteilung 1544 bis zur Wiedervereinigung Schleswigs 1721, Neumünster 1986 (Geschichte Schleswig-Holsteins, Band 5).

Ernst HOMANN (Hrsg.): Provinzial-Handbuch für Schleswig-Holstein und das Herzogthum Lauenburg, Kiel 1868.

Jürgen H. IBS (Hrsg.): Historischer Atlas Schleswig-Holstein vom Mittelalter bis 1867, Neumünster 2004.

Jürgen KAWALEK: Schleswig-Holsteinische Familienkunde. Methodischer Führer zum genealogischen Schrifttum Schleswig-Holsteins, Teil 2: Orts- und Regionalteil, Landesbibliothek Kiel o. J.

Olaf KLOSE und Christian DEGN: Geschichte Schleswig-Holsteins. 6. Band: Die Herzogtümer im Gesamtstaat 1721–1830, Neumünster 1960.
Karl Heinz KUHLEMANN: Zur Geschichte der Propstei Rantzau. In: JbPi 2010, S. 135–149.
LANDESVERMESSUNGSAMT Schleswig-Holstein (Hrsg.): Topographischer Atlas Schleswig-Holstein, 4. Aufl., Neumünster 1979.
Ulrich LANGE (Hrsg.): Geschichte Schleswig-Holsteins. Von den Anfängen bis zur Gegenwart, Neumünster 1996.
Ulrich LANGE (Hrsg.): Historischer Atlas Schleswig-Holstein seit 1945, Neumünster 1999.
Ulrich LANGE (Hrsg.): Geschichte Schleswig-Holsteins, Neumünster 2003.
Wolfgang LAUR: Die Ortsnamen im Kreise Pinneberg. In: Kieler Beiträge zur Sprachgeschichte, Band 2, Neumünster 1978, S. 166–170.
Wolfgang LAUR: Historisches Ortsnamenlexikon von Schleswig-Holstein, Neumünster 1992.
Klaus-Joachim LORENZEN-SCHMIDT: Kleines Lexikon alter schleswig-holsteinischer Gewichte, Maße und Währungseinheiten, Neumünster 1990.
Klaus-Joachim LORENZEN-SCHMIDT: Holstein-Pinneberg. In: Hamburg-Lexikon, Hamburg 1998, S. 245.
Dieter-J. MEHLHORN: Klöster in Schleswig-Holstein – Itzehoe, Preetz, Schleswig, Uetersen, Heide 2004.
Arthur MÖLLIN: Der geschichtliche Ablauf des Katasters für den Kreis Pinneberg 1877–1971. In: JbPi 2005, S. 113–120.
Ingwer E. MOMSEN (Hrsg.): Historischer Atlas Schleswig-Holstein 1867 bis 1945, Neumünster 2001.
Henning OLDEKOP: Topographie des Herzogtums Holstein einschließlich Kreis Herzogtum Lauenburg, Fürstentum Lübeck, Enklaven der freien und Hansestadt Lübeck, Enklaven der freien und Hansestadt Hamburg. Bd. 1.2. Kiel 1908.
Eckardt OPITZ: Schleswig-Holstein. Das Land und seine Geschichte, Hamburg 1997.
Matthias Heinrich Theodor RAUERT: Die Grafschaft Rantzau. Ein Beitrag zur genaueren Landeskunde, Altona 1840; Nachdruck Elmshorn 1983.
Hans Gerhard RISCH: Die Grafschaft Holstein-Pinneberg von ihren Anfängen bis zum Jahr 1640, Dissertation, Hamburg 1986.
Alexander SCHARFF: Schleswig-Holstein und die Auflösung des dänischen Gesamtstaates 1830–1864/67, Neumünster 1975 u. 1980 (Geschichte Schleswig-Holsteins, Band 7, 1. u. 2. Lieferung).
Alexander SCHARFF: Schleswig-Holsteinische Geschichte. Ein Überblick. 5. Aufl. bearbeitet von Manfred Jessen-Klingenberg, Freiburg/Würzburg 1991.
Antje SCHMITZ: Die slavischen Ortsnamen Ost- und Südholsteins. In: Lübeckische Blätter 145 (1985), S. 209–212.
Johannes v. SCHRÖDER und Hermann BIERNATZKI: Topographie der Herzogthümer Holstein und Lauenburg, des Fürstenthums Lübeck und des Gebiets der freien und Hanse-Städte Hamburg und Lübeck, 2. Aufl., Oldenburg (in Holstein) 1855.
Friedrich SCHWENNICKE: Die holsteinischen Elbmarschen vor und nach dem 30jährigen Kriege, Leipzig 1914 (= QuFGSH 1).

Friedrich SEESTERN-PAULY: Beiträge zur Kunde der Geschichte sowie des Staats- und Privat-Rechts des Herzogthumes Holstein, 2 Bände, Schleswig 1822/25.
K. SEITZ: Aktenstücke zur Geschichte der Elbmarschen. In: ZSHG 39 (1909), S. 344–382.
K. SEITZ: Ungedruckte Aktenstücke zur Geschichte der Elbmarschen. In: ZSHG 41 (1911), S. 307–368.
Johann SIEBMACHERs Großes Wappenbuch. Herausgegeben ab 1605. Band 19: Die Wappen des niederdeutschen Adels, Nachdruck der Ausgaben des 19. Jahrhunderts, Neustadt/Aisch 1977.
Joachim STÜBEN: Zur Entstehung und Frühgeschichte des Kirchspiels Rellingen im Rahmen des Landesausbaus in Nordelbingen. In: JbPi 2007, S. 187–218.
Emil WASCHINSKI: Währung, Preisentwicklung und Kaufkraft des Geldes in Schleswig-Holstein 1226–1864, Band 1, Neumünster 1952; Band 2 (Anhänge mit Materialien zu einem Schleswig-Holsteinischen Münzarchiv und zur Geschichte der Preise und Löhne in Schleswig-Holstein), Neumünster 1959 (= QuFGSH 26).
Jann Markus WITT und Heiko VOSGERAU (Hrsg.): Schleswig-Holstein von den Ursprüngen bis zur Gegenwart. Eine Landesgeschichte, Hamburg 2002.

Landwirtschafts-, Guts-, Familien- und Sozialgeschichte

(nach Ortschaften sortiert siehe ab Seite 183)

Wilhelm ABEL: Agrarkrisen und Agrarkonjunktur. Eine Geschichte der Land- und Ernährungswirtschaft Mitteleuropas seit dem hohen Mittelalter, 3., neu bearbeitete und erweiterte Auflage, Hamburg/Berlin 1978.
Wilhelm ABEL: Geschichte der deutschen Landwirtschaft vom frühen Mittelalter bis zum 19. Jahrhundert, 3., neu bearbeitete Auflage, Stuttgart 1978.
Volker v. ARNIM: Krisen und Konjunkturen der Landwirtschaft in Schleswig-Holstein vom 16. bis 18. Jahrhundert, Neumünster 1957.
Ingeborg AST-REIMERS: Landgemeinde und Territorialstaat. Der Wandel der Sozialstruktur im 18. Jahrhundert dargestellt an der Verkoppelung in den königlichen Ämtern Holsteins, Neumünster 1965.
Grete ATHEN: Die Neugründung der Elmshorner Gilde im Jahre 1653 und ihr geschichtlicher Hintergrund. In: JbPi 1985, S. 27–39, 1986, S. 35–50, 1987, S. 85–102, 1988, S. 97–110, 1989, S. 31–50.
Hans BEYER: Zur Entwicklung des Bauernstandes in Schleswig-Holstein zwischen 1768 und 1848. In: Zeitschrift für Agrargeschichte und Agrarsoziologie 5 (1957), S. 50–69.
W. BIEREYE: Untersuchungen zur älteren Geschichte des Adels in den holsteinischen Marschen (incl. Wappen). In: ZSHG 64 (1936), S. 100–144.
Louis BOBÉ: Die Ritterschaft in Schleswig und Holstein von der ältesten Zeit bis zum Ausgange des Römischen Reiches 1806, Glückstadt 1918.
Wolfgang BONORDEN: Nachkommen der alten, schaumburgischen Familienstämme des Namens Bonorden in der Grafschaft Pinneberg. In: Familiengeschichte in Norddeutschland 42 (1993), S. 230–237.

Jürgen BROCKSTEDT (Hrsg.): Wirtschaftliche Wechsellagen in Schleswig-Holstein vom Mittelalter bis zur Gegenwart, Neumünster 1991.
Anke BRÜHE: Landwirtschaft im Kreis Pinneberg – 65 Jahre Kreisbauernverband. In: JbPi 2012, S. 205–211.
Hans CARSTENSEN: Die ländliche Siedlung in Schleswig-Holstein. In: Die Heimat 61 (1954), S. 181–186.
Armin CLASEN: Altes stormarisches Bauerntum in Registern des 15. und 16. Jahrhunderts. In: Zeitschrift für Niedersächsische Familienkunde 30 (1955), S. 50–62 und S. 82–110 (mit Hinweisen auf die Register des Hamburger Domkapitels und die Dörfer des pinnebergischen Anteils des alten Stormarn).
Barbara CZERRANOWSKI: Das bäuerliche Altenteil in Holstein, Lauenburg und Angeln 1650–1850. Eine Studie anhand archivalischer und literarischer Quellen, Neumünster 1988 (= Studien zur Volkskunde und Kulturgeschichte Schleswig-Holsteins 20).
Georg DAVIDS: Holländer und Holländereien, Köln 1993.
Dr. DETLEFSEN: Die Rittergeschlechter der holsteinischen Elbmarschen. In: ZSHG 27 (1897), S. 79–96.
Nicolaus DETLEFSEN: Rittergut – Adliges Gut – Kanzleigut. In: Die Heimat 79 (1972), S. 237–238.
Hans DÖSSEL: Ein Barmstedter Bauer führte 1841–1854 Tagebuch. In: Forschungen zu bäuerlichen Schreibebüchern, Mitteilungen 12 (1996) S. 7–10.
Einkoppelungen und Verkoppelungen. Zweifache Agrarreform im 18. Jahrhundert. In: Blätter für Heimatkunde (Eutin) 3 (1957), S. 90.
Nikolaus FALCK: Beiträge zur Geschichte der schleswig-holsteinischen Landwirtschaft, Kiel 1847.
Dr. FUCHS: Die Entwicklung der schleswig-holsteinischen Landwirtschaft im 19. Jahrhundert. In: Die Heimat 17 (1907), S. 249–256.
Gerhard GLISMANN: Glismann – ein altes Bauerngeschlecht aus Bilsen, 2. Aufl., Barmstedt 1987.
Silke GÖTTSCH: Beiträge zum Gesindewesen in Schleswig-Holstein zwischen 1740 und 1840, Neumünster 1978 (= Studien zur Volkskunde und Kulturgeschichte Schleswig-Holsteins 3).
Helmut GUMMERT und Ulrich WERSCHNITZKY: Wirtschaftliche Auswirkungen von Maßnahmen zur Verbesserung der Agrarstruktur im Zusammenhang mit der Flurbereinigung in Schleswig-Holstein und den nördlichen Teilen Niedersachsens und Nordrhein-Westfalens, Stuttgart 1965.
Georg HANSSEN: Agrarhistorische Abhandlungen, Leipzig 1884.
Georg HANSSEN: Die Aufhebung der Leibeigenschaft und die Umgestaltung der gutsherrlich-bäuerlichen Verhältnisse überhaupt in den Herzogtümern Schleswig und Holstein, St. Petersburg 1861.
Paul von HEDEMANN-HEESPEN: Der Inhalt einer großen Auswahl schleswig-holsteinischer Orts- und Personengeschichten. In: ZSHG 49 (1919), S. 1–25.
Günter HEISCH: Geschichte der schleswig-holsteinischen Ritterschaft 4: Privilegien und Recht von 1775 bis zur Gegenwart, Neumünster 1966.
Dietrich HILL: Milch- und Meiereiwirtschaft in Schleswig-Holstein im Wandel der Zeit. In: ZSHG 108 (1983), S. 207–223.

Otto HINTZE (Hrsg.): Schleswig-Holsteiner Bürger und Bauern vor 1650. Heft 2: Das Pinneberg-Hatzburger Einnahme- und Ausgaberegister von 1464–1465, Hamburg 1935.
G. E. HOFFMANN: Von alten Hof- und Hausmarken. In: Schleswig-Holsteinischer Bauernkalender 1938, S. 109–110.
Emil HOLST: Die Familiennamen der Kirchengemeinde Barmstedt. In: Zeitschrift für Niedersächsische Familienkunde 7 (1929), S. 135 ff.
Hans HÜBNER: Das Ende der Leibeigenschaft in Schleswig-Holstein. In: Die Heimat 65 (1958), S. 82–85.
Jürgen HÜHNKE: Quickborner Marktrecht, Handwerk und Gewerbe im 18. Jahrhundert. In: JbPi 2000, S. 143–166.
Jürgen HÜHNKE: Bauleute, Hufner, Kötner, Brinksitzer. Die soziale Klassifikation bäuerlicher Schichten im Pinnebergischen vom 17. bis zum 19. Jahrhundert. In: JbPi 2002, S. 115–128.
Jürgen HÜHNKE: Vom Sippeneigentum zum bürgerlichen Gutshof. Bauernhöfe und Besitzwechsel im Kirchspiel Quickborn 1602–1885. In: JbPi 2004, S. 95–108.
Friedrich Christoph JENSEN und Dietrich Hermann HEGEWISCH: Privilegien der Schleswig-Holsteinischen Ritterschaft, Kiel 1797.
Wilhelm JENSEN: Geschlechter und Meenten in den holsteinischen Elbmarschen. In: ZSHG 57 (1928), S. 509–519.
Claus-Peter JESSEN: Das Höferegister von Ernst Mohr (1878–1964) für die ehemalige Grafschaft Rantzau. In: JbPi 2004, S. 91–94.
Otto KÄHLER: Zur Geschichte des Erbhöferechts in Schleswig-Holstein. In: NE 9 (1932), S. 246–265.
Max und Walter KAHLKE: Die Wappen der alten Bauernfamilien in den holsteinischen Elbmarschen, Altona 1920.
Karl-Sigismund KRAMER: Nachrichten zum Komplex „Haus und Hof im Volksleben“, vorwiegend aus Holstein. In: KBlV 2 (1970), S. 53–103.
Karl-Sigismund KRAMER: Volksleben in Holstein (1550–1800), Kiel 1987.
Andreas KRAUSE: Zur Wohngeschichte Pinnebergs. In: JbPi 1979, S. 127–136.
Karl Heinz KUHLEMANN: Hainholz 49. Was in 300 Jahren aus einer Katenstelle geworden ist. In: JbPi 2012, S. 149–160.
Bernd LANGMAACK: Die Rekonstruktion der Landvermessung und Landreform vor 200 Jahren. In: Die Heimat 104 (1997), S. 226–236.
Bernd LANGMAACK: Das bäuerliche Altenteil in Mittelholstein vor der großen Agrarreform 1787. In: Die Heimat 106 (1999), S. 101–113 und 130–148.
Ingeburg LEISTER: Rittersitz und adliges Gut in Holstein und Schleswig, Kiel 1952.
Klaus-Joachim LORENZEN-SCHMIDT: Eine Zeittafel für den schleswig-holsteinischen Wirtschafts- und Sozialhistoriker. In: Rundbr. 23 (1983), S. 2–22.
Klaus-Joachim LORENZEN-SCHMIDT: Zur Statistik der schleswig-holsteinischen Landwirtschaft um 1825; die vom Segeberger Amtmann v. Rosen gesammelten Daten aus den Jahren um 1825/1828. In: Rundbr. 34 (1985), S. 13–20.
Klaus-Joachim LORENZEN-SCHMIDT: Die von Rosenschen Erhebungen aus dem Jahre 1825 als Quelle für die Landwirtschaftsgeschichte. In: Klaus Greve (Hrsg.): Quellenkundliche Beiträge zur Wirtschafts- und Sozialgeschichte Schleswig-Holsteins, Kiel 1985.

Klaus-Joachim LORENZEN-SCHMIDT: Der Altonaer Viehmarkt 1833–1864. Auftrieb – Preise – Export. In: AfA 8 (1986), S. 70–93.

Klaus-Joachim LORENZEN-SCHMIDT: Schleswig-Holsteinische Märkte im Jahr 1796. In: Rundbr. 50 (1990), S. 26–28.

Klaus-Joachim LORENZEN-SCHMIDT: Armut und Armenversorgung im Kirchspiel Elmshorn 1650–1870. In: Beiträge zur Elmshorner Geschichte, Band 4: Arbeiterbewegung, Elmshorn 1990.

Klaus-Joachim LORENZEN-SCHMIDT: Die große Agrarkrise in den Herzogtümern 1819–1829. In: Jürgen Brockstedt (Hrsg.): Wirtschaftliche Wechsellagen in Schleswig-Holstein vom Mittelalter bis zur Gegenwart, Neumünster 1991, S. 175–197.

Klaus-Joachim LORENZEN-SCHMIDT: Aufschlüsse über ländliche Kredite des 17. und 18. Jahrhunderts aus Schuld- und Pfandprotokoll-Renovaturen. In: Rundbr. 69 (1997), S. 23–31.

Klaus-Joachim LORENZEN-SCHMIDT: Ein bäuerliches Wirtschaftsbuch aus der Zeit der Hochindustrialisierung (1892–1896) aus Ahrenlohe. In: JbPi 1999, S. 71–85.

Klaus-Joachim LORENZEN-SCHMIDT und Theodor MUSFELDT: Das Schreibebuch von Hinrich Mahncke und Paul Kahlcke aus Elmshorn. In: Vorträge der Detlefsen-Gesellschaft zu Glückstadt, Heft 6 (2003), S. 37–80.

Klaus-Joachim LORENZEN-SCHMIDT: Kreditgeschäfte von Thies Kölling und seinem Schwiegersohn Claus Thormählen in Besenbek, Gemeinde Raa-Besenbek (1804–1843). In: Rundbr. 93 (2006), S. 16–24.

Klaus-Joachim LORENZEN-SCHMIDT: Über das Kreditverhalten von Elbmarschenbauern in der ersten Hälfte des 19. Jahrhunderts. In: Arbeitskreis für Agrargeschichte (AKA) Newsletter Nr. 20 (2006), S. 8–15.

J. J. H. LÜTGENS: Kurzgefaßte Charakteristik der Bauernwirtschaften in den Herzogthümern Schleswig und Holstein etc., Hamburg 1847.

Doris MEYN: Das „mehr als duppelt verbesserte“ Deichrecht des Deichgrafen Jacob Behr von 1643. In: JbPi 1967, S. 35–52.

Doris MEYN: Die sieben Deichgeschworenschaften. Ein Schlüssel zu siedlungsgeschichtlichen Fragen der Marsch bei Uetersen [Moorrege, Neuendeich]. In: JbPi 1971, S. 184–197 und JbPi 1974, S. 29–61.

Rudolf MÖLLER: Das Kirchspiel Rellingen im Jahre 1654. In: JbPi 1993, S. 35–44.

Lothar MOSLER: Die „Zwangsgäste“ der Amtsmüller und der adelichen Müller. In: JbPi 1981, S. 47–50.

Gudrun MÜNSTER: Lebenserinnerungen des Wilhelm Münster aus Ekholt 1864–1898. In: JbPi 2006, S. 85–93.

Johannes MÜNSTER: Alte bäuerliche Arbeit auf Hof und Feld in der Gemeinde Ellerhoop-Thiensen um 1900. In: JbPi 2001, S. 127–144.

Paul NIEKAMMER (Hrsg.): Band XXI: Landwirtschaftliches Adreßbuch der Güter und größeren Höfe der Provinz Schleswig-Holstein, Leipzig 1927.

Walter PAATSCH: Ein holsteinischer Ehegüter- und Erbvertrag aus dem Jahre 1815. In: JbPi 1990, S. 161–162.

Wolfgang PRANGE: Die Anfänge der großen Agrarreformen in Schleswig-Holstein bis 1771, Neumünster 1971 (= QuFGSH 60).

Ernst REVENTLOW und Hans Adolf von WARNSTEDT: Daten zum Viehbestand und dem

Ertrag des Ackerbaus der Herzogtümer in den 1840er Jahren. In: Rundbrief des Arbeitskreises für Wirtschafts- und Sozialgeschichte Schleswig-Holsteins, 22 (1983), S. 5–13.
Martin RHEINHEIMER (Bearb.): Bibliographie zur Wirtschafts- und Sozialgeschichte Schleswig-Holsteins, Neumünster 1997 (= Studien zur Wirtschafts- und Sozialgeschichte Schleswig-Holsteins 27).
Brar C. ROELOFFS: Die schleswig-holsteinische Landwirtschaft in der vorpreußischen Zeit – die Agrarreformen um 1800, ein markantes Ereignis. In: Bauernblatt für Schleswig-Holstein 42/138 (1988), S. 4747–4748.
Percy E. SCHRAMM und Ascan W. LUTTEROTH: Verzeichnis gedruckter Quellen zur Geschichte Hamburgischer Familien mit Berücksichtigung der näheren Umgebung Holsteins. Herausgegeben von der Zentralstelle für Niedersächsische Familiengeschichte e. V., Hamburg 1921.
August-Wilhelm SEEHUSEN: Über die Aufhebung der Feldgemeinschaft und die Teilung der Gemeinheiten in Schleswig-Holstein. In: Schleswig-Holsteinische Anzeigen 1961, S. 40–43.
Benno Eide SIEBS: Die Hausmarken der Insel Helgoland. In: ZSHG 69 (1941), S. 395.
Margrit SIEMON: Versuch einer Hofgeschichte – Hof Kelting [Groß Nordende]. In: JbPi 1984, S. 71–90.
Franz STIELER: Rellinger Bauernstreitigkeiten im 17. Jahrhundert. In: JbPi 1975, S. 148–163.
Franz STIELER: Tangstedter Bauernstreitigkeiten am Ende des 17. Jahrhunderts. In: JbPi 1977, S. 100–105.
Franz STIELER: Bauernstreitigkeiten zu Wedel im 17. Jahrhundert. In: JbPi 1979, S. 47–54.
Hans Hermann STORM: So war es damals. Das Leben auf dem Lande, 5 Bände, Rendsburg 1989–1992.
Erich THIESEN: Die Verkoppelung – Flurbereinigung vor 200 Jahren in Schleswig-Holstein. In: Minister für Ernährung, Landwirtschaft und Forsten des Landes Schleswig-Holstein (Hrsg.): 25 Jahre Flurbereinigung: Schleswig-Holstein, Kiel 1980, S. 52–56.
Thyge THYSSEN: Bauer und Standesvertretung. Werden und Wirken des Bauerntums, Neumünster 1958.
Klaus TIMM: Die Bauernfamilien Timm im westlichen Holstein. 1. Band: Stammliste, Wentorf bei Hamburg 1997. (Ursprung der Familie in der Grafschaft Rantzau)
Klaus TIMM: Die Bauernfamilien Timm im westlichen Holstein. 2. Band: Urkunden und Dokumente, Wentorf bei Hamburg 2000.
Kurt Wolfgang UHLIG: Leben in der Marsch. In: JbPi 2002, S. 19–24.
Dr. VOIGT: Die Aufteilung von 52 Staatsgütern in Schleswig-Holstein in den Jahren 1765–1782. In: Die Heimat 29 (1919), S. 189–190.
J. Volkert VOLQUARDSEN: Zur Agrarreform in Schleswig-Holstein nach 1945. In: ZSHG 102/103 (1977/78), S. 187–344.
Wilhelm VOSS: Bauern aus den holsteinischen Elbmarschen, Hamburg 1934.
Heinz WALDSCHLÄGER: Noch vor 130 Jahren: Armut machte rechtlos! Armenwesen im Kanzleigut Tangstedt. In: JbSt 9 (1991), S. 139–158.
Ingeborg WEBER-KELLERMANN: Landleben im 19. Jahrhundert, München 1987.
Vita von WEDEL: Aus der Geschichte der Familie von Wedel. In: JbPi 1988, S. 123–126.

Hans Joachim WOHLENBERG: Beitrag zur Hof- und Familiengeschichte des Heydorn-Hofes in Tornesch-Esingen im 19./20. Jahrhundert. In: JbPi 1992, S. 77–84.
Heiner WULFERT: Die Agrarreformen in Schleswig-Holstein von 1765 bis zum Ende des 19. Jahrhunderts. In: Zeitschrift für Geschichtswissenschaft 34 (1986), S. 40–46.

Recht, Verwaltung, Jurisdiktion

Dieter BEIG: Die Landkarte der Grafschaft Holstein-Pinneberg von 1650. In: JbPi 1995, S. 173–179.
Dieter BEIG: Wie die Schauenburger Grafen Burg Pinneberg erlangten. In: JbPi 2001, S. 173–174.
Dieter BEIG: Grenzfeststellung zwischen der Herrschaft Pinneberg und der Grafschaft Rantzau 1733. In: JbPi 2003, S. 205–213.
Dieter BEIG (Bearb.): Herrschaft Pinneberg, Grafschaft Rantzau, Herrschaft Herzhorn in alten Lexiken und Topographien. In: JbPi 2003, S. 215–222.
Dieter BEIG: Wieviel Rittersitze gab es in der Grafschaft Holstein-Pinneberg? In: JbPi 2004, S. 179–182.
Manfred BENGEL und Franz SIMMERDING: Grundbuch, Grundstücke, Grenze, 3. Aufl., Neuwied/Frankfurt a. M. 1989.
Hans DRECKMANN: Die Verwaltungseinteilung der Herzogtümer Schleswig und Holstein vor 1867. In: Die Heimat 74 (1967), S. 295–296.
Wilhelm EHLERS: Das Amt Hatesburg im Spiegel des amtlichen Brüchregisters. Ein Auszug aus dem Hatesburgischen Amptregister de Anno 1601. In: JbPi 1991, S. 65–69.
Wilhelm EHLERS: Das Ende der Hatzburg. In: JbPi 2004, S. 153–164.
Nikolaus FALCK: Handbuch des schleswig-holsteinischen Privatrechts, Band I–V, Altona 1825–1848.
Nikolaus FALCK: Sammlung der wichtigsten Urkunden, welche auf das Staatsrecht der Herzogthümer Schleswig und Holstein Bezug haben, Kiel 1847.
Erwin FREYTAG: Die Herren von Barmstede und die Gründung des Klosters Uetersen. In: JbPi 1970, S. 7–22.
Erwin FREYTAG: Burgen und Kloster in Uetersen während des Mittelalters. In: JbPi 1970, S. 23–43.
Hermann FRIEDRICHSEN: Das Rittergeschlecht derer von Barmstede, Seester und Raboysen in den Gauen Holstein und Stormarn. In: JbPi 2004, S. 183-194.
Horst FÜRSTENAU: Schenefeld unter dänischer Herrschaft 1641–1863, Schenefeld, 1987.
Klaus GROTH: Die Pinneberger Dingstätte als Gerichtsstätte und Verwaltungsmittelpunkt der ehemaligen Herrschaft Pinneberg. In: JbPi 1967, S. 4–9.
Oswald HAUSER: Staatliche Einheit und regionale Vielfalt in Preußen, Neumünster 1967.
Kurt HECTOR: Zur Verwaltung und Rechtspflege in Schleswig-Holstein vor 1864. In: Peter Ingwersen (Hrsg.): Methodisches Handbuch für Heimatforschung, Schleswig 1954, S. 119–135.
Paul von HEDEMANN-HEESPEN: Der Zustand der Herrschaft Pinneberg nach der Reunion bis um 1740. In: ZSHG 37 (1907), S. 1–141.

Paul von HEDEMANN-HEESPEN: Die politischen Grundzüge in der Geschichte der holsteinischen Verwaltung. In: ZSHG 49 (1919), S. 264–277.
Georg HILLE: Der Erwerb der Grafschaft Rantzau durch König Friedrich IV. von Dänemark. Aktenstücke aus dem Staatsarchiv zu Schleswig. In: ZSHG 32 (1902), S. 1–136.
Georg v. HOBE-GELTING: Die rechtliche Stellung der adligen Güter und Gutsbezirke in Schleswig-Holstein in der Zeit von 1805 bis 1928, Diss., Kiel 1974.
Jürgen HÜHNKE: Quickborner Marktrecht, Handwerk und Gewerbe im 18. Jahrhundert. In: JbPi 2000, S. 143–166.
Hans Peter IPSEN: Bemerkungen zu Helgolands eigentümlicher Rechtsgeschichte. In: Schleswig-Holsteinische Anzeigen 1981, Teil A, Nr. 11, S. 169–175.
Dirk JACHOMOWSKI: Uetersen. In: Die Männer- und Frauenklöster der Zisterzienser in Niedersachsen, Schleswig-Holstein und Hamburg, St. Ottilien 1994, S. 664–677.
Reimut JOCHIMSEN, Peter KNOBLOCH und Peter TREUNER: Gebietsreform und regionale Strukturpolitik – Das Beispiel Schleswig-Holstein, Opladen 1971.
Martin KNORR: Die Burg Haseldorf. In: JbPi 1973, S. 5–46.
Heinrich KOCHENDÖRFFER: Das adelige Landgericht in Schleswig-Holstein. In: NE 3 (1924), S. 325–340.
Georg KRAUS: Das Recht der Familienfideikommisse und der Familienstiftungen in Schleswig-Holstein. In: Schleswig-Holsteinische Anzeigen 81 (1917), S. 1–46.
Ulrich LANGE: Grundlagen der Landesherrschaft der Schauenburger in Holstein. In: ZGSH 99 (1974), S. 9–93 und 100 (1975), S. 83–160.
Ulrich LANGE: Bemerkungen zur verfassungsgeschichtlichen Stellung des holsteinischen Adels im 13. Jahrhundert. In: HJbS 22 (1976), S. 9–12.
Wolfgang LAUR: Das Pinneberger Goding. Die Dingstätte als holsteinisches Volksgericht 1397(?)–1865. In: JbPi 1996, S. 171–187.
H. LOHMANN: Beschreibung der Herrschaft Pinneberg de 1779. In: Die Heimat 70 (1963), S. 361–363.
Klaus-Joachim LORENZEN-SCHMIDT: Eine Beschreibung des Kirchspiels Barmstedt von 1735. In: JbPi 1990, S. 107–114.
Dieter-J. MEHLHORN: Klöster in Schleswig-Holstein – Itzehoe, Preetz, Schleswig, Uetersen, Heide 2004 (= Kleine Schleswig-Holstein-Bücher 55).
Ernst MEINERT: Einige alte interessante Urkunden und Berichte zum Deich- und Wasserwesen im Kreis Pinneberg. In: JbPi 1967, S. 53–68.
Doris MEYN: Grundriß von Ranzau 1816. In: Die Heimat 72 (1965), S. 132–136.
Ernst von MOELLER: Die Rechtsgeschichte der Insel Helgoland, Weimar 1904.
Hans MÖLLER: Studien zur Rechtsgeschichte der „Schaumburgischen Lande“ in Holstein, Dissertation, Kiel 1939.
Arthur MÖLLIN: Der geschichtliche Ablauf des Katasters für den Kreis Pinneberg 1877–1971. In: JbPi 2005, S. 113–120.
Hubertus NEUSCHÄFFER: Das Amt Barmstedt und ehemalige Grafschaft Rantzau. In: Schleswig-Holstein 1987, Heft 11, S. 2–6.
Walter PAATSCH: Alte Gerichtsakten als Quellen der Heimatgeschichte. In: HJbS 39 (1993), S. 29–32.
Walter PAATSCH: Ein Blick in die Pinneberger Gödingsgerichtsprotokolle 1779 bis 1865. In: JbPi 1994, S. 111–116.

Walter PAATSCH: Auseinandersetzungen wegen der Güter Haselau und Haseldorf vor dem Reichskammergericht um 1750. In: JbPi 1997, S. 117–122.
Volquart PAULS: Die holsteinische Lokalverwaltung im 15. Jahrhundert. In: ZSHG 38 (1908), S. 1–88, 43 (1913), S. 1–255.
Paul Detlev Christian PAULSEN: Lehrbuch des Privat-Rechts der Herzogthümer Schleswig und Holstein, wie auch des Herzogthums Lauenburg, 2. Aufl., verbessert, und mit dem lauenburgischen Rechte vermehrt, Kiel 1842.
Lorenz PETERSEN: Zur Geschichte der Verfassung und Verwaltung auf Helgoland. In: ZSHG 67 (1939), S. 29–190.
Lorenz PETERSEN: Recht und Gesetzgebung in der Grafschaft Holstein (Pinneberg). In: Schleswig-Holsteinische Anzeigen 1940, S. 25–31.
Lorenz PETERSEN: Über die Verfassung und Verwaltung der Grafschaft Holstein-Pinneberg. In: ZSHG 72 (1944), S. 201–244 und 73 (1949), S. 141–196.
Elsa PLATH-LANGHEINRICH: Das Adelige Kloster Uetersen, ein kleiner Wegweiser – seine Geschichte, seine Menschen, seine Gebäude, 2. erweiterte und verbesserte Aufl., Uetersen 1996.
Elsa PLATH-LANGHEINRICH: Vom Zisterzienserinnenkloster zum Adeligen Damenstift im holsteinischen Uetersen – aus acht Jahrhunderten, Neumünster 2008.
Markus POSSELT: Die Schleswig-Holsteinischen Klöster nach der Reformation, Itzehoe 1894.
Wolfgang PRANGE: Das Adlige Gut in Schleswig-Holstein im 18. Jahrhundert. In: Christian Degn und Dieter Lohmeier (Hrsg.): Staatsdienst und Menschlichkeit. Studien zur Adelskultur des späten 18. Jahrhunderts in Schleswig-Holstein und Dänemark, Neumünster 1980, S. 57–75.
Wolfgang PRANGE: Landesherrschaft, Adel und Kirche in Schleswig-Holstein 1523 und 1581. Die Zahl der Bauern am Ende des Mittelalters und nach der Reformation. In: ZSHG 108 (1983), S. 51–90.
Horst RALF: Der Pflug als Rechtssymbol und Maß für Abgaben. In: HJbS 45 (1999), S. 46–52.
Hans Gerhard RISCH: Die Grafschaft Holstein-Pinneberg von ihren Anfängen bis zum Jahr 1640. Diss. phil. Hamburg 1986.
Arnold ROSTOCK: Daten zur Entstehung und Geschichte des Amtsgerichts Pinneberg. In: JbPi 1977, S. 87–94.
Georg Alfred RUNGE: Gerichtsverfassung und Rechtsordnung in Schleswig und Holstein bis 1867. In: Schleswig-Holsteinische Anzeigen 1989, S. 149–152.
Udo SACHSE: Verwaltungsgeschichte von Helgoland. In: JbPi 1972, S. 63–83.
Friedrich SEESTERN-PAULY: Beiträge zur Kunde der Geschichte sowie des Staats- und Privat-Rechts des Herzogthumes Holstein, 2 Bände, Schleswig 1822/25.
Max SERING: Erbrecht und Agrarverfassung in Schleswig-Holstein auf geschichtlicher Grundlage, Berlin 1908.
Joachim STÜBEN: Zur Entstehung und Frühgeschichte des Kirchspiels Rellingen im Rahmen des Landesausbaus in Nordelbingen. In: JbPi 2007, S. 187–218.
Christoph von TIEDEMANN: Justiz und Administration in Holstein in vorpreußischer Zeit. In: JbPi 1999, S. 87–93.
Helmut TREDE (Hrsg.): Systematische Darstellung der Verfassung der Grafschaft Rantzau. Entworfen von Hildemar thor Straten, Bokel 2005.

Karl v. WARNSTEDT: Zur Kunde der Verfassung und Vertretung der Landcommünen in den Herzogthümern Schleswig und Holstein. In: Neues Staatsbürgerliches Magazin 5 (1837), S. 504–594.

Steuerwesen

Franz Heinrich ALBERS: Allgemeine Darstellung des Hebungswesens in den Ämtern und Landschaften der Herzogthümer Schleswig und Holstein; mit besonderer Rücksicht auf die herrschaftlichen Gefälle und Abgaben, Kopenhagen 1840.
Heinrich CLAUSEN: Pflug = Hufe? In: JbSG 37 (1989), S. 61–68.
Franz EHLERS: Zoll- und Steuergeschichte Schleswig-Holsteins, o. O. o. J.
Albert HÄNEL und Wilhelm SEELIG: Zur Frage der „stehenden Gefälle" in Schleswig-Holstein, Kiel 1871.
Jan HEYDE: Die Steuern in Schleswig-Holstein im 17. und 18. Jahrhundert. In: JbSG 29 (1981), S. 204–207.
Otto HINTZE: Die Einwohner des Amtes Hatzburg in Holstein und ihre Abgaben im Jahre 1590, Hamburg 1928.
Otto HINTZE: Das Pinneberg-Hatzburger Einnahme- und Ausgaberegister von 1464–1465. In: Schleswig-Holsteiner Bürger und Bauern vor 1650, herausgeben von Otto Hintze. Heft 2: Pinneberg-Hatzburg 1464, S. 1–19, Hamburg 1935.
C. HORST: Das Hebungs- und Steuerwesen, Kiel 1857.
W. JENSEN (Hrsg.): Register der Einkünfte der hamburgischen Dompropstei aus Holstein, Dithmarschen und Stormarn (um 1540). In: Schriften des Vereins für Schleswig-Holsteinische Kirchengeschichte, 1. Reihe, Band 18, 1934, S. 122–149.
Otto NEUMANN: Rantzouwisches ContributionsRegister. In: JbPi 1977, S. 47–51.
Werner PFEIFFER: Geschichte des Geldes in Schleswig-Holstein, Heide/Holstein 1977.
Horst RALF: Der Pflug als Rechtssymbol und Maß für Abgaben. In: HJbS 45 (1999), S. 46–52.
Johann Christian RAVIT: Die Steuern in Schleswig-Holstein und das preußische Steuersystem, Hamburg 1867.
Friedrich SAEFTEL: Pflug-Gespann, Fach-Haus, Grund-Steuer. Das Haus als Maßstab für Rechte und Pflichten sowie als Grundlage für den Aufbau der Münzrechnung, Eckernförde 1957.
Adolf Theodor THOMSEN-OLDENSWORTH: Die Steuern der Herzogthümer Schleswig-Holstein und des Preußischen Staats, Kiel 1867.

Gedruckte Quellen, Quellenkunde, Statistiken, Archive und sonstige Hilfsmittel

Georg ASMUSSEN (Bearb.): Das Kirchenständeregister der Kirchengemeinde Seester von 1639/1736. In: Familienkundliches Jahrbuch Schleswig-Holstein 35 (1996), S. 13–34.
Grete ATHEN: Die Raaer Gilde von 1651. In: JbPi 1977, S. 36–46.
Dieter BEIG: Die Landkarte der Grafschaft Holstein-Pinneberg von 1650. In: JbPi 1995, S. 173–179.
Erwin BERGENER: Urkunden zur Familienforschung. In: JbPi 1984, S. 177–178.
Wilhelmine BÖTTGER: Das Inventar eines Bauern aus Holm bei Wedel, aufgenommen bei einer Pachtübergabe im Jahre 1866. In: Die Heimat 81 (1974), S. 22.
Michael BRÜCHMANN und Annette GÖHRES: Das Nordelbische Kirchenarchiv. In: Steinburger Jahrbuch 2003, S. 43–53.
H. CARSTENS: Die Volkszählung 15. August 1769 in Schleswig-Holstein. In: Zeitschrift für Niedersächsische Familienkunde 19 (1937), S. 180–184.
CHRONIKEN in Schleswig-Holstein. In: JbSG 41 (1993), S. 248–260.
Otto CLAUSEN: Die Bedeutung der Schuld- und Pfandprotokolle für die Hof- und Familienforschung. In: Busdorfer Hefte 1 (1988), S. 42–48.
Rainer DEMSKI: Die Flurkarte als historische Quelle. In. JbEut 29 (1995), S. 57–61.
Margarete und Jörg EICHBAUM: Heist, Anno 1737. In: JbPi 1984, S. 67–70.
Veronika EISERMANN und Hans Wilhelm SCHWARZ (Bearb.): Archive in Schleswig-Holstein, Schleswig 1996 (= Veröffentlichungen des Schleswig-Holsteinischen Landesarchivs, Band 43).
Hannelies ETTRICH: ...von den Freuden und Leiden, eine Chronik zu schreiben. In: JbSt 8 (1990), S. 103–113.
Rolf GEHRMANN: Die Volkszählungslisten als Spiegel der Sozialstruktur Schleswig-Holsteins im 19. Jahrhundert. In: Die Heimat 91 (1984), S. 111–118.
Silke GÖTTSCH: Ländliche Tage- und Anschreibebücher. In: KBlV XIV (1982), S. 153–159.
Silke GÖTTSCH: Möglichkeiten der Erfassung und Auswertung von Amtsrechnungen. In: KBlV XV (1983), S. 163–172.
Kurt HECTOR: Das Schleswig-Holsteinische Landesarchiv, Schleswig 1973.
Paul von HEDEMANN-HEESPEN: Inhalt des öffentlichen Archivs der Familie v. Hedemann gen. v. Heespen, zu Deutsch-Nienhof. In: ZSHG 20 (1890), S. 193–212.
Paul von HEDEMANN-HEESPEN: Das öffentliche Archiv der Familie von Hedemann gen. von Heespen. In: ZSHG 21 (1891), S. 392–393.
Mariechen HEITMANN: Pinnebergerdorf 1788. In: JbPi 1979, S. 157–163.
Rainer HERING: Öffentliches Gedächtnis Schleswig-Holsteins – das Landesarchiv am Beginn des 21. Jahrhunderts. In: Beiträge zur Schleswiger Stadtgeschichte, Schleswig 2007, S. 111–128.
Gottfried Ernst HOFFMANN: Der Weg zu den archivalischen Quellen der Heimat- und Landesforschung. In: Peter Ingwersen (Hrsg.): Methodisches Handbuch für Heimatforschung, Schleswig 1954, S. 24–40.
Heinrich Freiherr von HOYNINGEN und Robert KNULL: Landesarchiv Schleswig-Holstein. In: Steinburger Jahrbuch 2003, S. 31–42.

Peter INGWERSEN (Hrsg.): Methodisches Handbuch für Heimatforschung, Schleswig 1954.
Hans-Jürgen KAHLFUSS: Landesaufnahme und Flurvermessung in den Herzogtümern Schleswig, Holstein und Lauenburg vor 1864, Neumünster 1969.
Hans-Joachim KAMMRADT: Probstei Pinneberg/Kirchspiel Niendorf. Taufregister. Band 1: Taufregister von 6.6.1763–31.12.1800; Band 2: Taufregister von 1801–1850; Band 3: Taufregister von 1851–1875. Herausgegeben vom Kirchenkreisverband Evangelisches Zentrum Rissen, Hamburg 2000.
Hans-Joachim KAMMRADT: Probstei Pinneberg/Kirchspiel Niendorf. Trauregister. Band 1: Trauregister von 1763–1850; Band 2: Trauregister von 1851–1900. Herausgegeben vom Kirchenkreisverband Evangelisches Zentrum Rissen, Hamburg 2000.
Johannes Hugo KOCH: Vom Gildewesen im Hinblick auf die Brandgilden. In: Die Heimat 98 (1991), S. 72–85.
Heinrich KOCHENDÖRFFER: Das Archivwesen Schleswig-Holsteins, Kiel 1924.
KÖNIGLICH Preußisches Statistisches Landesamt (Hrsg.): Gemeindelexikon für die Provinz Schleswig-Holstein, Berlin 1908.
Uwe KRÖGER: Vom Pfund zum Kilogramm in Schleswig-Holstein. In: Natur- und Landeskunde 112 (2005), S. 28–33.
Jürgen KÜHL: Zwei Recheneinschreibebücher aus dem 18. Jahrhundert. In: HJbS 45 (1999), S. 61–71.
Karl Heinz KUHLEMANN: Findbuch. Archiv der Vereinigung für Familienkunde Elmshorn, 4., ergänzte Aufl., Stand Juli 1998, Elmshorn 1998.
LANDESARCHIV SCHLESWIG-HOLSTEIN u. a. (Hrsg.): Archivführer Schleswig-Holstein. Archive und ihre Bestände, Hamburg 2011.
LANDESVERMESSUNGSAMT Schleswig-Holstein (Hrsg.): Entstehen und Wert der Katasterkarten in der Provinz Schleswig-Holstein, Kiel 1952.
LANDESVERMESSUNGSAMT Schleswig-Holstein (Hrsg.): Topographische Charte des Herzogtums Holstein (1789–1796) 1:25 000, aufgenommen unter Gustav Adolf von Varendorf durch Offiziere des Schleswigschen Infanterieregiments, Kiel 1991.
Martin LAUCKNER: Findbuch des Archivs der Propstei Pinneberg, o. O. (Uetersen) 1972.
Joachim Friedrich LINDELOF: Situationsrisz von den sämmtlichen in der Herrschaft Pinneberg belegenen Dörfern 1787. Text: Ildiko Barabas. Reproduktion, Hamburg 1979 (Staatsarchiv).
Klaus-Joachim LORENZEN-SCHMIDT: Getreidepreise in Schleswig-Holstein, Hamburg und Lübeck 1734 bis 1841. In: Rundbr. 11 (1981), S. 6–18.
Klaus-Joachim LORENZEN-SCHMIDT: Bäuerliche Anschreibe- und Tagebücher – ein bisher vernachlässigter Quellenbereich der Landwirtschaftsgeschichte. In: Rundbr. 12 (1981), S. 9–14.
Klaus-Joachim LORENZEN-SCHMIDT: Eine Zeittafel für den schleswig-holsteinischen Wirtschafts- und Sozialhistoriker. In: Rundbr. 23 (1983), S. 2–22.
Klaus-Joachim LORENZEN-SCHMIDT: Anschreibebücher als Quellen zur Wirtschaftsgeschichte bäuerlicher Betriebe in Schleswig-Holstein. In: ZSHG 109 (1984), S. 151–165.
Klaus-Joachim LORENZEN-SCHMIDT: Das alte Archiv der Gemeinde Raa-Besenbek 1652–1935. In: Archiv für Agrargeschichte der holsteinischen Elbmarschen, Krempe 1987, S. 153–154.

Klaus-Joachim LORENZEN-SCHMIDT und Bjørn POULSEN (Hrsg.): Bäuerliche Anschreibebücher als Quellen zur Wirtschaftsgeschichte, Neumünster 1992 (= Studien zur Wirtschafts- und Sozialgeschichte Schleswig-Holsteins, Band 21).
Klaus-Joachim LORENZEN-SCHMIDT: Quellenkundliche Überlegungen bei der Auswertung bäuerlicher Schreibebücher. In: Research on Peasant Diaries, Newsletter 8 (1993), S. 7–14.
Klaus-Joachim LORENZEN-SCHMIDT: Warum schrieben Bauern? In: KBlV 27 (1995), S. 109–126.
Klaus-Joachim LORENZEN-SCHMIDT: Arbeitsschritte und Arbeitsmaterialien für das Schreiben einer Ortsgeschichte. In: Steinburger Jahrbuch 1995, S. 53–61.
Klaus-Joachim LORENZEN-SCHMIDT: Lübisch und Schleswig-Holsteinisch Grob Courant. Waren-, Handels- und Geldbeziehungen zwischen Lübeck und den Herzogtümern Schleswig und Holstein im Spätmittelalter und in der Frühen Neuzeit, Lübeck 2003 (= Handel, Geld und Politik vom frühen Mittelalter bis heute, Band 6).
Ronald LUCHT: Das Landesarchiv Schleswig-Holstein. Eine Betrachtung aus archivtechnischer Sicht, Schleswig 2006 (= Veröffentlichungen des Landesarchivs Schleswig-Holstein, 89).
Doris MEYN: Konkurs und Inventarisierung des Besitzes des Amtsvogts Bösewiel von Uetersen 1749/1755. In: JbPi 1982/83, S. 79–92.
Andreas Ludwig Jacob MICHELSEN und Jacob ASMUSSEN: Archiv für Staats- und Kirchengeschichte der Herzogthümer Schleswig, Holstein, Lauenburg und der angrenzenden Länder und Städte, 5 Bände, Altona 1833–43.
Arthur MÖLLIN: Der geschichtliche Ablauf des Katasters für den Kreis Pinneberg 1877–1971. In: JbPi 2005, S. 113–120.
Ingwer Ernst MOMSEN: Die allgemeinen Volkszählungen in Schleswig-Holstein in dänischer Zeit (1769–1860), Neumünster 1974 (= QuFGSH 66).
Lothar MOSLER: Ein „redliger aufrechter Hausverkauf im Jahre 1641“ in der Propstei Uetersen. In: JbPi 1972, S. 174–175.
Ute NEUHAUS-SCHRÖDER: Dorfchroniken in Schleswig-Holstein. In: Die Heimat 101 (1994), S. 57–64.
Ute NEUHAUS-SCHRÖDER: Dorfchroniken in Schleswig-Holstein. In: Steinburger Jahrbuch 1995, S. 298–308.
Ute NEUHAUS-SCHRÖDER: Liste der Dorfchroniken im Kreis Pinneberg (Stand Dez. 1992). In: JbPi 1996, S. 189–190.
Ute NEUHAUS-SCHRÖDER (Hrsg.): Heimatforschung in Schleswig-Holstein. Handbuch für Chronisten, Regionalforscher und Historiker, Husum 2001.
Ute NEUHAUS-SCHRÖDER: Konzepte für eine konkrete Chronikarbeit. In: HJbS 47 (2001), S. 179–187.
Otto NEUMANN: Rantzouwisches ContributionsRegister. In: JbPi 1977, S. 47–51.
Manfred Otto NIENDORF: Chronikarbeit voll im Trend? In: Steinburger Jahrbuch 1995, S. 11–32.
OBER-POSTDIREKTION Kiel (Hrsg.): Verzeichnis sämtlicher Ortschaften der Provinz Schleswig-Holstein, Berlin 1922.
A. A. POSSELT: Geschichte und jetzige Einführung des Schuld- und Pfandprotokolls für die Grafschaft Rantzau. In: Staatsbürgerliches Magazin 3 (1835), S. 541–550.

Wolfgang PRANGE: Geschäftsgang und Registratur der Rentekammer zu Kopenhagen 1720–1799, beschrieben als Anleitung zur Benutzung ihres Schleswig-Holstein betreffenden Archivs. In: ZSHG 93 (1968), S. 181–203.
Johann Christian RAVIT: Actenstücke zur Geschichte der Pflugzahl und insonderheit der reducierten Pflugzahl. In: Jahrbücher für die Landeskunde 9 (1867), S. 285–353.
Wilhelm SCHLÜTER: Eine Einwohnerliste des Kirchspiels Wedel von 1622 und ihre Entstehungsgeschichte. In: Familiengeschichte in Norddeutschland 37 (1988), S. 361–369.
Percy E. SCHRAMM und Ascan W. LUTTEROTH: Verzeichnis gedruckter Quellen zur Geschichte Hamburgischer Familien mit Berücksichtigung der näheren Umgebung Holsteins. Herausgegeben von der Zentralstelle für Niedersächsische Familiengeschichte e. V., Hamburg 1921.
Franz SCHUBERT (Hrsg.): Trauregister aus den ältesten Kirchenbüchern Schleswig-Holsteins von den Anfängen bis zum Jahre 1704; 13. Propstei Pinneberg. Bearbeitet von Wilhelm F. Behncke, Göttingen 1992.
Hugo SCHÜNEMANN: Alte Längenmaße und Meßgeräte. In: Steinburger Jahrbuch 1974, S. 83–98.
STATISTISCHES Landesamt Schleswig-Holstein (Hrsg.): Verzeichnis der Gemeinden, Ortschaften und Wohnplätze in Schleswig-Holstein, Kiel 1953.
STATISTISCHES Landesamt Schleswig-Holstein (Hrsg.): Die schleswig-holsteinischen Kreise und Verzeichnis der Gemeinden nach der Gebietsreform vom 26.4.1970, Kiel 1970.
STATISTISCHES Landesamt Schleswig-Holstein (Hrsg.): Die Bevölkerung der Gemeinden in Schleswig-Holstein 1867–1970, Kiel 1972.
Gerd STEINWASCHER: Heimatforschung und mittelalterliche Quellen. Eine Einführung, Hildesheim 1992.
Gerd STEINWASCHER: Quellen zur Geschichte der Grafschaft Holstein-Pinneberg im Niedersächsischen Staatsarchiv in Bückeburg. In: ZSHG 113 (1988), S. 45–74 und in JbPi 2005, S. 163–193.
Gerd STOLZ: Mit den Brandgilden fing es an. Schleswig-Holstein – die „Wiege“ der deutschen Feuerversicherung. In: Natur- und Landeskunde 115 (2008), S. 182–191.
Otto THIESSEN: Das Schuld- und Pfandprotokoll als Quelle der Familienforschung. In: JbAng 3 (1933), S. 48–54.
Helmut TREDE: Sie ist wieder da – die älteste Karte der Grafschaft Rantzau von 1811. In: JbPi 2010, S. 107–122.
Dagmar UNVERHAU: Archivalische Quellennachweise zur Geschichte des Kreises Pinneberg (bis 1864). In: JbPi 1977, S. 52–86.
Adolf USINGER: Das Gräflich Schauenburgische Archiv. In: Jahrbücher für die Landeskunde der Herzogtümer Schleswig, Holstein und Lauenburg 10 (1869), S. 255–261.
Johann WITT: Der Seestermüher Gildebrief von 1695. In: JbPi 1971, S. 161–172.

Haus- und Gutsgeschichte, Ortschroniken

(Alphabetisch nach Orten geordnet)

Das Dorf **Ahrenlohe** 1907. In: JbPi 1998, S. 119–126.

Auszüge aus der Schul- und Gemeinde-Chronik von **Ahrenlohe** 1891–1949. In: JbPi 2001, S. 65–102.

Klaus-Joachim LORENZEN-SCHMIDT: Ein bäuerliches Wirtschaftsbuch aus der Zeit der Hochindustrialisierung (1892–1896) aus **Ahrenlohe**. In: JbPi 1999, S. 71–85.

Annette SCHLAPKOHL: Tornesch. Die Geschichte der Ortsteile **Ahrenlohe**, Esingen und Tornesch von den Anfängen bis heute, Husum 2004.

Hans-Joachim WOHLENBERG: Verkoppelung der Feldmark vor 200 Jahren. Entstehung der Knicklandschaft [**Ahrenlohe**]. In: JbPi 1990, S. 115–122.

Dagmar JESTRZEMSKI: Die Chronik der Gemeinde **Appen** (1269–2001), Appen, 2001.

Richard KALAND: Das Dorf **Appen**, Appen 1994.

Adolf HELL: Groß Offenseth-**Aspern**. Wie es füher war, wie es heute ist, Groß Offenseth-Aspern 2000.

Hans DÖSSEL: Die Urkunde von 1564 und die Familienforschung. In: Zeitschrift für Niedersächsische Familienkunde 24 (1949), S. 21–24. (Übersicht über die ältesten Hufenstellen in den Kirchspielen **Barmstedt**, Hörnerkirchen und Rellingen.)

Hans DÖSSEL: Stadt und Kirchspiel **Barmstedt**, Barmstedt 1974.

Hans DÖSSEL: **Barmstedt**, eine geschichtliche Schau, Husum 1988.

Richard HAUPT: **Barmstedt** und Rantzau, Kiel 1920.

Hans HEUER: Alter und Name **Barmstedt**s. In: Die Heimat 47 (1937), S. 307–312.

Emil HOLST: Die Familiennamen der Kirchengemeinde **Barmstedt**. In: Zeitschrift für Niedersächsische Familienkunde 7 (1929), S. 135 ff.

Klaus-Joachim LORENZEN-SCHMIDT: Eine Beschreibung des Kirchspiels **Barmstedt** von 1735. In: Jahrbuch Pinneberg 22 (1989), S. 107–114.

Kurt RANKE: Noch einmal **Barmstedt**. In: Die Heimat 47 (1937), S. 312–314.

STADT Barmstedt (Hrsg.): 850 Jahre **Barmstedt**, Barmstedt 1990.

Bernhard THEILIG: Die sieben Epochen in der Geschichte **Barmstedt**s. In: JbPi 1999, S. 115–119.

Hans BORNHOLDT (Mitarb.): Dorfbuch Raa-**Besenbek** 1141–1991, Raa-Besenbek 1991.

GEMEINDE Raa-Besenbek (Hrsg.): Dorfbuch Raa-**Besenbek** 1141–1991, Raa-Besenbek 1991.

Karl Heinz KUHLEMANN: Die Elmshorner Eingemeindungen von 1938 [**Besenbek**]. In: JBPi 2009, S. 97–111.

Theodor MUSFELDT: Deichgrafen, Geschworene und Gevollmächtigte in der Commüne der Dorfschaften Rahe (Raa) und **Besenbek** zu Zeiten der Schauenburger, Gottorfer und Rantzauer (1577 bis 1726). In: JbPi 1997, S. 127–152.

Theodor MUSFELDT: Raa-**Besenbek**. Besiedlung, Bedeichung und Entwässerung. Teil 1. In: JbPi 2001, S. 103–126.

Theodor MUSFELDT: Raa-**Besenbek**. Besiedlung, Bedeichung und Entwässerung. Teil 2. In: JbPi 2002, S. 129–155.

Carl Johannes WICHMANN: **Bevern**. Die Dorfgeschichte der Gemeinde Bevern. 2000 Jahre vor und nach der Zeitwende, Bevern 1999.
Marianne und Joachim BORNHOLDT und Rainer HARMS: Chronik der Gemeinde **Bilsen**, Bilsen 1989.
Hans DÖSSEL: 800 Jahre **Bilsen**. In: Die Heimat 56 (1949), S. 186–190.
Hans DÖSSEL: **Bilsen** als hamburgisches Klosterdorf, Bilsen 1994 (Dorfchronik Bilsen, 2).
Chronik der Gemeinde **Bilsen**, Bilsen 1988.
Heinz GRABENER: **Bilsen**. Beiträge zu einer Dorfgeschichte, Bilsen 1950.
Gudrun MÜNSTER: Aus der Chronik von **Bishorst**. In: JbPi 2001, S. 15–22.
Helmut TREDE: Die Hörner Dörfer. Aus der Geschichte von **Bokel**, Bokelseß, Brande-Hörnerkirchen, Osterhorn und Westerhorn, Bokel 1989.
Helmut TREDE: Die Hörner Dörfer. Aus der Geschichte von Bokel, **Bokelseß**, Brande-Hörnerkirchen, Osterhorn und Westerhorn, Bokel 1989.
GEMEINDE Bokholt-Hanredder (Hrsg.): Dorfgeschichte **Bokholt**-Hanredder, Bokholt-Hanredder 1989.
ARBEITSKREIS Chronik des Heimatvereins Bönningstedt von 1984 (Red.): **Bönningstedt** –Winzeldorf, gestern – heute, Bönningstedt 1988 ff.
Hans LIPP und Heinz OERTEL: 600 Jahre **Bönningstedt**. In: JbPi 1971, S. 217–237.
Günther RINGLE: Die Vereinigung von **Bönningstedt** und Winzeldorf 1942. In: Bönningstedt Winzeldorf gestern – heute 13 (2011), S. 13–18.
Ludwig DANGER: Alter bäuerlicher Erbbesitz [**Borstel**]. In: Die Heimat 11 (1901), S. 99–102.
Mariechen HEITMANN und Ernst RUNDESHAGEN: 600 Jahre **Borstel**-Hohenraden, Borstel-Hohenraden 1988.
Helmut TREDE: Die Hörner Dörfer. Aus der Geschichte von Bokel, Bokelseß, **Brande**-Hörnerkirchen, Osterhorn und Westerhorn, Bokel 1989.
Günther MEIER: Der **Brander Hof** in Halstenbek und seine Geschichte. In: JbPi 2011, S. 21–23.
KULTURAUSSCHUSS Bullenkuhlen (Hrsg.): **Bullenkuhlen** – von 1588 bis heute. Chronik eines Holsteiner Dorfes, Bullenkuhlen 2008.
HEIMATVEREIN (Hrsg.): **Datum**/Waldenau in Vergangenheit und Gegenwart, Waldenau 1985.
Franz STIELER: **Egenbüttel**s Name und älteste urkundliche Erwähnungen. In: JbPi 1975, S. 168–171.
Otto LEVERKÖHNE (Hrsg.): Seeth-**Ekholt**. Chronik eines Dorfes, 2. Aufl., Seeth-Ekholt 1981.
Otto LEVERKÖHNE: Aus der Ortsgeschichte von Seeth-**Ekholt**. Der Ortsname, die Bürgermeister, das Wappen. In: JbPi 2003, S. 77–88.
Otto LEVERKÖHNE: Seeth-**Ekholt** 1900 und 2000 – Wandlungen einer Landgemeinde. In: JbPi 2009, S. 15–38.
Gudrun MÜNSTER: Lebenserinnerungen des Wilhelm Münster aus **Ekholt** 1864–1898. In: JbPi 2006, S. 85–93.
GEMEINDE Ellerbek (Hrsg.): **Ellerbek**er Chronikblätter 1991–1997.
Johannes MÜNSTER: Alte bäuerliche Arbeit auf Hof und Feld in der Gemeinde **Ellerhoop**-Thiensen um 1900. In: JbPi 2001, S. 127–144.

Carsten OBST: Chronik der Gemeinde **Ellerhoop**. Kommunalchronik der Gemeinde Ellerhoop/Thiensen (Kreis Pinneberg) 1349–1990. Eine historisch-volkskundliche Untersuchung, Gemeinde Ellerhoop 1992.
Elmshorn. Schleswig-Holstein 1998, Heft 1/2 (Spezialheft).
Grete ATHEN: Die Neugründung der **Elmshorn**er Gilde im Jahre 1653 und ihr geschichtlicher Hintergrund. In: JbPi 1985, S. 27–39, 1986, S. 35–50, 1987, S. 85–102, 1988, S. 97–110, 1989, S. 31–50.
Peter DANKER-CARSTENSEN: Bibliografie zur **Elmshorn**er Geschichte. In: Beiträge zur Elmshorner Geschichte, Band 2, Elmshorn 1988, S. 195–212.
Peter DANKER-CARSTENSEN: Die Wirtschaftsstruktur und Wirtschaftsentwicklung **Elmshorns** 1737–1914. Ein Beitrag zur Industrialisierungsgeschichte ländlicher Räume im 18. und im langen 19. Jahrhundert. In: Rundbr. 89 (2004), S. 3–8.
Hans Hinrich KÖHNCKE: **Elmshorn** – Chronik einer Stadt, Elmshorn 1970.
Klaus-Joachim LORENZEN-SCHMIDT: Die Erhebung **Elmshorns** zum zunftberechtigten Flecken im Jahre 1737. Überarbeitete Fassung eines Vortrags, gehalten am 4.1.1987 in Elmshorn. In: Beiträge zur Elmshorner Geschichte, Band 1, Elmshorn 1987, S. 9–19.
Klaus-Joachim LORENZEN-SCHMIDT: Hauptlinien der **Elmshorn**er Geschichte. Zur 850-Jahr-Feier der Krückaustadt. In: JbPi 1992, S. 5–12.
Gesche MARCKS: 345 Jahre **Elmshorn**, Königstraße 39–41. In: Vereinigung für Familienkunde: Vierzig Jahre Vereinigung für Familienkunde, Sitz Elmshorn, Elmshorn 1990, S. 12–18.
Otto NEUMANN: **Elmeshörn**er Gilderolle 1653. In: JbPi 1979, S. 55–59.
STADT Elmshorn (Hrsg.): Beiträge zur **Elmshorn**er Geschichte, Elmshorn 1987–2009.
Wilhelm STEENBOCK: Aus **Elmshorns** Vergangenheit. Chronik aus 1768–1896, Elmshorn 1910.
Konrad STRUVE: Aus dem alten **Elmshorn** vor 200 Jahren. In: Die Heimat 35 (1925), S. 217–223.
Konrad STRUVE: Geschichte der Stadt Elmshorn, Elmshorn 1936–1956.
Erwin BERGENER: Die Vogtei **Esingen**. In: JbPi 1999, S. 53–54.
Carl Ingwer JOHANNSEN: 700 Jahre Tornesch-**Esingen**. In: JbPi 1986, S. 77–90.
Hans LOHMANN: Eine Hofverpachtung in **Esingen** im Jahre 1797. In: JbPi 1967, S. 87–95.
Annette SCHLAPKOHL: Tornesch. Die Geschichte der Ortsteile Ahrenlohe, **Esingen** und Tornesch von den Anfängen bis heute, Husum 2004.
Horst SCHMIDT: 700 Jahre **Esingen**, Gemeinde Tornesch (1285–1985), Esingen/Tornesch 1985.
Hans-Joachim WOHLENBERG: Verkoppelung der Feldmark vor 200 Jahren. Entstehung der Knicklandschaft [**Esingen**]. In: JbPi 1990, S. 115–122.
Hans Joachim WOHLENBERG: Beitrag zur Hof- und Familiengeschichte des Heydorn-Hofes in Tornesch-**Esingen** im 19./20. Jahrhundert. In: JbPi 1992, S. 77–84.
Horst FÜRSTENAU: Zur Geschichte **Friedrichshulde**s, des ehemaligen Scharrenkamper Hofes in Schenefeld. In: JbPi 1978, S. 109–118.
Margrit SIEMON: Versuch einer Hofgeschichte – Hof Kelting [**Groß Nordende**]. In: JbPi 1984, S. 71–90.
Adolf HELL: **Groß Offenseth**-Aspern. Wie es füher war, wie es heute ist, Groß Offenseth-Aspern 2000.

Karl Heinz KUHLEMANN: Die Elmshorner Eingemeindungen von 1938 [**Hainholz**]. In: JBPi 2009, S. 97–111.

Karl Heinz KUHLEMANN: 725 Jahre **Hainholz**. Kurzgeschichte eines Dorfes und Stadtteils. In: JbPi 2011, S. 121–134.

Karl Heinz KUHLEMANN: **Hainholz** 49. Was in 300 Jahren aus einer Katenstelle geworden ist. In: JbPi 2012, S. 149–160.

GEMEINDE Halstenbek (Hrsg.): Jubiläumsschrift zur 700-Jahr-Feier, **Halstenbek** 1996.

Günther MEIER: Der Brander Hof in **Halstenbek** und seine Geschichte. In: JbPi 2011, S. 21–23.

Hans Ch. MÖLLER: Die Chronik der Gemeinde **Halstenbek**, Halstenbek 1954.

Brigitte WOLF: Gemeindechronik **Halstenbek**, 2. Aufl., Halstenbek 1995.

GEMEINDE Bokholt-Hanredder (Hrsg.): Dorfgeschichte Bokholt-**Hanredder**, Bokholt-Hanredder 1989.

ARBEITSGRUPPE Chronik der Gemeinde Haselau: **Haselau** – Die Geschichte der Gemeinde, Haselau 1999.

Joachim STÜBEN: Die ältesten Urkunden zur Geschichte **Haselau**s. Zum 750jährigen Kirchenjubiläum im Jahre 2001. In: JbPi 2001, S. 175–189.

Heinz VIETHEER: Das Rechnungsbuch der Haseldorfer Marsch 1495–1501. Älteste Bauernliste für die Kirchspiele Haseldorf, **Haselau**, Seestermühe, Neuendorf und Kollmar sowie Wirtschaftsführung auf der ehemaligen Burg Haseldorf, Hamburg 1989.

Maren GROTH: Die **Haseldorf**er Marsch seit dem Mittelalter, Hetlingen 1989.

Martin KNORR: Die Burg **Haseldorf**. In: JbPi 1973, S. 5–46.

Klaus-Joachim LORENZEN-SCHMIDT: Einige Bemerkungen zum Aufsatz von M. Knorr, Burg und Ritter von **Haseldorf**, im Jahrbuch für den Kreis Pinneberg 1973. In: JbPi 1975, S. 182–184.

Helmut TUMFORDE (Red.): **Haseldorf** – Das kleine Dorf am großen Strom. 800 Jahre Haseldorf 1190–1990, Haseldorf 1990.

Heinz VIETHEER: Das Rechnungsbuch der Haseldorfer Marsch 1495–1501. Älteste Bauernliste für die Kirchspiele **Haseldorf**, Haselau, Seestermühe, Neuendorf und Kollmar sowie Wirtschaftsführung auf der ehemaligen Burg Haseldorf, Hamburg 1989.

Lieselotte GROPPEL: **Hasloh** – Unsere Dorfgeschichte, Hasloh 1989.

Ralph JUDISCH: Seit 300 Jahren auf dem Hof [**Heede**]. Familie Huckfeldt, Bauern der neunten Generation. In: Bauernblatt Schleswig-Holstein und Hamburg 59/155 (2005), Heft 6, S. 17.

Margarete und Jörg EICHBAUM: Beitrag zur Geschichte des Dorfes **Heist**. In: JbPi 1981, S. 19–31.

Margarete EICHBAUM: Dat Dörp to Heest. Beitrag zur Geschichte eines Dorfes, **Heist** 1983.

Margarete und Jörg EICHBAUM: **Heist**, Anno 1737. In: JbPi 1984, S. 67–70.

Johannes SCHMARJE: Vor fünfzig Jahren [**Heist**]. In: Die Heimat 19 (1909), S. 257–262.

Hans FUNCK: Von früherer Landwirtschaft auf **Helgoland**. In: Die Heimat 68 (1961), S. 66–68.

Erich-Nummel KRÜSS: Chronologie der Insel **Helgoland**, 2., überarbeitete Aufl., Helgoland 2003.

Johann Martin LAPPENBERG: Ueber den ehemaligen Umfang und die alte Geschichte **Helgolands**, Hamburg 1830.
Johann LASS: Vorläufige kurtze Nachricht von der Beschaffenheit und Verfassung des merckwürdigen Heiligelands [**Helgoland**], Otterndorf 1979 (Nachdruck der Ausgabe von 1751).
Emil LINDEMANN: Die Nordseeinsel **Helgoland**, Berlin 1890.
Christian MÜLLER und Henry P. RICKMERS: Auf **Helgoland** ist alles anders. Die wechselvolle Geschichte einer europäischen Insel, Hamburg 2000.
Friedrich OETKER: **Helgoland**, Berlin 1855.
Albert PANTEN: **Helgoland** im Mittelalter – Geschichte und Umfang. In: Nordfriesisches Jahrbuch 34 (1998), S. 63–111.
Albert PANTEN: **Helgoland** im Mittelalter – Geschichte und Umfang. Zeugnisse, Karten und Überlegungen zum Helgoland des Mittelalters, Helgoland 2002.
Georg de ROTH: Geographische Beschreibung der beiden Herzogthümer Bremen und Verden nebst einem Anhang vom Lande Hadeln, vom Amte Ritzebüttel wie auch von der Insel **Hilgeland**, welchen allen beigefüget ist ein vollständiges Register der Städte, Flecken, Kirchdörffer, Dörffer, Höfe und Flüsse. In: C. H. PLASS et al. (Hrsg.): Archiv des Vereins für Geschichte und Alterthümer der Herzogthümer Bremen und Verden und des Landes Hadeln, Band 6, Stade 1877, S. 73–298.
Hans Hugold von SCHWERIN: **Helgoland**, Lund 1896.
August Wilhelm VAHLENDIECK: Das Witte Kliff von **Helgoland**, Bräist/Bredstedt 1992.
Erwin WEBER: Die große **Helgoländer** Chronik (Die Bolzendahl'sche Chronik). Maschinenschriftliche Abschrift von 1973 in der Bibliothek des Nordfriisk Instituut in Bredstedt.
Erwin WEBER: Beiträge zur Geschichte der Insel **Helgoland**. Eine Chronik der Insel Helgoland aus den Handschriften zusammengestellt. I. Teil: 1584–1700, Cuxhaven 1985; II. Teil: 1701–1800, Cuxhaven 1986; III. Teil: 1801–1890, Cuxhaven 1986; IV. Teil: 1890–1933, Helgoland 1998.
Fritz BARTH: **Hemdingen**. Die Siedlungs- und Flurgeschichte eines holsteinischen Urdorfes und ihre Deutung, Hemdingen 1936.
Heino BREDEHORN: **Hemdingen**. Chronik eines Dorfes zwischen den Mooren, Husum 1999.
Luise LADEWIG: Ortschronik **Hetlingen**, Hetlingen 1936.
Mariechen HEITMANN und Ernst RUNDESHAGEN: 600 Jahre Borstel-**Hohenraden**, Borstel-Hohenraden 1988.
Wilfried GUNKEL: „750 Jahre **Holm** – unser Dorf" (1255–2005). Eine Chronik, Holm 2004.
Otto JENSEN (Hrsg.): **Holm** – Geschichte und Geschichten, Holm 1989.
Sönke ROTHER (Red.): **Holm** – 750 Jahre jung (unabhängiges Magazin der Gemeinde Holm zum 750-jährigen Bestehen), Holm 2005.
Hans DÖSSEL: Die Urkunde von 1564 und die Familienforschung. In: Zeitschrift für Niedersächsische Familienkunde 24 (1949), S. 21–24. (Übersicht über die ältesten Hufenstellen in den Kirchspielen Barmstedt, **Hörnerkirchen** und Rellingen.)
Helmut TREDE: Die Entstehung und Entwicklung des Ortes **Hörnerkirchen**. In: JbPi 1988, S. 145–154.
Helmut TREDE: Die Hörner Dörfer. Aus der Geschichte von Bokel, Bokelseß, Brande-**Hörnerkirchen**, Osterhorn und Westerhorn, Bokel 1989.

Peter DANKER-CARSTENSEN: Ortsgeschichte **Klein Nordende**, Klein Nordende 1997.
Karl Heinz KUHLEMANN: Die Elmshorner Eingemeindungen von 1938 [**Klein Nordende**]. In: JBPi 2009, S. 97–111.
Helmut TREDE: Zwischen Torfmoor und Rosenfeldern. Dorfgeschichte **Klein Offenseth**-Sparrieshoop, Klein Offenseth-Sparrieshoop 1997.
Peter DANKER-CARSTENSEN: Die Umgemeindung von Wisch und **Köhnholz** im Jahre 1894. In: Stadt Elmshorn (Hrsg.): Beiträge zur Elmshorner Geschichte, Band 7, Elmshorn 1993, S. 177–180.
Rainer ADONAT: Eine Gemeinde stellt sich vor, **Kölln**-Reisiek 1986.
MITTEILUNGSBLATT des Sippenverbandes „Tho Collinge“, e. V. [Familie **Kölln**]. Zusammengestellt von Peter Kölln, ab 1958 von Rudolf Sottorf, ab 1961 von Detlef und Kurt Kölln. Heft 3–10, 12–16, Elmshorn 1939–1963.
August REIMERS: Die Familien tho Collinge, Colling, Kölln aus dem Dorfe **Kölln** in der ehemaligen Grafschaft Rantzau. In: Heimatblatt. Rutgewen vun de „Holstengill“, Jahrgang 6 (1931), S. 53–57; Jahrgang 7 (1932), S. 65–76.
Hermann KÜHL (Bearb.): Die Chronik der ehemals zur Königlichen Dänemarkischen Reichsgrafschaft Rantzau gehörigen Dorfschaft **Langeln**, Langeln 1992.
Karl Heinz KUHLEMANN: Die Elmshorner Eingemeindungen von 1938 [**Langelohe**]. In: JBPi 2009, S. 97–111.
Karl Heinz KUHLEMANN: Die Elmshorner Eingemeindungen von 1938 [**Lieth**]. In: JBPi 2009, S. 97–111.
Claus-Peter JESSEN: Ein Dorf feiert Geburtstag. 750 Jahre **Lutzhorn**. In: JbPi 2005, S. 33–37.
Helmut TREDE: Dorfgeschichte **Lutzhorn**, Lutzhorn 1992.
Klaus EGGERS: Die beiden Lienau-Höfe in **Moorrege**. In: JbPi 1970, S. 179–191.
Doris MEYN: Die sieben Deichgeschworenschaften. Ein Schlüssel zu siedlungsgeschichtlichen Fragen der Marsch bei Uetersen [**Moorrege**, Neuendeich, mit vielen Namen]. In: JbPi 1971, S. 184–197 und JbPi 1974, S. 29–61.
Lothar MOSLER: Schloß Düneck. Kleine Heimatgeschichte von **Moorrege** und seiner Umgebung, Uetersen 1989.
Johannes SCHMARJE: Vor fünfzig Jahren [**Moorrege**]. In: Die Heimat 19 (1909), S. 244–248.
GEMEINDE Neuendeich (Hrsg.): Herzlichen Glückwunsch zum 700. Geburtstag der Gemeinde **Neuendeich** 1303–2003, Neuendeich 2003.
Walther KOCH: Hausinschriften in **Neuendeich**. In: JbPi 1979, S. 121–126.
Doris MEYN: Die sieben Deichgeschworenschaften. Ein Schlüssel zu siedlungsgeschichtlichen Fragen der Marsch bei Uetersen [Moorrege, **Neuendeich**, mit vielen Namen]. In: JbPi 1971, S. 184–197 und JbPi 1974, S. 29–61.
Helmut TREDE: Die Hörner Dörfer. Aus der Geschichte von Bokel, Bokelseß, Brande-Hörnerkirchen, **Osterhorn** und Westerhorn, Bokel 1989.
Johannes SEIFERT: Vom Schloss zur Stadt – **Pinneberg** 1640–1875, Husum 2011.
VOLKSHOCHSCHULE der Stadt Pinneberg (Hrsg.): **Pinneberg** – historische Streiflichter, Pinneberg 2003 (= Schriften der VHS-Geschichtswerkstatt Pinneberg 3).
Mariechen HEITMANN: **Pinnebergerdorf** 1788. In: JbPi 1979, S. 157–163.
BESITZERLISTE von Peinerhof [**Prisdorf**]. In: JbPi 2001, S. 5–6.

Ernst DAMMANN: Bemerkungen zur „Besitzerliste vom Peinerhof“ [**Prisdorf**] im Jahrbuch für den Kreis Pinneberg 2001. In: JbPi 2002, S. 187–188.
Mariechen HEITMANN: Das Dorf **Prisdorf** 1600–1899 und die Familie Heitmann, Prisdorf 1983.
Friedrich ROGGE: Hof der Familie Kahland in **Prisdorf**. In: JbPi 1980, S. 121–123.
Friedrich ROGGE: Peinerhof – das Gut in **Prisdorf**. In: JbPi 1985, S. 151–158.
Friedrich ROGGE: Der Riedemannsche Hof in **Prisdorf**. In: JbPi 1987, S. 139–140.
Gustav MÜLLER: Die Chronik von **Quickborn**, Quickborn 1969.
Gustav MÜLLER: 600 Jahre **Quickborn**. In: JbPi 1970, S. 161–178.
Grete ATHEN: Die **Raa**er Gilde von 1651. In: JbPi 1977, S. 36–46.
Grete ATHEN: Die frühen Besitzer der Höfe im Dorf **Raa** bei Elmshorn. Archiv für Agrargeschichte der Holsteinischen Elbmarschen, Beiheft 1, Engelbrechtsche Wildnis 1985.
GEMEINDE Raa-Besenbek (Hrsg.): Dorfbuch **Raa**-Besenbek 1141–1991, Raa-Besenbek 1991.
Karl Heinz KUHLEMANN: Die Elmshorner Eingemeindungen von 1938 [**Raa**]. In: JBPi 2009, S. 97–111.
Theodor MUSFELDT: Deichgrafen, Geschworene und Gevollmächtigte in der Commüne der Dorfschaften Rahe (**Raa**) und Besenbek zu Zeiten der Schauenburger, Gottorfer und Rantzauer (1577 bis 1726). In: JbPi 1997, S. 127–152.
Theodor MUSFELDT: **Raa-Besenbek**. Besiedlung, Bedeichung und Entwässerung. Teil 1. In: JbPi 2001, S. 103–126.
Theodor MUSFELDT: **Raa-Besenbek**. Besiedlung, Bedeichung und Entwässerung. Teil 2. In: JbPi 2002, S. 129–155.
Theodor MUSFELDT: Welche Bedeutung hat der Name **Raa** im Ortsnamen Raa-Besenbek? In: JbPi 2008, S. 179–187.
Rainer ADONAT: Eine Gemeinde stellt sich vor, Kölln-**Reisiek** 1986.
Hans DÖSSEL: Die Urkunde von 1564 und die Familienforschung. In: Zeitschrift für Niedersächsische Familienkunde 24 (1949), S. 21–24. (Übersicht über die ältesten Hufenstellen in den Kirchspielen Barmstedt, Hörnerkirchen und **Rellingen**.)
Mariechen HEITMANN: **Rellingen** und seine Höfe, 1702 bis in die Gegenwart, Rellingen 1979.
Rudolf MÖLLER: Das Kirchspiel **Rellingen** im Jahre 1654. In: JbPi 1993, S. 35–44.
Hinrich MÜNSTER: Aus **Rellingen**s Vergangenheit. In: JbPi 1991, S. 5–19.
W. NEUHOFF: **Rellinger** Flurnamen. In: JbPi 2007, S. 151–162.
Manfred Otto NIENDORF: Chronik **Rellingen**, Rellingen 1992.
Franz STIELER: Beiträge zur Geschichte **Rellingen**s und einiger Nachbarorte. In: JbPi 1971, S. 138–160, JbPi 1972, S. 22–45, JbPi 1973, S. 154–163, JbPi 1974, S. 135–150, JbPi 1975, S. 142–147, JbPi 1976, S. 176–195 und JbPi 1980, S. 45–52.
Franz STIELER: **Rellinger** Bauernstreitigkeiten im 17. Jahrhundert. In: JbPi 1975, S. 148–163.
Max THUMANN (Bearb.): Von der Lebensweise in **Rellingen** um 1800 und um 1860 – nach Angaben von Hinrich Wulf. In: JbPi 2008, S. 127–136.
Wieland WITT: Die mittelalterlichen Siedlungsspuren bei der **Rellinger** Kirche 1993. In: JbPi 2006, S. 189–202.
Wieland WITT: Ein Landhaus in **Rellingen** 1795–2005. In: JbPi 2007, S. 135–149.

Ingo PUDER: Chronik **Schenefeld**, Schenefeld, 1997.
SCHENEFELD: Materialien zum Zeitgeschehen, Nr. 6, **Schenefeld** 1990; Nr. 7–8, Schenefeld 1991/92; Nr. 9–10, Schenefeld 1993/94.
Peter DANKER-CARSTENSEN: Gemeinde **Seester**. Geschichte eines Dorfes in der Elbmarsch, zugleich ein Beitrag zur Geschichte des Kirchspiels Seester, Seester 1994.
Michael BROCKS u. a.: Die **Seestermüher** Geschichte, Band 1, Seestermühe 1991.
Peter DANKER-CARSTENSEN: Dorfgeschichte **Seestermühe**. Eine Gemeinde in der Elbmarsch, Husum 2002.
GEMEINDE **Seestermühe** (Hrsg.): Ein Dorf schreibt Geschichte, Seestermühe, 2008.
Otto HINTZE: Geschichte der Bauernhöfe und Bauernsippen des Marschdorfes **Seestermühe**, Hamburg 1941.
Hermann HÜLLMANN: Die Chronik von **Seestermühe**, Seestermühe 1936.
Peter F. C. MATTHIESSEN: Die holsteinischen adlichen Marschgüter **Seestermühe** und Groß- und Klein-Collmar, Itzehoe 1836.
Heinz VIETHEER: Das Rechnungsbuch der Haseldorfer Marsch 1495–1501. Älteste Bauernliste für die Kirchspiele Haseldorf, Haselau, **Seestermühe**, Neuendorf und Kollmar sowie Wirtschaftsführung auf der ehemaligen Burg Haseldorf, Hamburg 1989.
Johann WITT: Der **Seestermüher** Gildebrief von 1695. In: JbPi 1971, S. 161–172.
Otto LEVERKÖHNE (Hrsg.): **Seeth-Ekholt**. Chronik eines Dorfes, 2. Aufl., Seeth-Ekholt 1981.
Otto LEVERKÖHNE: Aus der Ortsgeschichte von **Seeth-Ekholt**. Der Ortsname, die Bürgermeister, das Wappen. In: JbPi 2003, S. 77–88.
Otto LEVERKÖHNE: Strukturwandel auf dem Lande, am Beispiel der Gemeinde **Seeth-Ekholt**. In: JbPi 2006, S. 27–38.
Otto LEVERKÖHNE: **Seeth-Ekholt** 1900 und 2000 – Wandlungen einer Landgemeinde. In: JbPi 2009, S. 15–38.
Karl Heinz KUHLEMANN: Die Elmshorner Eingemeindungen von 1938 [**Sparrieshoop**]. In: JBPi 2009, S. 97–111.
Helmut TREDE: Zwischen Torfmoor und Rosenfeldern. Dorfgeschichte Klein Offenseth-**Sparrieshoop**, Klein Offenseth-Sparrieshoop 1997.
Franz STIELER: **Tangstedt**er Bauernstreitigkeiten am Ende des 17. Jahrhunderts. In: JbPi 1977, S. 100–105.
Johannes MÜNSTER: Alte bäuerliche Arbeit auf Hof und Feld in der Gemeinde Ellerhoop-**Thiensen** um 1900. In: JbPi 2001, S. 127–144.
Carsten OBST: Chronik der Gemeinde Ellerhoop. Kommunalchronik der Gemeinde Ellerhoop/**Thiensen** (Kreis Pinneberg) 1349–1990. Eine historisch-volkskundliche Untersuchung, Gemeinde Ellerhoop 1992.
Hans Ferdinand BUBBE: Versuch einer Chronik der Stadt und des Klosters **Uetersen**, Teil I–IV, Uetersen 1932.
Hans Ferdinand BUBBE: Versuch einer Chronik der Stadt und des Klosters **Uetersen**, Teil V–VI, Uetersen 1939.
Lothar MOSLER: Vom Rittersitz zur Rosenstadt – Streiflichter aus **Uetersen**s über 750jähriger Geschichte. In: JbPi 1985, S. 83–92.
Lothar MOSLER: 125 Jahre Stadt **Uetersen**. Im Jahre 1870 bekam Uetersen die Stadtrechte verliehen. In: JbPi 1996, S. 9–18.

Elsa PLATH-LANGHEINRICH: Kloster **Uetersen** in Holstein. Mit Zisterzienserinnen und Adeligen Stiftsdamen durch acht Jahrhunderte, Neumünster 2008.
Elsa PLATH-LANGHEINRICH: 775 Jahre **Uetersen**. Kloster Uetersen und seine mittelalterliche Kirche – ein Beitrag zum Jubiläumsjahr. In: JbPi 2009, S. 195–200.
STADT Uetersen (Hrsg.): 775 Jahre **Uetersen** (1234–2009), Uetersen 2009.
ARBEITSGEMEINSCHAFT Wedeler Stadtgeschichte (Hrsg.): Beiträge zur **Wedel**er Stadtgeschichte, 7 Bände, Wedel 1997–2008.
Carsten DÜRKOB: **Wedel** – eine Stadtgeschichte, Pinneberg 2000.
Wilhelm EHLERS: **Wedel** – Fährort, Kirch- und Marktflecken im 17. und 18. Jahrhundert. In: JbPi 2006, S. 117–146.
Adolf LADIGES: Der Vogelfängerhof auf dem Scharenberg zu **Wedel**. In: JbPi 1988, S. 127–134.
Jürgen PIEPLOW: **Wedel** (Holstein), Wedel 1980.
Wilhelm SCHLÜTER: Eine Einwohnerliste des Kirchspiels **Wedel** von 1622 und ihre Entstehungsgeschichte. In: Familiengeschichte in Norddeutschland 37 (1988), S. 361–369.
Wolfgang SCHMIDT: Flurnamen in und um Alt-**Wedel**. In: JbPi 1988, S. 111–121.
Franz STIELER: Bauernstreitigkeiten zu **Wedel** im 17. Jahrhundert. In: JbPi 1979, S. 47–54.
Jürgen P. STROHSAL: 1681 – Vor 300 Jahren gebaut, das Wohnhaus der Familie Rist in **Wedel**. In: JbPi 1981, S. 33–46.
Hanna VOLLMER-HEITMANN: Wo einst der Ochsenhandel blühte. Spaziergang durch die Rolandstadt **Wedel**. In: Haseldorfer und Wedeler Marsch, Hamburg 1994.
Helmut TREDE: Die Hörner Dörfer. Aus der Geschichte von Bokel, Bokelseß, Brande-Hörnerkirchen, Osterhorn und **Westerhorn**, Bokel 1989.
ARBEITSKREIS Chronik des Heimatvereins Bönningstedt von 1984 (Red.): Bönningstedt –**Winzeldorf**, gestern – heute, mehrere Bände, Bönningstedt 1988 ff.
Hans LIPP und Heinz OERTEL: 600 Jahre Bönningstedt [**Winzeldorf**]. In: JbPi 1971, S. 217–237.
Günther RINGLE: Die Vereinigung von Bönningstedt und **Winzeldorf** 1942. In: Bönningstedt Winzeldorf gestern – heute 13 (2011), S. 13–18.

Teil V: Anhang

Adressenverzeichnis

Wissenschaftliche Einrichtungen:

Nordfriisk Instituut
Projekt: Wegweiser zu den Quellen der Landwirtschaftsgeschichte Schleswig-Holsteins
Süderstr. 30
25821 Bräist/Bredstedt, NF
Tel.: 04671-601216
Fax: 04671-1333
E-Mail: kunz@nordfriiskinstituut.de
www.nordfriiskinstituut.de

Grundbuchämter:

Grundbuchamt beim Amtsgericht Elmshorn
Bismarckstr. 8
25335 Elmshorn
Tel.: 04121-2320
Fax: 04121-232444
E-Mail: verwaltung@ag-elmshorn.landsh.de

Grundbuchamt beim Amtsgericht Pinneberg
Bahnhofstr. 17
25421 Pinneberg
Tel. 04101-5030
Fax: 04101-503262
E-Mail: verwaltung@ag-pinneberg.landsh.de

Katasteramt:

Katasteramt Elmshorn
Langelohe 65 B
25337 Elmshorn
Tel.: 04121-579980
Fax: 04121-57998111
E-Mail: Poststelle@KA-Elmshorn.landsh.de

Landgericht:

Landgericht Itzehoe
Theodor-Heuss-Platz 3
25524 Itzehoe
Tel.: 04821-660
Fax: 04821-661071
E-Mail: Poststelle@lg-itzehoe.de

Archive:

www.archive.schleswig-holstein.de

Landesarchiv Schleswig-Holstein
Prinzenpalais
Gottorfstr. 6
24837 Schleswig
Tel.: 04621-86 18 05 (Lesesaal)
Fax: 04621-86 18 01
E-Mail: landesarchiv@la.landsh.de
www.schleswig-holstein.de/archive/lash

Kreisarchiv Pinneberg
Am Drosteipark 19
25421 Pinneberg
Tel.: 04101-212393 oder 212200
Fax: 04101-209137
E-Mail: c.wolfelsperger@kreis-pinneberg.de

Niedersächsisches Staatsarchiv in Stade
Am Sande 4c
21682 Stade
Tel.: 04141-406404
Fax: 04141-406400
E-Mail: Stade@nla.niedersachsen.de

Vereinigung für Familienkunde Elmshorn
– Archiv –
Bismarckstr. 1
25335 Elmshorn
Tel. 04121-94870
E-Mail: familienkunde@schleswig-holstein.de

Stadtarchiv Elmshorn
Amt für Kultur und Weiterbildung
Bismarckstraße 13
25335 Elmshorn
Tel.: 04121-2310
Fax: 04121-231324
E-Mail: kulturundweiterbildung@elmshorn.de

Stadtarchiv Uetersen
Stadt Uetersen
Wassermühlenstraße 7
25436 Uetersen
Tel.: 04122-7140
E-Mail: info@stadt-uetersen.de

Stadtarchiv Wedel
Rathausplatz 3–5
22880 Wedel
Tel.: 04103-707215
Fax: 04103-70788215
E-Mail: a.rannegger@stadt.wedel.de

Gutsverwaltung Seestermühe
Tel.: 04125-441
E-Mail: gutseestermuehe@t-online.de

Archiv des Adeligen Klosters Uetersen
– Klosterpropst –
Klosterhof 1
25436 Uetersen
Tel.: 04122-2820
(nicht öffentlich zugänglich)

Heimatverbände, Heimatvereine:

Schleswig-Holsteinischer Heimatbund (SHHB)
Hamburger Landstr. 101
24113 Molfsee
Tel.: 0431-983840
Fax: 0431-9838423
E-Mail: info@heimatbund.de
www.heimatbund.de

SHHB, Kulturverein Hetlingen
Op de Weid 12
25491 Hetlingen
Vorsitzender: Jonn-Heinz Bernhardt
Tel.: 04103-86345
E-Mail:
Jonn-Heinz.Bernhardt@thyssenkrupp.com

SHHB, Ueterst End von 1980 e. V.
An der Klosterkoppel 4
25436 Uetersen
Vorsitz: Eberhard Knapp
Tel.: 04122-43703

SHHB, Ortsverein Pinneberg
Heinestraße 6
22880 Wedel
Vorsitzende: Christa Wiebe
Tel.: 04103-82353
Fax: 04103-82353

SHHB, Ortsverein Wedel
Hinter der Kirche 11
22880 Wedel
Vorsitzender: Kurt Syska
Tel.: 04103-5413
E-Mail: k.syska@gmx.net

Heimatverband für den Kreis Pinneberg von 1961 e. V.
Postfach 1536
25405 Pinneberg
Vorsitz: Otto Leverköhne
Tel.: 04121-740565
E-Mail: otto.leverkoehne@kreisheimatverband-pinneberg.de

Heimatverein Appen u. Umgebung
Gärtnerstraße 8
25482 Appen
Vorsitz: Günter Dreilich
Tel.: 04101-27554

Heimatverein Bönningstedt von 1984
Ostermoorweg 36
25474 Bönningstedt
Vorsitz: Sigrid Duvigneau
Tel.: 040-5567074
Fax: 040-55693716
E-Mail: sigrid@duvigneau.de

Heimatverein Borstel-Hohenraden
Quickborner Str. 111
25494 Borstel-Hohenraden
Vorsitz: Joachim Becker
Tel.: 0175-2428519
Fax: 04101-8448210
E-Mail: jbecker.boho@gmx.de

Elmshorner Heimatverein „Tru un fast“ von 1902 e. V.
Bismarckstraße 1
Postfach 1128
25311 Elmshorn
Vorsitz: Jürgen Kröger
Tel.: 04121-85310
Fax: 04121-84491
E-Mail: TruunfastE@aol.com

Kulturverein Haseldorfer Marsch von 1995
Achtern Dörp 13
25489 Haseldorf
Vorsitzender: Niels-Peter Rühl
Tel.: 04129-1033
Fax: 04129-95496

Verein für Sammlung und Erhalt alter Gegenstände Haselau
Vorsitzender: Dieter Günther
Hohenhorster Chaussee 11
25489 Haselau
Tel.: 04129-468

Förderverein Museum Helgoland e. V.
Rekwai 402
27498 Helgoland
Vorsitz: Herr Pfeifer

Heimatverein für Dorfgemeinschaft Prisdorf von 1967 e. V.
Reethwisch 9
25497 Prisdorf
Vorsitz: Margot Dorsch
Tel.: 04101-75752
E-Mail: margot.dorsch@prisdorf.net
www.heimatverein-prisdorf.de

Verein für Heimatkunde Rellingen u. Umgebung von 1976 e. V.
Schmiedestraße 13
25462 Rellingen
Tel.: 04101-500169
Vorsitzender: Wieland Witt
E-Mail: w.witt@quickborner-team.de

Gemeinschaft zur Erhaltung von Kulturgut in Tornesch von 1985 e. V.
Hafenstraße 28
25436 Tornesch
Tel.: 04122-51207
Fax: 04122-560284
E-Mail: harald_schulz@t-online.de

Heimatverein „Op'n Tornesch" e. V.
Wilhelmstraße 26
25436 Tornesch
Vorsitz: Renke Borchert

Kirchenbücher:

Kirchenkreisarchiv Hamburg-West/Südholstein – Kirchenbuchamt
Bahnhofstraße 18–22
25421 Pinneberg
Tel.: 04101-8450510
E-Mail: Guenter.Bergmeier@kirchenkreis-hhsh.de

Museen:

Museum der ehemaligen Grafschaft Rantzau in Barmstedt, Rantzau
Pinneberger Landstraße 3a
25355 Barmstedt
Tel.: 04123-4296
Fax: 04123-68160
www.museen-sh.de/ml/inst.php?inst=172

Stadtgeschichtliches Heimatmuseum
Historisches Uetersen e. V.
Parkstraße 1c
25371 Uetersen
Tel.: 04122-41919
www.uetersen.de/stadtgeschichtliches-heimatmuseum.html

Heimatmuseum Holm
Johannes Paulsen
Hauptstraße
25488 Holm
Tel.: 04103-2223

Agrarhistorische Sammlung
Jan Kleinwort
Schulstraße
25488 Holm
Tel.: 04103-88454

Heimatmuseum Wedel
Sabine Weiß
Küsterstraße 5
22880 Wedel
Tel.: 04103-13202
E-Mail: museum-wedel@unser-wedel.de
www.wedel.de

Museum Haselau
Dieter Günther
Haseldorfer Chaussee
25489 Haselau
Tel.: 04129-468
E-Mail: webmaster@historische-sammlung.de
www.historische-sammlung.de

Museum Helgoland
Jürgen Geuther
Kurpromenade
27498 Helgoland
Tel.: 04725-7260
E-Mail: info@museum-helgoland.de
www.museum-helgoland.de

Stadtmuseum Pinneberg
Ina Duggen-Below
Dingstätte 25
25421 Pinneberg
Tel.: 04101-207465
E-Mail: stadtmuseum-pi@foni.net
www.stadtmuseum-pinneberg.de

Stadtmuseum Uetersen
Johann-Otto Plump
Parkstraße 1c
25436 Uetersen
Tel.: 04122-2319

Volkskundliche Sammlung „Möllnhof"
Harald Schulz
Bockhorn 43
25436 Tornesch
Tel.: 04122-51207
E-Mail: heimathaus@kulturgemeinschaft-tornesch.de
www-kulturgemeinschaft-tornesch.de

Abkürzungen

AfA	Archiv für Agrargeschichte der holsteinischen Elbmarschen
AR	Amtsrechnungen
Aufl.	Auflage
Bd.	Band
Bearb.	Bearbeitung
betr.	betreffend, betreffs
bzw.	beziehungsweise
ders.	derselbe
et al.	et altera (und andere)
etc.	et cetera (und so weiter)
f.	folgende (Seite)
Fasz.	Faszikel (Bündel, Heft)
ff.	folgende (Seiten)
Flur	Flurbücher
Geb.St.	Gebäudesteuer
HJbS	Heimatkundliches Jahrbuch für den Kreis Segeberg
Hrsg.	Herausgeber
JbEut	Jahrbuch für Heimatkunde Eutin
JbPi	Jahrbuch für den Kreis Pinneberg
JbSG	Jahrbuch für die Schleswigsche Geest
JbSt	Jahrbuch für den Kreis Stormarn
Jh.	Jahrhundert
KBlV	Kieler Blätter zur Volkskunde
LAS	Landesarchiv Schleswig-Holstein
NE	Nordelbingen. Beiträge zur Heimatforschung in Schleswig-Holstein, Hamburg und Lübeck
Nr.	Nummer
o. J.	ohne Jahresangabe
pag.	pagina (Seite)
QuFGSH	Quellen und Forschungen zur Geschichte Schleswig-Holsteins
Rundbr.	Rundbrief des Arbeitskreises für Wirtschafts- und Sozialgeschichte Schleswig-Holsteins
S.	Seite
SchuPfPr	Schuld- und Pfandprotokolle
StaHH	Staatsarchiv Hamburg
Tom.	tomus (Band)
u. a.	unter anderem
usw.	und so weiter
vgl.	vergleiche
Vol.	Volumen (Schriftrolle, Band)
z. B.	zum Beispiel
ZSHG	Zeitschrift der Gesellschaft für Schleswig-Holsteinische Geschichte
z. T.	zum Teil

Die im Rahmen des von der Stiftung Schleswig-Holsteinische Landschaft geförderten Projekts bereits erschienenen Arbeiten:

Wegweiser zu den Quellen der Haus- und Hofgeschichte Nordfrieslands
Bräist/Bredstedt 1998, 263 Seiten,
ISBN 978-3-88007-259-6, € 20,35.

Wegweiser zu den Quellen der Landwirtschaftsgeschichte Schleswig-Holsteins:

Landschaft Dithmarschen
Bräist/Bredstedt 1999, 272 Seiten,
ISBN 978-3-88007-276-3, € 20,35.

Kreis Schleswig-Flensburg
Bräist/Bredstedt 2001, 332 Seiten,
ISBN 978-3-88007-289-3, € 20,35.

Kreis Ostholstein
Bräist/Bredstedt 2003, 409 Seiten,
ISBN 978-3-88007-303-6, € 19,90.

Kreis Plön
Bräist/Bredstedt 2005, 270 Seiten,
ISBN 978-3-88007-321-0, € 24,00.

Kreis Steinburg
Bräist/Bredstedt 2007, 314 Seiten,
ISBN 978-3-88007-340-1, € 29,80.

Kreis Segeberg
Bräist/Bredstedt 2009, 263 Seiten,
ISBN 978-3-88007-354-8, € 27,90.

Kreis Stormarn
Bräist/Bredstedt 2011, 270 Seiten,
ISBN 978-3-88007-363-0, € 27,90.

Die Bücher sind im Buchhandel oder beim Nordfriisk Instituut erhältlich.
Tel.: 04671-60120; Fax: 04671-1333; E-Mail: verlag@nordfriiskinstituut.de